卫生部“十二五”规划教材
全国高等医药教材建设研究会“十二五”规划教材
全国高等学校药学专业第七轮规划教材
供药学类专业用

分析化学实验指导

第3版

主　编　赵怀清

编　者（以姓氏笔画为序）

朱臻宇（第二军医大学）
李云兰（山西医科大学）
郁韵秋（复旦大学药学院）
赵怀清（沈阳药科大学）
聂　磊（山东大学药学院）
袁　波（沈阳药科大学）
黄丽英（福建医科大学）
彭　彦（华中科技大学同济药学院）
温金莲（广东药学院）
熊志立（沈阳药科大学）

人民卫生出版社

图书在版编目(CIP)数据

分析化学实验指导/赵怀清主编.—3版.—北京：人民卫生出版社,2011.7

ISBN 978-7-117-14390-5

Ⅰ.①分… Ⅱ.①赵… Ⅲ.①分析化学-化学实验-高等学校-教学参考资料 Ⅳ.①O652.1

中国版本图书馆CIP数据核字(2011)第100025号

分析化学实验指导
第3版

主 编：赵怀清
出版发行：人民卫生出版社（中继线 010-59780011）
地 址：北京市朝阳区潘家园南里19号
邮 编：100021
E - mail：pmph @ pmph.com
购书热线：010-67605754 010-65264830
010-59787586 010-59787592
印 刷：北京蓝迪彩色印务有限公司
经 销：新华书店
开 本：787×1092 1/16 印张：12
字 数：287千字
版 次：2004年2月第1版 2011年7月第3版第11次印刷
标准书号：ISBN 978-7-117-14390-5/R·14391
定 价：25.00元

卫生部“十二五”规划教材
全国高等学校药学类专业第七轮规划教材

出 版 说 明

全国高等学校药学类专业本科卫生部规划教材是我国最权威的药学类专业教材，于1979年出版第一版，1987年、1993年、1998年、2003年、2007年进行了5次修订，并于2007年出版了第六轮规划教材。第六轮规划教材主干教材29种，全部为卫生部“十一五”规划教材，其中22种为教育部规划的普通高等教育“十一五”国家级规划教材；配套教材25种，全部为卫生部“十一五”规划教材，其中3种为教育部规划的普通高等教育“十一五”国家级规划教材。本次修订编写出版的第七轮规划教材中主干教材共30种，其中修订第六轮规划教材28种。《生物制药工艺学》未修订，沿用第六轮规划教材；新编教材2种，《临床医学概论》、《波谱解析》；配套教材21种，其中修订第六轮配套教材18种，新编3种。全国高等学校药学专业第七轮规划教材及其配套教材均为卫生部“十二五”规划教材、全国高等医药教材建设研究会“十二五”规划教材，具体品种详见出版说明所附书目。

该套教材曾为全国高等学校药学类专业惟一一套统编教材，后更名为规划教材，具有较高的权威性和一流水平，为我国高等教育培养大批的药学专业人才发挥了重要作用。随着我国高等教育体制改革的不断深入发展，药学类专业办学规模不断扩大，办学形式、专业种类、教学方式亦呈多样化发展，我国高等药学教育进入了一个新的时期。同时，随着国家基本药物制度建设的不断完善及相关法规政策、标准等的出台，以及《中国药典》(2010年版)的颁布等，对高等药学教育也提出了新的要求和任务。此外，我国新近出台的《医药卫生中长期人才发展规划(2011—2020年)》对我国高等药学教育和药学专门人才的培养提出了更高的目标和要求。为跟上时代发展的步伐，适应新时期我国高等药学教育改革和发展的要求，培养合格的药学专门人才，以满足我国医药卫生事业发展的需要，从而进一步做好药学类专业本科教材的组织规划和质量保障工作，全国高等学校药学专业教材第三、第四届评审委员会围绕药学专业第六轮教材使用情况、药学教育现状、新时期药学领域人才结构等多个主题，进行了广泛、深入地调研，并对调研结果进行了反复、细致地分析论证。根据药学专业教材评审委员会的意见和调研、论证的结果，全国高等医药教材建设研究会、人民卫生出版社决定组织全国专家对第六轮教材进行修订，并根据教学需要组织编写了部分新教材。

药学类专业第七轮规划教材的编写修订，坚持紧紧围绕全国高等学校药学类专业(本科)教育和人才培养目标要求，突出药学专业特色，以教育部新的药学教育纲要为基础，以国家执业药师资格准入标准为指导，按照卫生部等相关部门及行业用人要求，强调培养目标与用人要求相结合，在继承和巩固前六轮教材建设工作成果的基础上，不断创新和发展，进一步提高教材的水平和质量。同时还特别注重学生的创新意识和实践能力培养，注重教材整体优化，提高教材的适应性和可读性，更好地满足教学的需要。

为了便于学生学习、教师授课，在做好传承的基础上，本轮教材在编写形式上有所创新，采用了"模块化编写"。教材各章开篇，以普通高等学校药学本科教学要求为标准编写"学习要求"，正文中根据课程、教材特点有选择性地增加"知识链接""实例解析""知识拓展""小结"。为给希望进一步学习的学生提供阅读建议，部分教材在"小结"后增加了"选读材料"。

需要特别说明的是，全国高等学校药学专业第三届教材评审委员会成立于 2001 年，至今已 10 年，随着教育教学改革的发展和专家队伍的发展变化，根据教材建设工作的需要，在修订编写本轮规划教材之初，全国高等医药教材建设研究会、人民卫生出版社对第三届教材评审委员会进行了改选换届，成立了第四届教材评审委员会。无论新老评审委员，都为本轮教材工作做出了重要贡献，在此向他们表示衷心的谢意！

由于众多学术水平一流和教学经验丰富的专家教授都积极踊跃和严谨认真地参与本套教材的编写，从而使教材的质量得到不断完善和提高，并被广大师生所认同。在此我们对长期支持本套教材编写修订的专家和教师及同学们表示诚挚的感谢！

本轮教材出版后，各位教师、学生在使用过程中，如发现问题请反馈给我们，以便及时更正和修订完善。

全国高等医药教材建设研究会

人民卫生出版社

2011 年 5 月

卫生部"十二五"规划教材
全国高等学校药学类专业
第七轮规划教材书目

序号	教材名称	主编	单位
1	药学导论(第3版)	毕开顺	沈阳药科大学
2	高等数学(第5版)	顾作林	河北医科大学
	高等数学学习指导与习题集(第2版)	王敏彦	河北医科大学
3	医药数理统计方法(第5版)	高祖新	中国药科大学
4	物理学(第6版)(配光盘)	武　宏	山东大学物理学院
	物理学学习指导与习题集(第2版)	武　宏	山东大学物理学院
5	物理化学(第7版)(配光盘)	李三鸣	沈阳药科大学
	物理化学学习指导与习题集(第3版)	李三鸣	沈阳药科大学
	物理化学实验指导(第2版)(双语)	崔黎丽	第二军医大学
6	无机化学(第6版)	张天蓝	北京大学药学院
	无机化学学习指导与习题集(第3版)	姜凤超	华中科技大学同济药学院
7	分析化学(第7版)(配光盘)	李发美	沈阳药科大学
	分析化学学习指导与习题集(第3版)	赵怀清	沈阳药科大学
	分析化学实验指导(第3版)	赵怀清	沈阳药科大学
8	有机化学(第7版)	陆　涛	中国药科大学
	有机化学学习指导与习题集(第3版)	陆　涛	中国药科大学
9	人体解剖生理学(第6版)	岳利民	四川大学华西基础医学与法医学院
		崔慧先	河北医科大学
10	微生物学与免疫学(第7版)	沈关心	华中科技大学同济医学院
11	生物化学(第7版)	姚文兵	中国药科大学
12	药理学(第7版)	朱依谆	复旦大学药学院
		殷　明	上海交通大学药学院
	药理学学习指导与习题集(第2版)	程能能	复旦大学药学院
13	药物分析(第7版)	杭太俊	中国药科大学
	药物分析学习指导与习题集★★★	于治国	沈阳药科大学
	药物分析实验指导★★★	范国荣	第二军医大学
14	药用植物学(第6版)	张　浩	四川大学华西药学院
	药用植物学实践与学习指导★★★	黄宝康	第二军医大学

续表

序号	教材名称	主编	单位
15	生药学(第6版)	蔡少青	北京大学药学院
	生药学实验指导(第2版)	刘塔斯	湖南中医药大学
16	药物毒理学(第3版)	楼宜嘉	浙江大学药学院
17	临床药物治疗学(第3版)	姜远英	第二军医大学
18	药物化学(第7版)(配光盘)	尤启冬	中国药科大学
	药物化学学习指导与习题集(第3版)	孙铁民	沈阳药科大学
19	药剂学(第7版)	崔福德	沈阳药科大学
	药剂学学习指导与习题集(第2版)	王东凯	沈阳药科大学
	药剂学实验指导(第3版)	崔福德	沈阳药科大学
20	天然药物化学(第6版)	吴立军	沈阳药科大学
	天然药物化学习题集(第3版)	吴立军	沈阳药科大学
	天然药物化学实验指导(第3版)	吴立军	沈阳药科大学
21	中医药学概论(第7版)	王　建	成都中医药大学
22	药事管理学(第5版)(配光盘)	杨世民	西安交通大学医学院
	药事管理学学习指导与习题集(第2版)	杨世民	西安交通大学医学院
23	药学分子生物学(第4版)	张景海	沈阳药科大学
24	生物药剂学与药物动力学(第4版)	刘建平	中国药科大学
	生物药剂学与药物动力学学习指导与习题集(第2版)	李　高	华中科技大学同济药学院
25	药学英语(上、下册)(第4版)(配光盘)	史志祥	中国药科大学
	药学英语学习指导(第2版)	史志祥	中国药科大学
26	药物设计学(第2版)	徐文方	山东大学药学院
27	制药工程原理与设备(第2版)	王志祥	中国药科大学
28	生物技术制药(第2版)	王凤山	山东大学药学院
29	生物制药工艺学★	何建勇	沈阳药科大学
30	临床医学概论★★	于　锋	中国药科大学
31	波谱解析★★	孔令义	中国药科大学

★为第七轮未修订,直接沿用第六轮规划教材;★★为第七轮新编教材;★★★为第七轮新编配套教材。

全国高等学校药学专业第四届
教材评审委员会名单

前　言

《分析化学实验指导》第 3 版是《分析化学》第 7 版的配套教材之一，与《分析化学学习指导与习题集》第 3 版及《分析化学第 7 版配套光盘》组成系列教材。

本书是在《分析化学实验指导》第 2 版的基础上修订编写而成的。修订后的《分析化学实验指导》，内容充实，涵盖面广。全书分为 22 章，其中第 1、2 两章没有具体实验，第 1 章主要介绍分析化学实验基本知识，第 2 章介绍实验数据记录、处理和实验报告撰写等基本要求。为了适应更多院校实验条件以及满足药学、化学制药、生物制药、中药学、化学与化工等不同专业的教学要求，对原有实验内容进行了必要的调整和增减，主要删除了仪器介绍，使全书更为简明扼要。由于各校实验课时不同，实验内容也不完全相同，因此，各使用院校可根据实际情况自行选用。

本书由赵怀清（主编）、朱臻宇、李云兰、郁韵秋、袁波、聂磊、黄丽英、彭彦、温金莲和熊志立共 10 位编委，通力协作编写而成。

本书是为了配合分析化学理论课教学，适应《分析化学》第 7 版的内容需要而编写的。经全体编者集体讨论，分工编写，再经定稿会议讨论，由主编整理定稿。

本书及其系列教材的编写工作得到了各编委所在院校的大力支持，尤其是沈阳药科大学和上海第二军医大学药学院承办了编写会议和定稿会议，在此一并致谢。本书使用了上一版中的大部分图、表和资料，特此对未参加本次修订编写工作的原编者致以谢意。

由于编者水平有限，书中难免存在错误和不妥之处，恳请专家和读者批评指正。

编　者

2011 年 3 月

目 录

第一章　分析化学实验基本知识

第一节　分析化学实验的目的和要求

分析化学是一门实践性很强的学科，分析化学实验课与分析化学理论课一样，是化学和药学类专业的主要基础课程之一。它与分析化学理论教学紧密结合，但又是一门独立课程。分析化学实验包括化学分析实验和仪器分析实验两大部分。

分析化学实验课的目的是：巩固和加深学生对分析化学基本概念和基本理论的理解，并使学生学会运用所学的理论和知识指导实验、解释实验现象和解决实验中出现的问题，做到理论联系实际；使学生正确熟练地掌握化学分析和仪器分析的基本操作和技能，学会正确合理地选择实验条件和实验仪器，善于观察实验现象和进行实验记录，正确处理测量数据和表达实验结果；培养学生良好的实验习惯、实事求是的科学态度和严谨细致的工作作风，以及独立思考、分析问题、解决问题的能力；使学生逐步地掌握科学研究的技能和方法，为学习后续课程和做好将来工作奠定良好的实践基础。

为了达到上述目的，对分析化学实验课提出以下基本要求：

1. 认真预习　每次实验课前学生必须明确实验目的和要求，理解分析方法和分析仪器工作的基本原理，熟悉实验内容和操作程序及注意事项，提出不清楚的问题，写好预习报告，做到心中有数。

2. 仔细实验，如实记录，积极思考　实验过程中，学生要认真地学习有关分析方法的基本操作技术，在教师的指导下正确使用仪器，要严格按照规范进行操作。细心观察实验现象，及时将实验条件和现象以及分析测试的原始数据记录于实验记录本上，不得随意涂改；同时要勤于思考分析问题，培养良好的实验习惯和科学作风。

3. 认真写好实验报告　学生应认真整理、分析、归纳、计算实验结果，并及时写好实验报告。实验报告一般包括实验名称、实验日期、实验原理、主要试剂、仪器及其工作条件、实验步骤、实验数据（或图谱）及其分析处理过程、实验结果和讨论。实验报告应简明扼要，图表清晰。

4. 严格遵守实验室规则，注意安全　在实验过程中，学生应保持实验室内安静、整洁，保持实验台面清洁，将仪器和试剂按照规定摆放整齐有序。爱护实验仪器设备，实验中如发现仪器工作不正常，应及时报告教师处理。实验中要注意节约和环保。安全使用电、煤气和有毒或腐蚀性的试剂。每次实验结束后，应将所用的试剂及仪器复原，清洗好用过的器皿，整理好实验室。

第二节 分析化学实验的一般知识

一、玻璃仪器的洗涤

分析化学实验中使用的玻璃器皿应洁净透明,其内外壁能被水均匀地润湿且不挂水珠。

(一)洗涤方法

洗涤分析实验用的玻璃器皿时,一般要先洗去污物,用自来水冲净洗涤液,至内壁不挂水珠后,再用纯水(蒸馏水或去离子水)淋洗三次。除去油污的方法视器皿而异,烧杯、锥形瓶、量筒和离心管等可用毛刷蘸合成洗涤剂刷洗。滴定管、移液管、吸量管和容量瓶等具有精密刻度的玻璃量器,不宜用刷子刷洗,可以用合成洗涤剂浸泡一段时间。若仍不能洗净,可用铬酸洗液洗涤。洗涤时先尽量将水沥干,再倒入适量铬酸洗液,转动或摇动仪器,让洗液布满仪器内壁,待与污物充分作用后,将铬酸洗液倒回原瓶中(切勿倒入水池)。光学玻璃制成的比色皿可用热的合成洗涤剂或盐酸-乙醇混合液浸泡内外壁数分钟(时间不宜过长)。洗涤仪器时需注意如下事项:

1. 不是任何器具都要用洗涤剂和洗液进行洗涤。常规使用中的器皿,没有污物时,可只用自来水洗涤。

2. 洗涤剂和洗液洗涤后的器皿一定要用自来水将洗涤液彻底冲洗干净,不得有任何残留。

3. 使用自来水冲洗或纯水淋洗时,都应遵循少量多次的原则,且每次都尽量将水沥干,以提高效率。

(二)常用的洗涤剂

1. 铬酸洗液 是饱和 $K_2Cr_2O_7$ 的浓 H_2SO_4 溶液,具有强氧化性,能除去无机物、油污和部分有机物。其配制方法是:称取 10g $K_2Cr_2O_7$(工业级即可)于烧杯中,加入约 20ml 热水溶解后,在不断搅拌下,缓慢加入 200ml 浓 H_2SO_4,冷却后,转入玻璃瓶中,备用。铬酸洗液可反复使用,新配制的铬酸洗液呈暗红色,当洗液呈绿色时,已经失效,须重新配制。铬酸洗液腐蚀性很强,且对人体有害,使用时应特别注意安全,不可将其倒入水池。

2. 合成洗涤剂 主要是洗衣粉、洗洁精等,适用于去除油污和某些有机物。

3. 盐酸-乙醇溶液 是化学纯盐酸和乙醇(1∶2)的混合溶液,用于洗涤被有色物污染的比色皿、量瓶和移液管等。

4. 有机溶剂洗涤液 主要是丙酮、乙醚、苯或 NaOH 的饱和乙醇溶液,用于洗去聚合物、油脂及其他有机物。

二、分析化学实验的常用试剂和水

1. 常用化学试剂 化学试剂种类繁多,分析化学实验中常用的试剂分为:一般试剂、基准试剂和专用试剂。

一般试剂是实验室中最普遍使用的试剂,根据其所含杂质的多少可划分为优级纯、分析纯、化学纯和生物试剂,其规格、适用范围和标签颜色见表 1-1。

表 1-1　一般试剂的规格和适用范围

试剂规格	符号	适用范围	标签颜色
优级纯	GR	精密分析实验	绿
分析纯	AR	一般分析实验	红
化学纯	CP	一般化学实验	蓝
生物试剂	BR 或 CR	生物化学实验	黄色等

分析化学实验中的基准试剂（又称标准试剂）常用于配制标准溶液。基准试剂的特点是主体含量高而且准确可靠。我国规定滴定分析的第一基准和滴定分析工作基准其主体含量分别为 100% ±0.02% 和 100% ±0.05%。

专用试剂是指具有专门用途的试剂。例如色谱纯试剂、核磁共振分析用试剂、光谱纯试剂等。专用试剂主体含量较高，杂质含量很低。但不能作为分析化学中的基准试剂。

2. 试剂的使用和保存　要根据分析对象的组成、含量，对分析结果准确度的要求和分析方法的灵敏度、选择性，合理地选用相应的试剂。化学分析实验通常使用分析纯试剂，标准溶液的配制和标定需用基准试剂；仪器分析实验一般使用优级纯、分析纯或专用试剂。

固体试剂用洁净、干燥的小勺取用，液体试剂用洁净、干燥的滴管或移液管移取，多取的试剂不许倒回原试剂瓶中。取用强碱性试剂后的小勺应立即洗净，以免腐蚀。取用后应立即将原试剂瓶盖好，防止污染、变质、吸水或挥发。

氧化剂、还原剂必须密闭，避光保存。易挥发的试剂应低温保存，易燃、易爆试剂要贮存于避光、阴凉通风的地方，必须有安全措施。剧毒试剂必须专门妥善保管。所有试剂瓶上应保持标签完好。

3. 分析用水　纯水是分析化学实验中最常用的纯净溶剂和洗涤剂。根据实验的任务和要求不同，对水的纯度要求也不同。一般的分析实验采用蒸馏水或去离子水即可，而对于超纯物质或痕量、超痕量物质的分析，则要使用高纯水（一级水）。

纯水的质量指标主要是电导率。我国将分析实验用水分为三级。一、二、三级水的电导率分别为小于或等于 $0.01mS \cdot m^{-1}$、$0.10mS \cdot m^{-1}$、$0.50mS \cdot m^{-1}$。化学分析实验常用三级水（一般蒸馏水或去离子水），仪器分析实验多用二级水（多次蒸馏水或离子交换水）。本书中所指“水”均指符合上述各自要求的水。纯水在贮存和与空气接触中都会引起电导率的改变。水越纯，其影响越显著。一级水必须临用前制备，不宜存放。

三、溶液的配制

分析化学中需要配制滴定分析用标准溶液、仪器分析中制备校正曲线用的标准溶液和测量溶液 pH 用标准缓冲溶液及其他一般溶液。

滴定分析的标准溶液用基准物质（基准试剂和某些纯金属）配制，基准物质的性质等已在分析化学教材中介绍。配制仪器分析使用的标准溶液可能用到专门试剂、高纯试剂、纯金属及其他标准物质、优级纯及分析纯试剂等。配制 pH 标准缓冲溶液的纯水电导率应不大于 $0.02mS \cdot m^{-1}$，配制碱性溶液所用纯水应预先煮沸 15min 以上，以除去水中的 CO_2。

配制溶液时，要明确“量”的概念，要根据溶液浓度的准确度要求，合理选择称量用的天平和量取溶液用的量器（量筒或移液管），确定数据记录的有效数字位数。

易侵蚀或腐蚀玻璃的溶液，如含氟的盐类及苛性碱等应保存在聚乙烯瓶中；易挥发、分解的溶液，如 $KMnO_4$、I_2、$Na_2S_2O_3$、$AgNO_3$、$NH_3 \cdot H_2O$，以及 CCl_4、$CHCl_3$、丙酮、乙醚、乙醇等有机溶剂应置棕色瓶中，密闭，于阴凉暗处保存。配好的溶液应立即贴上标签，注明试液的名称、浓度（除溶剂为“水”外注明溶剂类型）、配制日期、有效期、配制人员。

四、实验室安全知识

分析化学实验中，经常使用水、电、煤气、大量易破损的玻璃仪器和一些具有腐蚀性甚至易燃、易爆或有毒的化学试剂。为确保人身和实验室的安全而且不污染环境，实验中必须严格遵守实验室的安全规则。主要包括：

1. 禁止将食物和饮料带进实验室，实验中注意不用手摸脸、眼等部位。一切化学药品严禁入口，实验完毕后必须洗手。

2. 使用浓酸、浓碱及其他腐蚀性试剂时，切勿溅在皮肤和衣物上。涉及浓硝酸、盐酸、硫酸、高氯酸、氨水等的操作，均应在通风橱内进行。夏天开启浓氨水、盐酸时一定先用自来水将其冷却，再打开瓶盖。使用汞、汞盐、砷化物、氰化物等剧毒品时，要实行登记制度，取用时要特别小心，切勿泼洒在实验台面和地面上，用过的废物、废液切不可乱扔，应分别回收，集中处理。实验中的其他废物、废液也要按照环保的要求妥善处理。

3. 注意防火。实验室严禁吸烟。使用易燃的有机溶剂（如乙醚、乙醇、苯）时，必须远离明火和热源，用完后立即盖紧瓶盖，放在阴凉通风处保存。用过的试剂倒入回收瓶中。低沸点的有机溶剂不能直接在明火或电热炉上加热，而应在水浴上加热。高压气体钢瓶（如氢气、乙炔）应存放在远离明火、通风良好的地方，使用时要严格按操作规程操作，钢瓶在更换前仍应保留一部分压力。实验室万一发生火灾，要保持镇静，立即切断电源或燃气源，并采取具有针对性的灭火措施。一般的小火用湿布、防火布或沙子覆盖燃烧物灭火。不溶于水的有机溶剂以及能与水起反应的物质（如金属钠），着火后绝不可用水浇，应该用沙土压或用二氧化碳灭火器灭火。如电器起火，不可用水冲，应当用四氯化碳灭火器灭火。情况紧急时应立即报警。

4. 使用各种仪器时，要在教师讲解或自己仔细阅读并理解操作规程后，方可动手操作。

5. 安全使用水、电、煤气。离开实验室时，应仔细检查水、电、煤气、门窗是否关好。

6. 如发生烫伤和割伤应及时处理，严重者应立即送医院治疗。

（赵怀清　李发美）

第二章 实验数据记录、处理和实验报告

在分析化学实验中，为了得到准确的测量结果，不仅应认真规范地进行实验操作，精确地测量各项数据，还应正确记录测得数据，通过计算正确表达分析结果，必要时还应对数据进行统计处理，因为分析结果不仅表示试样中被测组分含量高低或某项物理量的大小，还反映出测量结果的准确程度。同时，实验结束后，应根据实验记录进行整理，及时认真地写出实验报告，这是培养学生分析、归纳能力以及严谨细致科学作风的重要途径。以下对实验记录、分析数据处理及实验报告书写等提出基本要求。

一、实验记录

实验记录是出据实验报告的原始依据。为保证实验结果的准确性，实验记录必须真实、完整、规范、清晰。

（一）基本要求

1. 实验者应准备专门的实验记录本，标有页码，不得撕去任何一页。不得将文字或数据记录在单页纸、小纸片或其他任何地方。

2. 应清晰、如实、准确地记录实验过程中所发生的重要实验现象、所用的仪器及试剂、药品、主要操作步骤、测量数据及结果。记录过程中要有严谨的科学态度，要实事求是，切忌掺杂个人主观因素，绝不能拼凑或伪造数据。

3. 进行记录时，对文字记录，应字迹清晰，条理清楚，表达准确；对数据记录，可采用列表法，书写时应整齐统一，数据位数应符合有效数字的规定。

4. 实验记录应用钢笔、圆珠笔、签字笔等书写，不得用铅笔，不得随意涂改实验记录。遇有读错数据、计算错误等需要修正时，应将错误数据用线划去，并在其上方写上正确的数据。

（二）数据记录

应严格按照有效数字的保留原则记录测量数据。有效数字是指在分析工作中实际上能测量到的数字。有效数字的保留原则是：在记录测量数据时，应保留一位欠准数（即末位有 ±1 的误差），其余均为准确值，即应记录至仪器最小分度值的下一位。有效数字位数不仅表示数值的大小，而且能反映出仪器测量的精确程度。

例如，用感量为万分之一的分析天平称量时，应记录至小数点后第四位。如称量某份试样的质量为 0.1220g，该数值中 0.122 是准确的，最后一位数字“0”是欠准的，可能有正负一个单位的误差，即该试样的实际质量是（0.1220 ±0.0001）g 范围内的某一数值。若将上述称量结果写成 0.122g，则意味着该份试样的实际质量是（0.122 ±0.001）g 范围内的某一数值，这样，就将测量的精确程度降低了 10 倍。常量滴定管和移液管的读数应记录至小数点后第二位。如某次滴定中消耗标准溶液体积为 20.50ml，即实际消耗的滴定剂体积是（20.50 ±0.01）ml 范围内的某一数值。若写成 20.5ml，则意味着实际消耗的滴

定剂体积是(20.5 ±0.1)ml 范围内的某一数值,同样将测量精度降低了10倍。

总之,有效数字位数反映了测量结果的精确程度,数据记录时绝不能随意增加或减少数值位数。

二、数据处理和结果计算

(一)有效数字修约

一个定量分析往往要经过一系列步骤,并不只是一次简单的测量。在各步实验中所测得的数据,由于测量的准确程度不尽相同,因而有效数字的位数可能存在差异,这样计算结果的有效数字位数就受到测量值(尤其是误差最大的测量值)有效数字位数的限制。因此,对有效数字位数较多(即误差较小)的测量值,应将多余的数字舍弃,该过程称为"数据修约"。

有效数字的修约规则为"四舍六入五留双"。即当多余尾数首位≤4时,舍去;多余尾数首位≥6时,进位;多余尾数首位等于5,若5后数字不为0时,进位;若5后数字为0时,则视5前一数字是奇数还是偶数,采用"奇进偶舍"的方式进行修约,使被保留数据的末位为偶数。例如,将下列数据修约为四位有效数字:14.2442→14.24,24.4863→24.49,15.0250→15.02,15.0150→15.02,15.0251→15.03。

对标准偏差的修约,其结果应使准确度降低。例如,某计算结果的标准偏差为0.241,取两位有效数字,宜修约成0.25。表示标准偏差和相对标准偏差(*RSD*)时,一般取两位有效数字。

(二)数据处理

当得到一组平行测量数据 x_1、x_2、...... x_n后,不要急于将其用于分析结果的计算,一般应依次进行可疑数据的取舍、精密度考察及系统误差校正后,再将测量数据的平均值用于分析结果计算。

1. 可疑数据的取舍　首先应剔除由于已知原因(如过失)而与其他测定结果相差甚远的数据;对于一些对精密度影响较大而又原因不明的可疑数据,则应通过 Q 检验或 G 检验法来确定其取舍。

2. 精密度考察　一般用标准偏差 S 或相对标准偏差 *RSD* 衡量测定结果的精密度。有时也用平均偏差和相对平均偏差表示。若精密度不符合分析要求,说明测定中存在较大的偶然误差,应适当增加平行测定的次数后再作考察,直到精密度达到要求为止。

3. 系统误差校正　通过进行对照实验、空白实验及校准仪器等,校正测量中的系统误差。若条件允许最好进行 t 检验(如用实验数据均值$\bar{x}$与标准值μ 进行比较),以确定分析方法是否存在系统误差。

(三)分析结果计算

分析结果的准确度必然会受到分析过程中测量值误差的影响。在计算分析结果时,每个测量值的误差都要传递到分析结果中去。因此,有效数字的运算也应根据误差传递规律,按照有效数字的运算规则进行,并对计算结果的有效数字合理取舍,才不会影响分析结果准确度。

根据误差传递规律,测量值的和或差的误差是各个数值绝对误差的传递结果。所以,计算结果的绝对误差必须与各数据中绝对误差最大的那个数据相当。即几个数据相加或相减时,和或差的有效数字的保留,应以参加运算的数据中绝对误差最大(小数点后位数最少）的数据为准。

测量值的积或商的误差是各个数据相对误差的传递结果。所以，计算结果的相对误差必须与各数据中相对误差最大的那个数据相当。即几个数据相乘除时，积或商有效数字的保留位数，应以参加运算的数据中相对误差最大（有效数字位数最少）的数据为准。对数运算时，对数尾数的位数应与真数有效数字位数相同。乘方或开方时，结果的有效数字位数不变。

三、实验数据的整理和表达

获得实验数据后，应进行整理、归纳，并以准确、清晰、简明的方式进行表达。通常有列表法、图解法和数学方程表示法，可根据具体情况选用。

（一）列表法

列表法是以表格形式表示数据，具有简明直观、形式紧凑的特点，可在同一表格内同时表示几个变量间的相互关系，便于分析比较。制表时须注意以下几点：

1. 每一表格应有表号及完整而简明的表题　在表题不足以说明表中数据含义时，可在表格下方附加说明，如有关实验条件、数据来源等。

2. 将一组数据中的自变量和因变量按一定形式列表　自变量的数值常取整数或其他适当的值，其间距最好均匀，按递增或递减的顺序排列。

3. 表格的行首或列首应标明名称和单位　名称及单位尽量用符号表示，并采用斜线制，如 V/ml，p/MPa，T/K 等。

4. 同一列中的小数点应上下对齐，以便相互比较　数值为零时应记作"0"，数值空缺时应记一横划"—"；若某一数据需要特殊说明时，可在数据的右上标位置作一标记，如"*"，并在表格下方附加说明，如该数据的处理方法或计算公式等。

（二）图解法

图解法是以作图的方式表示数据并获取分析结果的方法。即将实验数据按自变量与因变量的对应关系绘成图形，从中得出所需的分析结果，其特点是能够将变量间的变化趋势更为直观地显示出来，如极大、极小、转折点、周期性等。图解法在仪器分析中广泛应用，如用工作曲线法求未知物浓度，电位法中连续标准加入法作图外推求痕量组分浓度，电位滴定法中的 E-V 曲线法、一级微商法及二级微商法作图求滴定终点，分光光度法中利用吸收曲线确定光谱特征数据及进行定性定量分析，以及用图解积分法求色谱峰面积等。

对作图的基本要求是：能够反映测量的准确度；能够表示出全部有效数字；易于从图上直接读取数据；图面简洁、美观、完整。作图时应注意以下几点：

1. 作图时多采用直角坐标系；若变量之间的关系为非线性的，可选用半对数或对数坐标系将其变为线性关系；有时还可采用其他类型的坐标系，如电位法中连续标准加入法则要用特殊的格氏（Gran）计算图纸作图求解。

2. 一般 x 轴代表自变量（如浓度、体积、波长等），y 轴代表因变量（仪器响应值，如电位、电流、吸光度、透光率等）。坐标轴应标明名称和单位，尽量用符号表示，并采用斜线制。在图的下方应标明图号、图题及必要的图注。

3. 直角坐标系中两变量的全部变化范围在两轴上表示的长度应相近，以便正确反映图形特征；坐标轴的分度应尽量与所用仪器的分度一致，以便从图上任意一点读取数据的有效数字与测量的有效数字一致，即能反映出仪器测量的精确程度。

4. 作直线时，可将测量值绘于坐标系中形成系列数据点，按照点的分布情况作一直线。根据偶然误差概率性质，函数线不必通过全部点，但应通过尽可能多的点，不能通过的应均匀分布在线的两侧邻近，使所描绘的直线能近似表示出测量的平均变化情况。

5. 作曲线时，在曲线的极大、极小或转折处应多取一些点，以保证曲线所表示规律的可靠性。若发现个别数据点远离曲线，但又不能判断被测物理量在此区域有何变化时，应进行重复实验以判断该点是否代表变量间的某些规律性。作图时，应将各数据点用铅笔及曲线板连接成光滑均匀的曲线。

6. 若需在一张图上绘制多条曲线时，各组数据点应选用不同符号，或采用不同颜色的线条，以便于相互区别比较；需要标注时，尽量用简明的阿拉伯数字或字母标注，并在图下方注明各标注的含义。

（三）数学方程表示法

以数学方程表示变量间关系的方法称为数学方程表示法，也称为解析法。将大量实验数据进行归纳处理，从中概括出各种物理量间的函数关系式，这样不仅表达方式简洁直观，而且能快速准确地进行相关结果的计算，如求微分、积分、内插值、溶液浓度等。在分析化学实验中最常用的解析法是回归方程法，即通过对两变量各数据对进行回归分析，求出回归方程，再由此方程求出被测组分的量（或浓度）。

设 x 为自变量，y 为因变量。对于某一 x 值，y 的多次测量值可能有波动，但总是服从一定的分布规律。回归分析就是要找出 y 的平均值$\overline{y}$与 x 之间的关系。若通过相关系数 r 的计算，知道$\overline{y}$与 x 之间呈线性函数关系（$r \geqslant 0.99$），就可以简化为线性回归。用最小二乘法解出回归系数 a（截距）与 b（斜率），即可求出线性回归方程：

$$\overline{y} = a + bx$$

采用具有线性回归功能的计算器或应用计算机中的相应软件，将各实验数据对输入，可很快得出 a、b 及 r 值。

四、实验报告

完成实验之后，应及时写出实验报告，对已完成的实验进行总结和讨论。分析化学实验报告一般按以下要求书写：

1. 实验编号、实验名称、实验日期、实验者 一般作为实验报告的标题部分，并注明室温、湿度等。

2. 目的与要求 简要说明本实验的目的与基本要求。

3. 方法原理 说明本实验所依据的方法原理。可用文字简要说明，亦可用化学反应方程式表示。例如，对于滴定分析，可写出滴定反应方程式、标准溶液标定和滴定结果计算等公式；对于仪器分析，除简要说明分析的方法原理、测定的物理量与被测组分间的定量函数关系外，还可画出实验装置（或实验原理）示意图。

4. 仪器与试剂 写明本实验所用仪器的名称、型号，主要玻璃器皿的规格、数量，主要试剂的品名、规格、浓度等。

5. 实验步骤 简明扼要地列出各实验步骤，一般可用流程图表示。同时记录所观察到的实验现象或附加说明。

6. 实验数据及处理 列出实验所测得的有关数据并进行误差处理。按相关公式对测量值进行计算（必要时可对测定结果进行精密度和准确度考察），并采用文字、列表、作图（如滴定曲线、吸收曲线等）等形式表示分析结果，最后对实验结果作出明确结论。

7. 问题讨论　可结合实验中遇到的问题、现象及实验教材中的思考题进行分析讨论，并结合分析化学有关理论，对产生误差或实验失败的原因及解决途径进行探讨，以提高自己分析和解决问题的能力。同时可提出尚未搞清楚的问题，以获得老师的指导。

（朱臻宇）

第三章 分析天平和称量实验

第一节　分析天平

分析天平是定量分析工作中最重要、最常用的精密称量仪器。每一项定量分析都直接或间接地需要使用分析天平，因此，我们必须了解分析天平的构造、性能和原理，并掌握正确的使用方法。

实验室常用的分析天平有电光分析天平和电子天平，以下分别介绍电光分析天平和电子天平的称量原理、结构及使用方法。

一、电光分析天平

（一）称量原理

电光分析天平是根据杠杆原理设计而成的（即支点在力点之间），图3-1为等臂双盘天平原理示意图。将质量M_1的物体和质量为M_2的砝码分别放在天平的左右盘上，L_1和L_2分别为天平两臂的长度。当达到平衡时，有：

$$F_1L_1 = F_2L_2$$

F_1和F_2是地心对称量物和砝码的引力，即两者的重量。等臂天平$L_1 = L_2$，所以$F_1 = F_2$，即$M_1g = M_2g$，故$M_1 = M_2$，从砝码的质量就可以知道被称物体的质量（习惯上称为重量）。

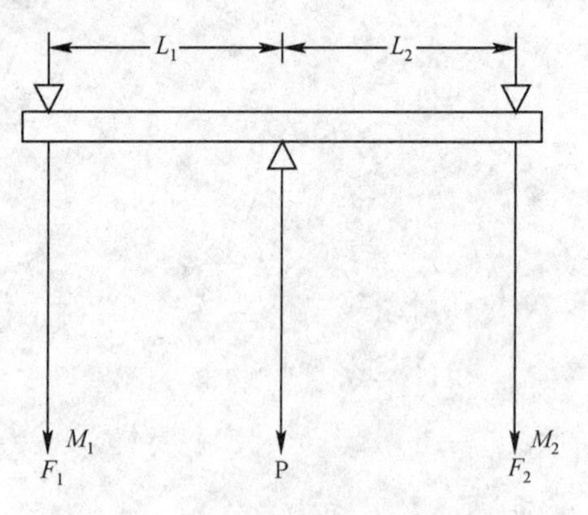

图3-1　等臂双盘天平原理示意图

（二）分类

根据电光分析天平的结构特点，可分为等臂（双盘）分析天平和不等臂（单盘）分析天平两类。它们的载荷一般为100～200g。有时又根据分度值的大小，分为常量分析天平（0.1mg/分度）、微量分析天平（0.01mg/分度）和超微量分析天平（0.01mg/分度或0.001mg/分度）。常用分析天平的规格、型号见表3-1。

表3-1　常用电光分析天平的规格型号

种类	型号	名称	规格
双盘天平	TG328A	全机械加码电光天平	200g/0.1mg
	TG328B	半机械加码电光天平	200g/0.1mg
单盘天平	DT-100A	单盘电光天平	100g/0.1mg
	TG-729B	单盘电光天平	160g/0.1mg

（三）结构

1. 双盘半机械加码电光天平　半机械加码电光天平的构造如图3-2所示。

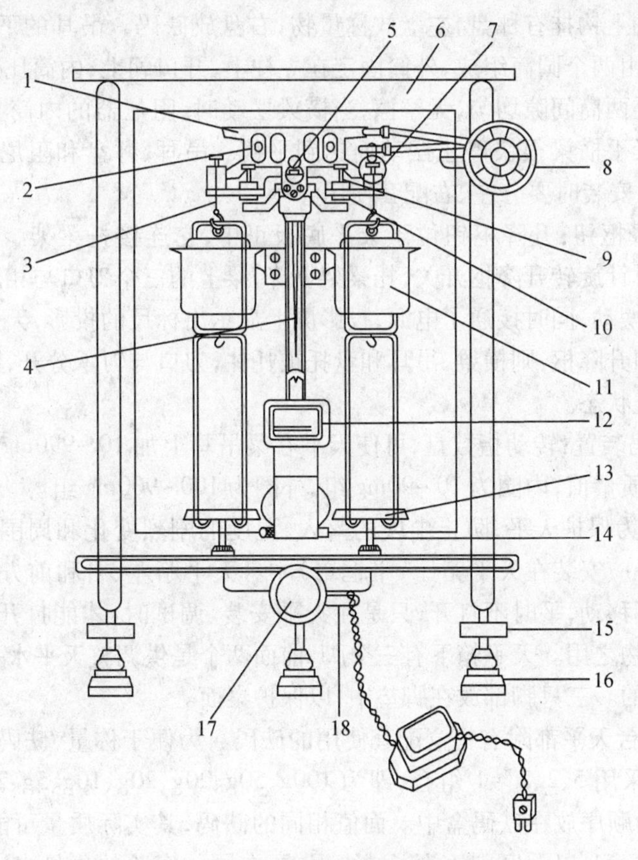

图3-2　双盘半机械加码电光天平

1. 横梁　2. 平衡螺丝　3. 吊耳　4. 指针　5. 支点刀　6. 框罩　7. 圈码
8. 指数盘　9. 承重刀　10. 折叶　11. 阻尼筒　12. 投影屏　13. 秤盘
14. 盘托　15. 螺旋脚　16. 垫脚　17. 升降旋钮　18. 调屏拉杆

(1)天平横梁:天平横梁部分包括天平横梁本身、支点刀、承重刀、平衡螺丝、重心螺丝、指针及微分标尺等部件。

天平的横梁是天平的主要部件,通常由铝铜合金制成。梁上装有三个三棱形的玛瑙刀,其中一个装在正中的称为支点刀,刀口向下;两侧为承重刀,刀口向上。三个刀口必须平行,且在同一水平面上。天平启动后,支点刀口支承于固定在立柱上的玛瑙支点刀承上,承重刀口与吊耳支架下面的玛瑙刀承相接触。平衡螺丝可水平进退,用它来调节天平的零点。重心螺丝可以上下活动,用以调节横梁的重心,从而改变天平的灵敏性和稳定性。重心螺丝在检定天平时已经调节好,使用时不要随便调动。指针用来指示平衡位置,在指针下端固定一个透明的小标尺,标尺上有刻度,通过光学装置放大即能看清。

(2)立柱:立柱是金属做的中空圆柱,下端固定在天平底座中央。立柱的顶端镶嵌玛瑙刀承,与支点刀相接触。立柱的上部装有能升降的托梁架,关闭天平时它托住天平横梁,使刀口与刀承分开以减少磨损。中空部分是升降枢钮控制升降枢杠杆的通路。立柱的后上方装有水平仪,用来指示天平的水平位置(气泡处于圆圈中央时,天平处于水平位置）。

（3）悬挂系统：这一系统包括吊耳、天平盘和阻尼器。在横梁两端的承重刀上各悬挂一个吊耳，吊耳的上钩挂有秤盘，左盘放称量物，右盘放砝码。吊耳的下钩挂有空气阻尼器内筒。阻尼器由两个圆筒组成，外筒固定在立柱上，开口朝上；内筒比外筒略小，开口朝下，挂在吊耳上。两筒间隙均匀，无摩擦，当横梁摆动时，阻尼器的内筒上下移动，由于筒内空气的阻力，天平横梁很快停止摆动而达到平衡。吊耳、秤盘和阻尼器上一般都刻有"Ⅰ"，"Ⅱ"标记，安装时要分左、右配套使用。

（4）天平升降枢钮：升降枢钮位于天平底板正中，它连接托梁架、盘托和光源开关。天平开启时，顺时针旋转升降枢开关，托梁架下降，梁上的三个刀口与相应的刀承接触，使吊钩及砰盘自由摆动，同时接通了电源，投影屏上显示出标尺的投影，天平进入工作状态。停止称量时，关闭升降枢，则横梁、吊耳和盘托被托住，刀口与刀承分开，光源切断，屏幕黑暗，天平进入休止状态。

（5）机械加码装置：转动指数盘，可使天平右梁吊耳上加 10~990mg 圈形砝码。指数盘上刻有圈码的质量值，内圈为 10~90mg 组，外圈为 100~900mg 组。

（6）天平箱：为保护天平，防止尘埃的落入、湿度的剧烈变化和周围空气的流动等对天平的影响，天平应安装在天平箱（天平框罩）中。天平箱左、右和前方共有三个可移动的门，前门可上下移动，平时不打开，只是在天平安装、调试时，才能打开；左、右两侧门供取放砝码和称量物之用。天平箱下有三个脚，前面两个是供调整天平水平位置的螺丝脚，后面一个是固定的。三只脚都放在脚垫中，以保护桌面。

（7）砝码：每台天平都附有一盒配套使用的砝码。为便于称量，砝码的大小有一定的组合规律。通常采用 5、2、2'、1 组合，即为 100g、50g、20g、20g、10g、5g、2g、2g、1g，共 9 个砝码，并按固定的顺序放在砝码盒中。面值相同的砝码，其实际质量可能有微小的差别，其中的一个做出标记，以示区别。为了减少误差，在同一实验的称量中，应尽量使用同一砝码。取用砝码时，应使用镊子，用完及时放回盒内并盖严。

（8）光学读数装置：天平的光学读数装置包括变压器、灯泡、微分标尺和光幕等部分（见图 3-3 所示）。

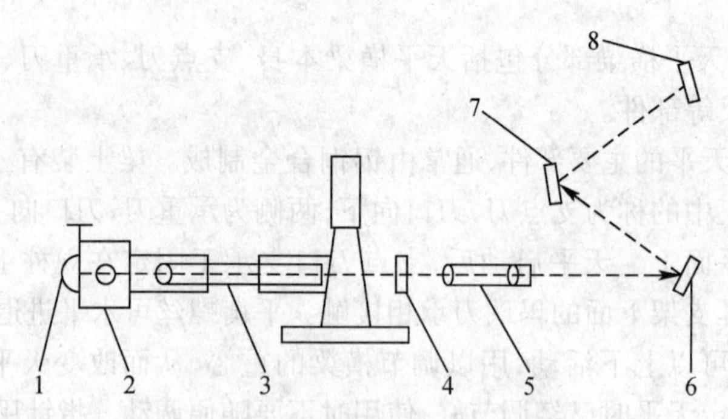

图 3-3 电光天平光学系统示意图

1. 光源灯座 2. 照明筒 3. 聚光管 4. 微分标尺
5. 物镜筒 6、7. 反射镜 8. 光幕

指针下端装有微分标尺，光源通过光学系统将微分标尺上的分度线放大，再反射到光幕上，从光幕上可看到标尺的投影。投影屏中央有一条垂直标线，它与标尺投影的重合位

置即天平的平衡位置，可直接读出 0.1 ~10mg 以内的数值。天平箱下的投影屏调节杆可将光屏在小范围左右移动，用于细调天平的零点。

2. 双盘全机械加码电光天平　此种天平与半机械加码电光天平的结构基本相同，不同之处是增加了两套机械加码器，以实现全部机械加码。这种天平的被称物放在天平的右盘，机械加码放在左盘。微分标尺的刻度是左为正，右为负。

3. 不等臂单盘天平　不等臂单盘电光天平的构造见图 3-4 所示。

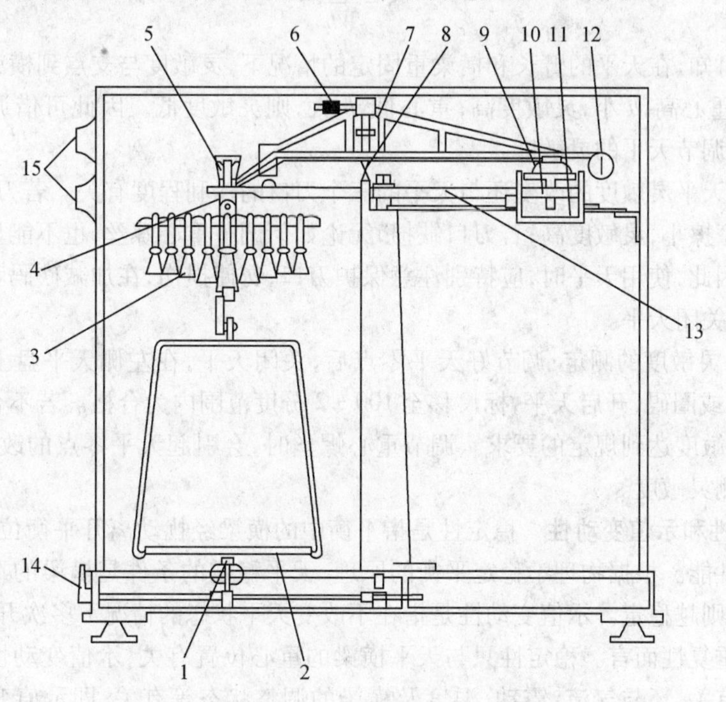

图 3-4　单盘电光天平

1. 托盘　2. 秤盘　3. 砝码　4. 挂钩　5. 承重刀　6. 平衡螺丝　7. 重心螺丝　8. 支点刀　9. 空气阻尼片　10. 平衡锤　11. 空气阻尼筒　12. 微分刻度板　13. 横梁支架　14. 升降旋钮　15. 砝码旋钮

这种天平只有一个秤盘，天平载重的全部砝码都悬挂在秤盘的上部，横梁的另一端装有平衡锤和阻尼器与秤盘平衡。称量时，将称量物放在盘上，减去适量的砝码，使天平重新达到平衡，减去的砝码的质量即为称量物的质量。它的数值大小直接反映在天平前方的读数器上，10mg 以下的质量仍由投影屏上读出。此种天平由于称量物和砝码都在同一盘上称量，不受臂长不等的影响，并且总是在天平最大负载下称量，因此，天平的灵敏度基本不变。所以是一种比较精密的天平。

（四）性能指标

电光分析天平的性能指标主要有灵敏度、稳定性、示值变动性和不等臂性。

1. 灵敏度

(1)灵敏度的表示方法：分析天平的灵敏度是指在天平一侧盘上增加 1mg 质量所引起天平指针偏转的程度，它反映天平能察觉出称盘上物体质量改变的能力。灵敏度的单位为分度/mg。实际工作中常用灵敏度的倒数——分度值（或称感量、精度）来表示天平的灵敏程度，分度值（感量）就是使天平平衡位置在微分标尺上产生一个分度的变化所需要的质量(毫克数),分度值越小,灵敏度越高。例如双盘半机械加码天平的灵敏度为10分度/mg,则分度值(感量)为0.1mg/分度,即称盘上0.1mg(万分之一克)的质量改变,天平就能察觉出来。因此,这类天平称为万分之一天平。

(2)影响灵敏度的因素:天平的灵敏度 S 与天平臂长 L、横梁重 W、支点与横梁重心的距离 h 有以下关系:

$$S=\frac{L}{Wh} \tag{3-1}$$

由上式可知,在天平的臂长和横梁重固定的情况下,灵敏度与支点到横梁重心的距离 h 成反比,即重心高,h 小,灵敏度高;重心低,h 大,则灵敏度低。因此可借调节天平横梁的重心螺丝,调节天平的灵敏度。

实际上,天平灵敏度的改变还与天平的三个刀口的锋利程度有关。若刀口锋利,天平摆动时刀口摩擦小,灵敏度高;若刀口缺损,无论如何调节重心螺丝,也不能显著提高天平的灵敏度。因此,使用天平时,应特别注意保护刀口,勿使损伤,在加减砝码和取放被称量物体时,必须关闭天平。

(3)天平灵敏度的测定:调节好天平零点后,关闭天平,在左侧天平盘上放置已校准的10mg片码或圈码,开启天平,标尺移至100±2分度范围内为合格。若不合格应调节重心螺丝,使灵敏度达到规定的要求。调节重心螺丝时,会引起天平零点的改变,故应重新调节零点再测灵敏度。

2. 稳定性和示值变动性 稳定性是指平衡中的横梁经扰动离开平衡位置后,仍自动恢复原位的性能。根据物理学稳定平衡的原理,天平稳定的条件是横梁的重心在支点下方,重心越低则越稳定。示值变动性是指在不改变天平状态的情况下多次开关天平,天平平衡位置的重复性而言。稳定性只与天平横梁的重心位置有关,示值变动性不仅与横梁的重心位置有关,还与气流、震动、温度及横梁的调整状态等有关,即示值变动性包括稳定性。

天平的示值变动性实际上也表示称量结果的可靠程度。天平的精确度不单决定于灵敏度,还与示值变动性有关,提高天平横梁的重心可以提高灵敏度,但也使示值变动性加大,因此单纯提高灵敏度是没有意义的。两者在数值上应保持一定的比例关系。中国计量科学研究院《天平检定规程JJG98-72(试行本)》中规定天平的示值变动性不得大于读数标牌的一个分度。天平既要有尽可能高的灵敏度,示值变动性也不应过大。

3. 不等臂性 双盘电光天平的支点刀与两个承重刀之间的距离,不可能完全相等,总有微小差异,由此引起的称量误差称为分析天平的不等臂性误差。其检验方法如下:

调节天平零点后,将两个相同质量的20g砝码分别放在天平的两个称量盘上,打开天平,读取停点 L_1。关闭天平,将两个砝码互换位置,打开天平,再读取停点 L_2。计算天平不等臂性误差(X)的简单公式为:

$$X=\frac{|L_1+L_2|}{2} \tag{3-2}$$

规定 $X \leqslant 0.4$mg,即为合格。否则需请专门人员进行修理。

实际工作中,如果使用同一台天平,分析天平的不等臂性误差可以消除。

二、电子天平

(一) 特点

与电光分析天平相比,电子天平可直接称量,全量程不需砝码,放上被称物后,几秒钟内即达到平衡,显示读数,称量速度快,精度高。它的支承点用弹性簧片,取代机械天平的玛瑙刀口,用差动变压器取代升降枢装置,用数字显示代替指针刻度。因而,电子天平具有使用寿命长、性能稳定、操作简便和灵敏度高等特点。此外,电子天平具有自动校正、自动去皮、超载指示、故障报警等功能以及具有质量电信号输出功能,还可与打印机、计算机联用,进一步扩展其功能,如统计称量的最大值、最小值、平均值和标准偏差等。总之,电子天平称量快捷,使用方法简便,是目前最好的称量仪器。

(二) 结构及称量原理

电子天平是利用电子装置完成电磁力补偿的调节,使物体在重力场中实现力的平衡,或通过电磁力矩的调节,使物体在重力场中实现力矩的平衡。电子天平按结构可分为顶部承载式(上皿式,秤盘在支架上方)和底部承载式(下皿式,秤盘在支架下方)两类。目前,广泛使用的是顶部承载式电子天平(图3-5),它是根据电磁力补偿原理制造的。此类天平的横梁用石英管制得,可保证天平具有极佳的机械稳定性和热稳定性。在此横梁上固定有电容传感器和力矩线圈,横梁的一端挂有秤盘和机械加码装置。称量时,横梁围绕支承偏转,传感器输出电信号,经整流放大反馈到力矩线圈中,然后使横梁反向偏转恢复到零位,此力矩线圈中的电流经放大且模拟质量数字显示出来。

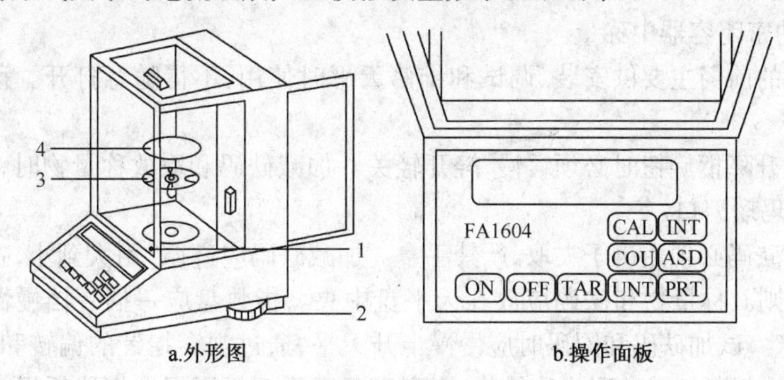

图3-5 电子天平

1. 水平仪 2. 水平调节脚 3. 托盘 4. 秤盘

ON-开启显示器键,OFF-关闭显示器键,TAR-清零,去皮键,CAL-校准功能键,INT-积分时间调整键,COU-点数功能键,ASD-灵敏度调整键,UNT-量制转换键,PRT-输出模式设定键

(三) 分类

电子天平按称量范围和精度(分度值)可分为以下几类:①超微量天平:其最大称量是2~5g,其精度为0.001mg,如德国 Sartoruis MS5 型;②微量天平:其量程一般在3~50g,其精度为0.1mg(或0.01mg),如瑞士 Mettler AT21 型及 Sartoruis S4 型;③半微量天平:其称量一般在20~100g,其分度值为0.1mg(或0.01mg),如 Mettler AE50 型和 Sartoruis M25D 型;④常量天平:其最大称量一般在100~200g,其精度为0.1mg,如 Sartoruis BP190S 型和 BP210S 型;⑤半微量/常量天平:其量程及精度可转换,可根据称量需要进

行选择，如 Sartoruis BP211D 型，其量程为 80g/210g，精度为 0.01mg/0.1mg。

学生实验室常用的电子天平多为常量电子天平，其最大载荷一般为 100 ~200g，精度为 0.1mg。尽管电子天平的种类很多，但使用方法大同小异，具体操作方法可参看各仪器使用说明书。

三、分析天平的使用规则和称量方法

分析天平是精密的称量仪器，正确地使用和维护，不仅称量快速、准确，而且保证天平的精度，延长天平的使用寿命。目前，学生实验普遍使用电光分析天平和上皿式电子天平，故本书分别介绍电光分析天平和电子天平的使用规则和称量方法。

（一）电光分析天平的使用规则及称量方法

1. 使用规则

（1）天平应安放在室温均匀的室内，并放置在牢固的台面上，避免震动、潮湿、阳光直接照射，防止腐蚀气体的侵蚀。

（2）称量前先将天平罩取下叠好，放在天平箱上面，检查天平是否处于水平状态，天平是否处于关闭状态，各部件是否处于正常位置。砝码、环码的数目和位置是否正确。用软毛刷清刷天平，检查和调整天平的零点。

（3）称量物必须干净，过冷和过热的物品都不能在天平上称量（会使水汽凝结在物品上，或引起天平箱内空气对流，影响准确称量）。不得将化学试剂和试样直接放在天平盘上，应放在干净的表面皿或称量瓶中；具有腐蚀性的气体或吸湿性物质，必须放在称量瓶或其他适当的密闭容器中称量。

（4）天平的前门主要供安装、调试和维修天平时使用，不得随意打开。称量时，应关好两边侧门。

（5）旋转升降枢旋钮时必须缓慢，轻开轻关。加减砝码和取放称量物时，必须关闭天平，以免损坏玛瑙刀口。

（6）取放砝码必须用镊子夹取、严禁手拿。加减砝码应遵循"由大到小，折半加入，逐级试验"的原则。称量物和砝码应放在天平盘中央。指数盘应一挡一挡慢慢转动，防止圈码跳落碰撞。试加砝码和圈码时应慢慢半开天平，通过观察指针的偏转和投影屏上标尺移动的方向，判断加减砝码或称量物，直到半开天平后投影屏上标线缓慢且平稳时，才能将升降枢旋钮完全打开，待天平达平衡时，记下读数。称量的数据应及时记录在实验记录本上，不得记录在纸片上或其他地方。

（7）天平的载重不应超过天平的最大载重量。进行同一分析工作，应使用同一台天平和相配套的砝码，以减小称量误差。

（8）称量结束，关闭天平，取出称量物和砝码，清刷天平，将指数盘恢复至零位。关好天平门，检查零点，将使用情况登记在天平使用登记本上，切断电源，罩好天平罩。

（9）如需搬动天平时，应卸下天平盘、吊耳、天平梁，然后搬动。短距离搬动，也应尽量保护刀口，勿使震动损伤。

2. 称量方法　实验中根据不同的称量对象和不同的天平，需采用不同的称量方法和操作步骤。就机械天平而言，常用的几种称量方法如下。

（1）直接称量法：此法用于称量洁净干燥的不易潮解或升华的固体试样。调节天平零点后，将称量物放置于天平盘中央，按从大到小的顺序加减砝码或圈码，使天平达到平衡，所得读数即为称量物的质量。

（2）固定质量称量法（如图3-6所示）：此法用于称取不易吸水、在空气中能够稳定存在的粉末状或小颗粒试样。先按直接称量法称取盛放试样的空容器质量，在已有砝码的质量上再加上欲称试样质量的砝码，然后用药匙将试样慢慢加入容器中，直至天平达到平衡。

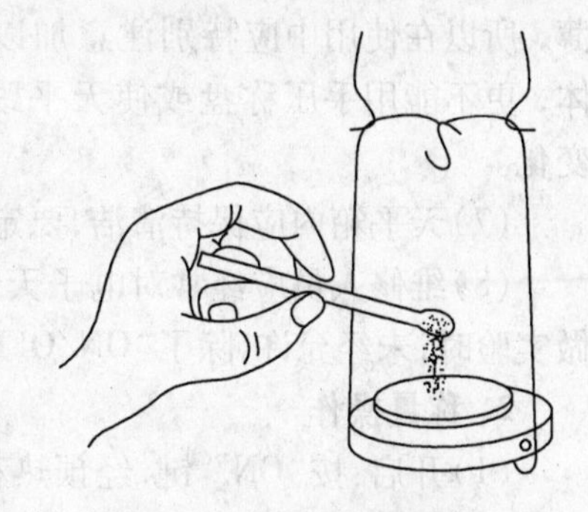

图3-6　固定质量称量法

（3）递减称量法：又称减重称量法，常用于称取易吸水、易氧化或易与CO_2反应的物质。该方法称出试样的质量不要求固定的数值，只需在要求的称量范围内即可。将适量试样装入干燥洁净的称量瓶中，用洁净的小纸条套在称量瓶上（图3-7a），将称量瓶放于天平称盘上，在天平上称得质量为m_1克，取出称量瓶，于盛放试样容器的上方（图3-7b），取下瓶盖，将称量瓶倾斜，用瓶盖轻敲瓶口，使试样慢慢落入容器中，接近所需要的重量时，用瓶盖轻敲瓶口，使粘在瓶口的试样落下，同时将称量瓶慢慢直立，然后盖好瓶盖。再称称量瓶质量为m_2克。两次质量之差，就是倒入容器中的第一份试样的质量。按上述方法可连续称取多份试样。

第一份试样质量 $= m_1 - m_2$（g）；

第二份试样质量 $= m_2 - m_3$（g）；

第三份试样质量 $= m_3 - m_4$（g）。

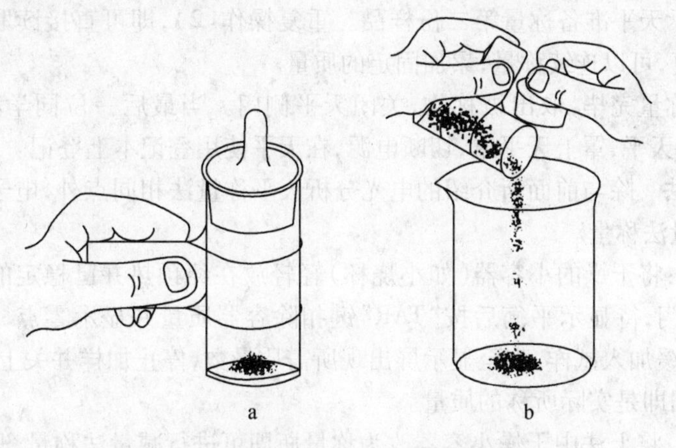

图3-7　称量瓶的拿法（a）和递减称量法（b）

（二）电子天平的使用规则及称量方法

1. 使用规则

（1）电子天平是对环境高度敏感的精密电子测量仪器，使用时应将天平置于稳定的工作台上，避免振动、移动、气流影响及阳光照射，工作环境应无大的电源干扰，无腐蚀性气体及液体。

（2）使用前应调整底角螺丝，使水平指示器的气泡居中。

（3）应按产品说明书的要求进行预热，保证通电后的预热时间。

（4）称量易挥发和具有腐蚀性的物品时，要盛放在密闭的容器中，以免腐蚀和损坏电子天平。

(5)将被称物放入天平后应关闭天平侧门,待电子显示屏上数字稳定后再记录数据。

(6)注意电子天平的最大载荷,不可过载使用。因作为电子天平"心脏"的重力电磁传感器簧片(一般有6~8片)细而薄,极易受损。天平的精度越高,其重力传感簧片也越薄,所以在使用中应特别注意加以保护,不要向天平上加载重量超过其称量范围的物体,更不能用手压称盘或使天平跌落地下,以免损坏天平或使重力传感器的性能发生变化。

(7)天平箱内应保持清洁,要定期放置和更换吸湿变色干燥剂(硅胶),以保持干燥。

(8)维修人员应经常对电子天平进行自校或定期外校,使其处于最佳状态。但学生做实验时,未经允许,除了"ON/OFF"键和"TAR"键外,其余键均不得触动。

2. 称量操作

(1)开启:按"ON"键,经预热和短暂自检后,电子显示屏上出现0.0000g闪动。待数字稳定下来,表示天平已稳定,进入准备称量状态。如显示不是"0.0000g",则要按一下"TAR"键。

(2)称量:打开天平侧门,将被称物轻轻放在天平的称量盘中央(化学试剂不能直接接触称盘),关闭天平侧门,待读数稳定后记录显示数据。

(3)去皮称量:按"TAR"键清零后,将空容器放在称量盘中央,按"TAR"键显示"0.0000g",即去皮。将称量物放入空容器中,待读数稳定后,此时天平所示读数即为所称物体的质量。

(4)连续称量:当称量了第一份样品以后,若再按"TAR"键,电子显示屏上又重新返回0.0000g,表示天平准备称量第二份样品。重复操作(2),即可直接读取第二份样品的质量。如此重复,可以连续称量,累加固定的质量。

(5)关闭:称量完毕,取出被称物,关闭天平侧门。当最后一位同学称量结束后,按"OFF"键,关闭天平,罩上天平罩,切断电源,在天平使用登记本上登记。

3. 称量方法 除与前面所介绍的电光分析天平称量法相同点外,电子天平可直接进行增量法和减量法称量。

(1)增量法:将干燥的小容器(如小烧杯)轻轻放在经预热并已稳定的电子天平称量盘上,关上天平门,待显示平衡后按"TAR"键扣除容器质量并显示零点。然后打开天平门,往容器中缓缓加入试样,直至显示屏出现所需质量数,停止加样并关上天平门,此时显示屏显示的数据即是实际所称的质量。

(2)减量法:将上法中干燥小容器改为称量瓶即可进行减量法称量,只是最后数值显示的数字为负值。

第二节 分析天平的称量练习实验

实验一 电光分析天平称量练习

【实验目的】

1. 了解电光分析天平的结构和类型。
2. 熟悉电光分析天平使用规则和基本操作方法。
3. 掌握直接称量和递减称量的方法。

【实验原理】

电光分析天平的称量原理(见第一节)。

【仪器和试剂】

仪器　TG-328B(或其他型号)电光天平,称量瓶,小烧杯(或坩埚)。

试剂　Na_2SO_4(或其他粉末状试样)。

【实验步骤】

1. 天平检查　检查天平各部件是否处于正常状态、天平的水平与清洁情况、砝码盒中的砝码有无短缺,调节天平零点并记录。

2. 直接称量练习

(1)称量瓶的称量:从干燥器中取一称量瓶,放在天平盘上,称量并记录其质量。重复称量3次,求出平均值。

(2)称量瓶盖的称量:将称量瓶盖放在天平盘上(瓶体放在干燥器内),称量并记录其质量。重复称量3次,求出平均值。

(3)称量瓶体的称量:将瓶体放在天平盘上(瓶盖放在干燥器内),称量并记录其质量。重复称量3次,求出平均值。

计算瓶盖加瓶体的质量之和,并与称量瓶一次称得的质量比较。

3. 递减称量练习

(1)取一洁净、干燥的称量瓶,装入Na_2SO_4(或其他粉末状试样)约至称量瓶的2/3左右。按第一节中所述方法和图3-7所示操作,精密称取约0.5g(0.45~0.55g)、0.3g(0.27~0.33g)、0.12g(0.10~0.13g)各三份于小烧杯(或坩埚)中,连续称量。

(2)通常采用尝试法使称出的试样量能达到要求。如要求称量0.45~0.55g试样,先在分析天平上准确称称量瓶加试样的质量为m_1(g),关闭天平,取下称量瓶,少敲出一些试样后,再称其质量,这次只需读至小数点后第二位,若敲出的试样质量为0.20g,则需再敲出试样质量应为前次已敲出量的1.5倍左右。然后再将称量瓶(与剩下的试样)放到天平上准确称其质量,记为m_2(g)。敲出的试样总质量为$m_1 - m_2$(g),若在所要求的0.45~0.55g范围内,即符合要求;如果太少,则继续操作,一般重复操作2~3次应达到要求。

(3)若称量结果未达到要求,应找原因,再作称量练习,并进行计时,检验自己称量操作正确、熟练程度。

(4)按下列格式做好记录和报告:

日期:　__年__月__日　　　　　　　　　　　天平号:

m_1/g	18.5678	18.0646	17.5214	17.0228	16.7102	16.4212	16.4212	16.1150	15.8909
m_2/g	18.0646	17.5214	17.0228	16.7102	16.4212	16.1150	16.0112	15.8909	15.7816
$m_{Na_2SO_4}$/g	0.5032	0.5432	0.4986	0.3126	0.2890	0.3062	0.1038	0.1203	0.1093

【注意事项】

1. 实验前应认真预习本章第一节电光天平与称量的有关内容,实验时严格遵守电光天平的使用规则。

2. 称量时按质量从大到小的顺序加减砝码。

3. 使用双盘电光天平,1g以上的砝码由砝码盒中取加,900~100mg的砝码由加码指数盘外圈转加,90~10mg 的砝码由加码指数盘内圈转加,10mg 以下的质量由光幕标尺读取,读准至 0.1mg。使用单盘电光天平,100mg 以上的砝码由加码器加放,100mg 以下的质量由光幕标尺读取,读准至 0.1mg。

4. 递减法第二次称量结束后,检查天平零点,若零点发生漂移应进行校正。

5. 使用天平结束后,认真检查天平的电源、升降枢、加码器及天平盘内的砝码是否复原。检查结束后在天平使用登记本上登记。

【思考题】

1. 天平盘上取放称量物或加减砝码时,为什么必须使天平休止?

2. 哪种称量方法称量前必须测定零点?若不在"0.0"处如何处理读数?

3. 递减法称量中,零点是否一定要调至"0.0"处?,为什么?

实验二 电子天平称量练习

【实验目的】

1. 掌握电子天平的基本操作和常用称量方法。

2. 了解电子天平的结构,熟悉其使用规则。

3. 进一步熟悉称量瓶的使用方法。

【实验原理】

电子天平的称量原理(见第一节)。

【仪器和试剂】

仪器 FA-1104A(或其他型号)电子天平,称量瓶,小烧杯。

试剂 Na_2SO_4(或其他粉末状试样)。

【实验步骤】

1. 天平检查 查看水平仪,如不水平,通过水平调节脚调至水平。

2. 预热 接通电源,预热(60min),待天平显示屏出现稳定的 0.0000g,即可进行称量。若天平显示不在零状态,可按"TAR"键,使天平显示回零。

3. 直接称量练习

(1)将洁净、干燥的小烧杯轻轻放在称量盘中央,关上天平门,待显示平衡后,按"TAR"键扣除容器质量并显示零点。

(2)打开天平门,用牛角勺将试样缓缓加入烧杯中,直至显示屏出现所需质量数,停止加样并关上天平门,此时显示屏显示的数据即是实际所称的质量。

(3)精密称取约 0.5g(0.49~0.51g)、0.3g(0.29~0.31g)、0.1g(0.09~0.11g)各三份试样于小烧杯中。按下列格式做好记录和报告:

日期: __年__月__日　　　　天平号:

m_1/g	0.5055	0.4932	0.5091
m_2/g	0.3071	0.2948	0.2919
m_3/g	0.1082	0.1001	0.0998

4. 递减称量练习

(1)取一洁净、干燥的称量瓶,装入 Na_2SO_4(或其他粉末状试样),约至称量瓶的 2/3

左右。按第一节中所述方法和图 3-7 所示操作。

（2）将装有试样的称量瓶放在天平盘中央，准确称出称量瓶加试样的质量为 m_1（g）；取下称量瓶，敲出一些试样于接受容器中，再称其质量，若敲出的试样质量少于要求的质量范围，则需再敲出一些后称其质量，记为 m_2（g），敲出的试样质量为 $m_1 - m_2$（g）。重复以上操作，可连续称取多份试样。

（3）精密称取约 0.5g（0.45 ~0.55g）、0.3g（0.27 ~0.33g）、0.12g（0.10 ~0.13g）各三份试样于小烧杯中，按实验一格式做好记录和报告。

【注意事项】

1. 实验前应认真预习本章第一节电子天平与称量的有关内容，实验时严格遵守电子天平的使用规则。

2. 取放烧杯、称量瓶或其他被称物时，不得直接用手接触，应将被称物用一干净的纸条套住，也可戴专用手套进行操作。

3. 称量物不得超过天平的量程。

4. 递减称量时，若敲出的试样量不够时，可重复上述操作；如敲出的试样多于要求的质量范围，则只能弃去重做。

5. 递减称量时，要在接受容器的上方打开称量瓶盖或盖上瓶盖，以免可能黏附在瓶盖上的试样失落他处。

6. 称量结束后，取出被称物，按“OFF”键，关闭天平，用软毛刷清洁天平内部，关闭天平侧门，罩上天平罩，切断电源，在天平使用登记本上登记。

【思考题】

1. 固定质量称量法和递减称量法各有何优缺点？各适用于何种试样的称量？

2. 电子天平和电光天平的称量原理有何区别？

（赵怀清　袁　波）

第四章　滴定分析基本操作实验

第一节　滴定分析常用器皿和操作

滴定分析又称容量分析，是将已知准确浓度的标准溶液滴加到待测试液中，当反应进行完全时，根据消耗的标准溶液的浓度和体积，求算被测组分的浓度或质量的方法。因此，规范地使用容量器皿及准确测量溶液的体积，是保证良好分析结果的重要因素。现将滴定分析常用器皿（滴定管、量瓶、移液管、碘量瓶、称量瓶等）及其基本操作分述如下。

一、滴定管

滴定管是用来进行滴定操作的器皿，用于测量在滴定中所用标准溶液的体积。

1. 滴定管的形状和分类　滴定管是一种细长、内径大小均匀并具有刻度的玻璃管，管的下端有玻璃尖嘴，有 10ml、25ml、50ml 等不同的容积。如 50ml 滴定管就是把滴定管分成 50 等份，每一等份为 1ml，1ml 中再分 10 等份，每一小格为 0.1ml，读数时，在每一小格间可再估计出 0.01ml。

常用滴定管分为两种，一种是酸式滴定管，另一种是碱式滴定管（图 4-1）。酸式滴定管的下端有玻璃活塞（或玻璃管下端连接一活塞），可盛放酸性及氧化性溶液，不能盛放碱性溶液，因为碱性溶液常使活塞与活塞套被腐蚀黏合，难于转动。碱式滴定管的下端连接一橡皮管或乳胶管，内放一玻璃珠，以控制溶液的流出，下面再连一尖嘴玻管，这种滴定管可盛放碱性及无氧化性溶液，凡是能与橡皮发生反应的溶液，如酸或氧化剂等不能装入碱式滴定管。滴定管除无色的外，还有棕色的，用以盛放见光易分解的溶液，如高锰酸钾、硝酸银溶液等。

现有一种新型滴定管，外形与酸式滴定管相同，但其旋塞用聚四氟乙烯材料制作，可用来盛放酸、碱、氧化性溶液。由于聚四氟乙烯旋塞具有弹性，通过调节旋塞尾部的螺帽，可调节旋塞与塞套间的紧密度，因而，此类滴定管无需涂凡士林。

2. 滴定管的准备

（1）涂油和试漏：酸式滴定管在使用前需对其玻璃活塞进行涂油，其目的：一是防止溶液自活塞漏出；二是活塞可自如转动，便于调节转动角度以控制溶液滴出量。涂油时将已洗净的滴定管活塞拔出，用滤纸将活塞及活塞套擦干，在活塞粗端和活塞套的细端分别涂一薄层凡士林（图 4-2），把活塞插入活塞套内，来回转动数次，直到在外面观察时呈透明即可。亦可在玻璃活塞的两端涂上一薄层凡士林，小心不要涂在塞孔处以防堵塞孔眼，然后将活塞插入活塞套内，来回旋转活塞数次直至透明为止。在活塞末端套一橡皮圈以防在使用时将活塞顶出。然后在滴定管内装入水，固定在滴定管架上直立 2min 观察有无水滴滴下、缝隙中是否有水渗出，然后将活塞旋转180°再观察一次，放在滴定管架上，没有漏水即可使用。

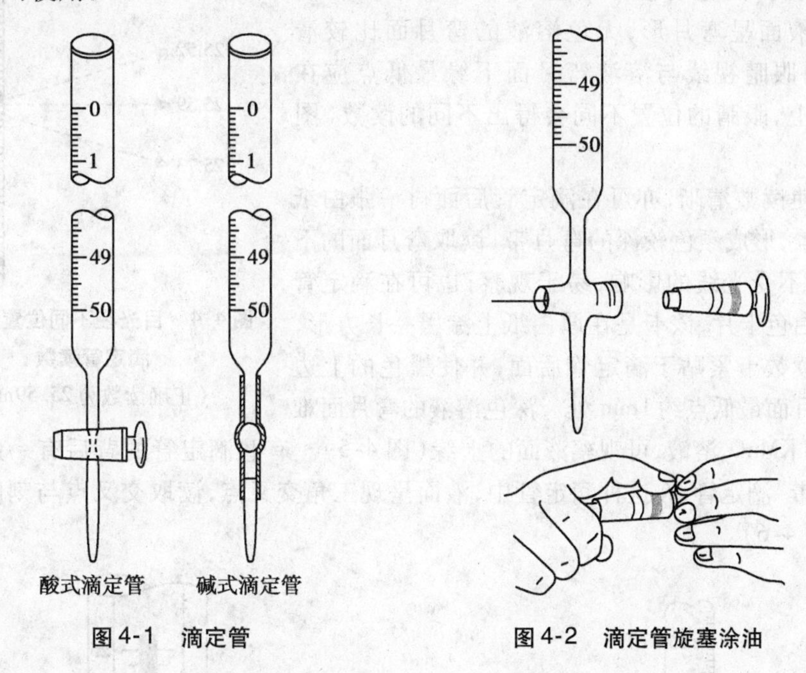

图4-1　滴定管

图4-2　滴定管旋塞涂油

(2)洗涤、装液、排气

1)洗涤:无明显油污的滴定管，可直接用自来水冲洗，再用滴定管刷刷洗；若有油污则可倒入温热至40～50℃的5%铬酸洗液(见第一章)约10ml，把管子横过来，两手平端滴定管转动直至洗液布满全管。碱式滴定管则应先将橡皮管卸下，另取橡皮滴头套在滴定管底部，然后再倒入洗液进行洗涤。污染严重的滴定管，可直接倒入铬酸洗液浸泡几小时。注意:用过的洗液千万不可直接倒入水池。滴定管中附着的洗液用自来水冲洗干净，最后用少量蒸馏水润洗至少3次，对于50ml滴定管，每次用7～8ml，润洗时必须将管倾斜转动，让水润湿整个管内壁，然后由下端管尖放出。碱式滴定管在润洗时，用手指捏玻璃珠稍上部的橡皮管，使橡皮管与玻璃珠之间形成一条缝隙，让溶液从尖嘴流出。洗净的滴定管内壁应能被水均匀润湿而无条纹，并不挂水珠。

2)装液:为了保证装入滴定管溶液的浓度不被稀释，要用该溶液润洗滴定管三次(第一次约10ml，大部分溶液可由上口倒出，第二、三次各约5ml，可从下口放出)。洗法是注入溶液后，将滴定管横过来，慢慢转动，使溶液润洗全管，然后将溶液自下放出。洗好后即可装入溶液，装溶液时要直接从试剂瓶倒入滴定管，不要再经过漏斗或其他容器。

3)排气:将标准溶液充满滴定管后，应检查管下部是否有气泡。若有气泡，如为酸式滴定管可转动活塞，使溶液急速下流驱除气泡。如为碱式滴定管，则可将橡皮管向上弯曲，并在稍高于玻璃珠所在处用两手指挤压，使溶液从尖嘴口喷出，气泡即可除尽(图4-3)。

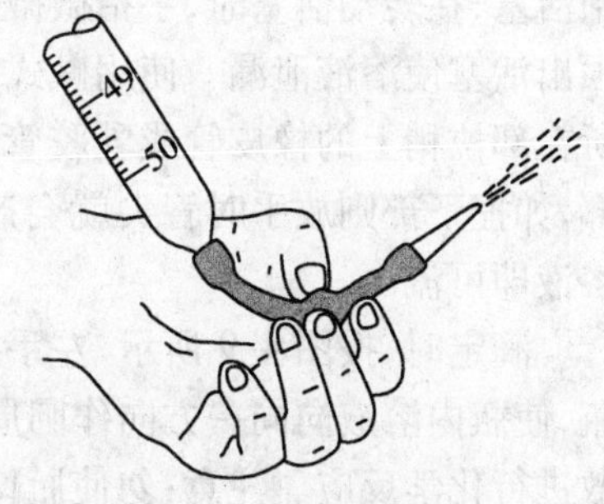

图4-3　碱式滴定管排气

3. 滴定管的读数　读数时,应将滴定管垂直地夹在滴定管夹上,并将管下端悬挂的液滴除去。滴定管读数时应估计到0.01ml。滴定管内的液面呈弯月形,无色溶液的弯月面比较清晰,读数时眼睛视线与溶液弯月面下缘最低点应在同一水平上,眼睛的位置不同会得出不同的读数(图4-4)。

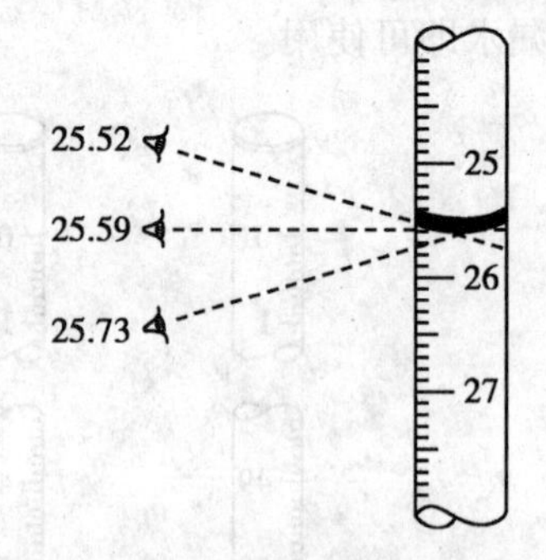

图4-4　目光在不同位置得到的滴定管读数
(正确读数为25.59ml)

为了使读数清晰,亦可在滴定管后面衬一张白纸片做为背景,形成颜色较深的弯月带,读取弯月面的下缘,这样做不受光线的影响,易于观察;也可在滴定管后面衬黑白色卡片,该卡是在厚白纸上涂黑一长方形,使用时将读数卡紧贴于滴定管后面,并使黑色的上边缘位于弯月面最低点约1mm处。深色溶液的弯月面难以看清,如$KMnO_4$溶液,可观察液面的上缘(图4-5)。有些滴定管的背后有一条白底蓝线,称"蓝带"滴定管,在这种滴定管中,液面呈现三角交叉点,读取交叉点与刻度相交之点即可(图4-6)。

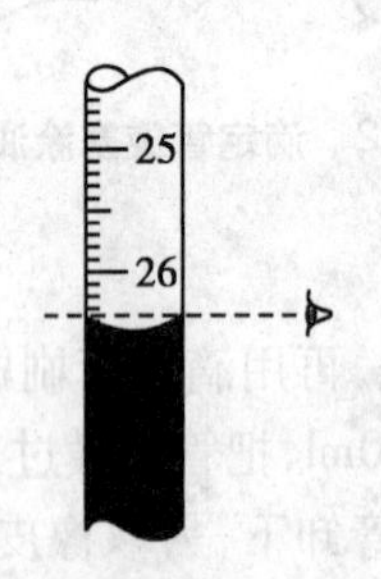

图4-5　深色溶液的滴定管读数

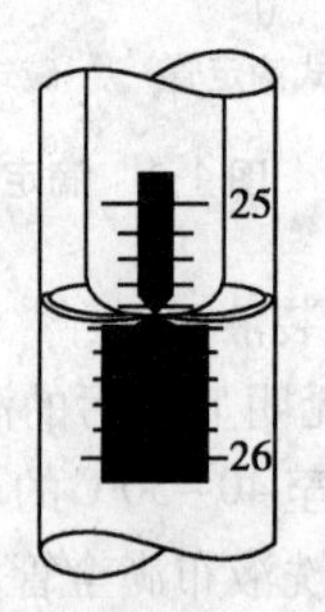

图4-6　"蓝带"滴定管的读数
(正确读数是25.44ml)

由于滴定管刻度不可能非常均匀,所以在同一实验的每次滴定中,溶液的体积应该控制在滴定管刻度的同一部位,例如第一次滴定是在0~30ml的部位,那么第二次滴定也应使用这个部位。这样由于刻度不准确而引起的误差可以抵消。注意:滴定前先估算所需标准溶液的体积,滴定所用操作溶液的体积不能超过滴定管的容量。

4. 滴定操作　使用酸式滴定管时(图4-7),左手拇指在前,食指及中指在后,一起控制活塞,在转动活塞时,手指微微弯曲,轻轻向里扣住,手心不要顶住活塞小头一端,以免顶出活塞使溶液泄漏。使用碱式滴定管时(图4-8),用左手的大拇指和食指捏挤玻璃珠所在部位稍上的橡皮管或乳胶管(注意不要使玻璃珠上下移动,也不要捏挤玻璃珠的下部,如捏下部则放手时管尖就会产生气泡),使之与玻璃珠之间形成一条可控制的缝隙,溶液即可流出。

滴定时,按图4-9所示,左手控制溶液流量,右手拿住锥形瓶的瓶颈用腕力摇动锥形瓶,使瓶内溶液向同一方向作圆周运动(左、右旋均可),这样使滴下的溶液能较快地被分散进行化学反应。注意:勿使瓶口接触滴定管;溶液滴出速度不要太快,约3~4滴/秒;旋摇时不要使瓶内溶液溅出。在接近终点时,须用少量蒸馏水吹洗锥形瓶内壁,使溅起的溶液淋下,以便被测物与滴定剂充分作用完全;同时,滴定速度要放慢,以防滴定过量,每次

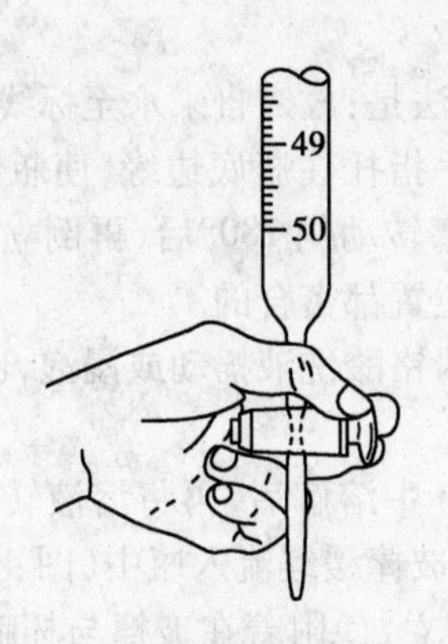

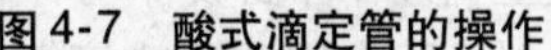

图 4-7　酸式滴定管的操作

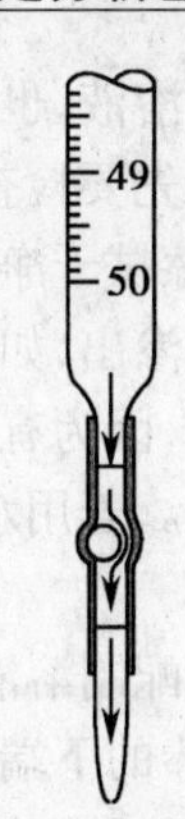

图 4-8　碱式滴定管的操作

加入 1 滴或半滴溶液,不断摇动,直至达终点。滴加 1 滴或半滴的方法是使液滴悬挂管尖而不让液滴自由滴下,再用锥形瓶内壁将液滴碰下,然后用洗瓶吹入少量水,将内壁附着的溶液洗入瓶中。或用洗瓶直接将悬挂的液滴冲入瓶内。

在烧杯中滴定时,调节滴定管的高度,使滴定管的下端伸入烧杯内 1cm 左右。滴定管下端应在烧杯中心的左后方处,但不要靠内壁。右手持搅拌棒在右前方搅拌溶液。在左手滴加溶液的同时,搅拌棒应作圆周搅动,但不得接触烧杯壁和底(图 4-10)。在加半滴溶液时,用搅棒下端承接悬挂的半滴溶液,放入烧杯中混匀。注意:搅拌棒只能接触溶液,不要接触滴定管尖。

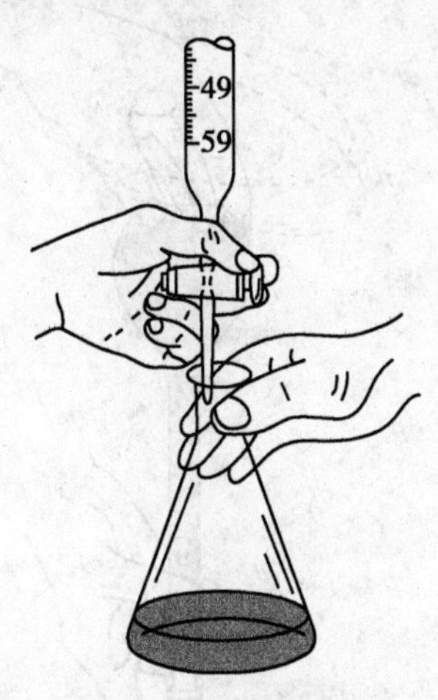

图 4-9　滴定操作

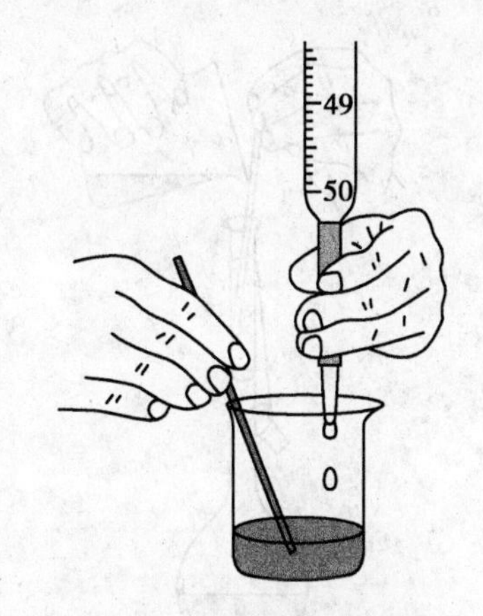

图 4-10　在烧杯中滴定操作
(使用碱式滴定管)

滴定结束后,滴定管中剩余的溶液应弃去,不得将其倒回原瓶,以免沾污整瓶溶液。马上洗净滴定管,然后用蒸馏水充满全管并盖住管口,或用水洗净后倒置在滴定管架上。

二、量瓶

量瓶是一种细颈梨形的平底瓶(图 4-11),具有磨口玻璃塞或塑料塞。颈上刻有标线,表示在所指温度下当液体充满到标线时,液体体积恰好与瓶上所注明的体积相等。常用的量瓶有 10ml、25ml、50ml、100ml、250ml、500ml、1000ml 等不同规格。量瓶一般用来配制标准溶液或试样溶液，也可用于定量地稀释溶液。

量瓶在使用前先要检查其是否漏水。检查的方法是：放入自来水至标线附近，盖好瓶塞，瓶外水珠用布擦拭干净，用左手按住瓶塞，右手手指托住瓶底边缘，使瓶倒立2min，观察瓶周围是否有水渗出，如果不漏，将瓶直立，把瓶塞转动约180°后，再倒立过来试一次，检查两次很有必要，因为有时瓶塞与瓶口不是任何位置都密合的。

量瓶应先洗净。若用水冲洗后还不洁净，可倒入铬酸洗液摇动或浸泡，也可使用洗洁精或肥皂水洗涤。

如用固体物质配制溶液，应先将固体物质在烧杯中溶解后，再将溶液转移至量瓶中。转移时，要使玻璃棒的下端靠近瓶颈内壁，使溶液沿玻棒缓缓流入瓶中（图4-11），溶液全部流完后，将烧杯轻轻沿玻璃棒上提1~2cm，同时直立，使附着在玻棒与杯嘴之间的溶液流回到杯中，然后离开玻棒。再用蒸馏水洗涤烧杯3次，每次用洗瓶或滴管冲洗杯壁和玻棒，按同样方法将洗涤液一并转入量瓶中。当加入蒸馏水至量瓶容量的2/3时，沿水平方向轻轻摇动量瓶，使溶液混匀。接近标线时，要用滴管慢慢滴加，直至溶液的弯月面与标线相切为止。盖好瓶塞，用一手食指按住塞子，拇指和中指拿住瓶颈标线以上部分，用另一手的全部指尖托住瓶底边缘，将量瓶倒转，使瓶内气泡上升，并将溶液振荡数次，再倒转过来，使气泡再直升到顶，如此反复数次直至溶液混匀为止（图4-12）。有时，可以把一洁净漏斗放在量瓶上，将已称试样倒入漏斗中（这时大部分试样可落入量瓶中），再用洗瓶吹出少量蒸馏水，将残留在漏斗上的试样完全洗入量瓶中，冲洗几次后，轻轻提起漏斗，再用洗瓶的水充分冲洗，然后如前操作。

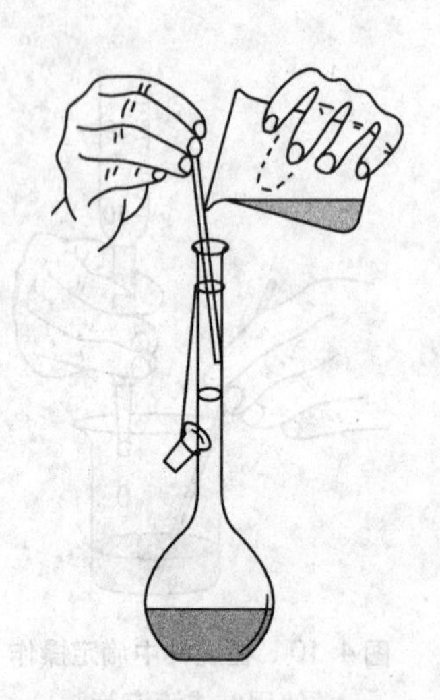

图4-11　转移溶液入量瓶的操作

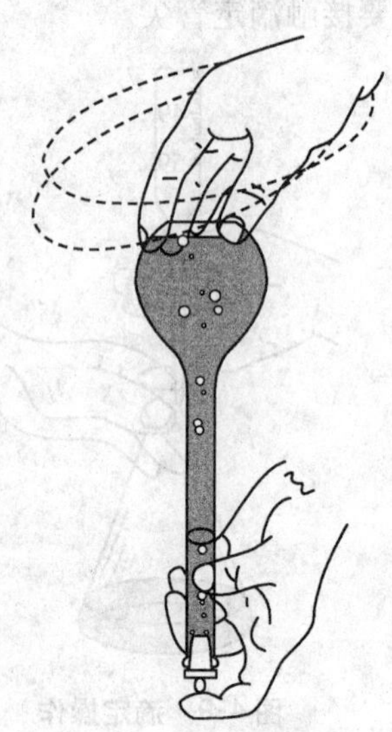

图4-12　混匀操作

量瓶不能长时间贮存溶液，尤其是碱性溶液，它会侵蚀瓶塞使其无法打开。所以配制好溶液后，应将溶液倒入清洁干燥的试剂瓶中贮存，量瓶不能用火直接加热及烘烤。

量瓶使用完毕应立即用水冲洗干净。如长期不用，磨口处应洗净擦干，并用纸片将瓶塞与磨口隔开。

三、移液管

移液管用于准确移取一定体积的溶液。通常有两种类型：一种是管上无分刻度，形状为中间膨大，上下两端细长，通称移液管，又称为胖肚移液管。常用的有 5ml、10ml、25ml、50ml 等几种规格；另一种管上有分刻度，形状为直形，通称吸量管（或刻度吸管）。常用的有 1ml、2ml、5ml、10ml 等多种规格（图 4-13）。

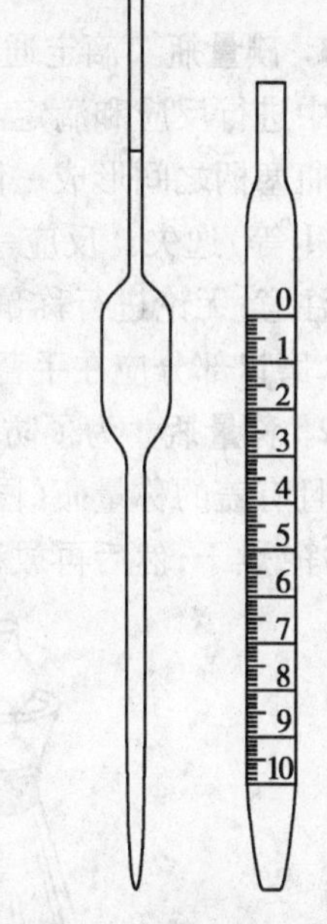

图 4-13　移液管和吸量管

有油污的移液管使用前应吸取洗液洗涤。若污染严重，则可放在高型玻璃筒或大量筒内用洗液浸泡。然后用自来水冲洗干净，蒸馏水润洗 3 遍。使用时，洗净的移液管要用被吸取的溶液润洗 3 次，以除去管内残留的水分。为此，可倒少许溶液于一洁净而干燥的小烧杯中，用移液管吸取少量溶液，将管横下转动，使溶液流过管内标线下所有的内壁，然后使管直立将溶液由尖嘴口放出。

吸取溶液时，如图 4-14 所示，一般用左手拿洗耳球，右手把移液管插入溶液中吸取。当溶液吸至标线以上时，马上用右手食指按住管口，取出后用滤纸擦干下端，然后使移液管垂直，稍松食指，使液面平稳下降，直至溶液的弯月面与标线相切，立即按紧食指，将移液管垂直放入接受溶液的容器中，管尖与容器壁接触（图 4-15），放松食指使溶液自由流出，流完后再等 15s 左右。残留于管尖内的液体不必吹出，因为在校正移液管时，未把这部分液体体积计算在内。移液管使用后，应立即洗净放在移液管架上。

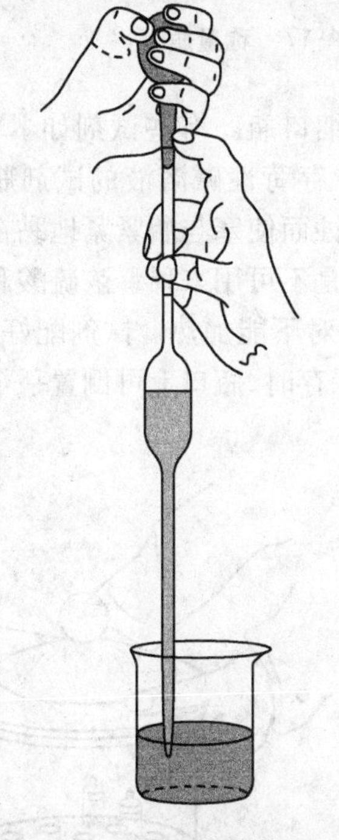
图 4-14　吸取溶液的操作

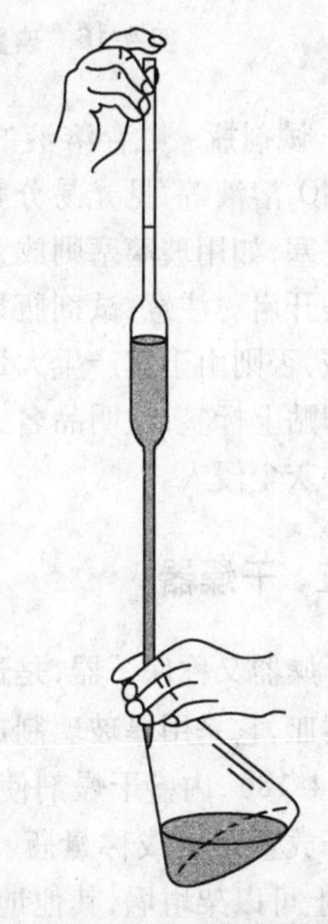
图 4-15　从移液管放出液体

使用刻度吸管时，应将溶液吸至最上刻度处，然后将溶液放出至适当刻度，两刻度之差即为放出溶液的体积。

四、碘量瓶、称量瓶、试剂瓶

1. 碘量瓶　滴定通常都在锥形瓶中进行，而溴酸钾法、碘量法（滴定碘法）等需在碘量瓶中进行反应和滴定。碘量瓶是带有磨口玻璃塞和水槽的锥形瓶（图4-16），喇叭形瓶口与瓶塞柄之间形成一圈水槽，槽中加纯水可形成水封，防止瓶中溶液反应生成的气体（Br_2、I_2等）逸失。反应一定时间后，打开瓶塞水即流下并可冲洗瓶塞和瓶壁，接着进行滴定。注意：无论进行称量还是滴定操作时，碘量瓶的磨口玻璃塞应夹于中指与无名指的指缝间，磨口部分应在手背一方，不允许随意放在桌面或其他地方。

2. 称量瓶　为了防止称量物在称量过程中吸收空气中水分和二氧化碳，可将其放在平底且有盖的称量瓶（图4-17）中进行称量。称量瓶口及盖子的边缘是磨砂的。使用前要洗净，烘干，然后再放称量物。称量瓶的操作方法见第三章。

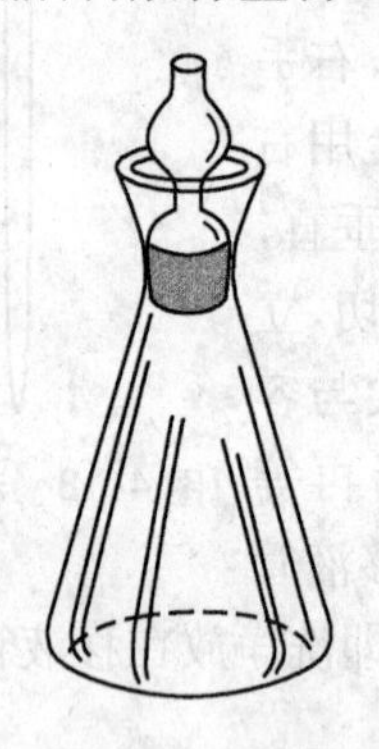

图4-16　碘量瓶

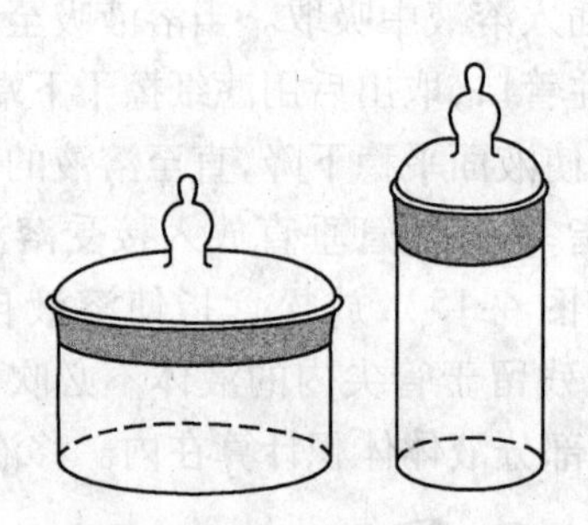

图4-17　称量瓶

3. 试剂瓶　贮存溶液的试剂瓶一般用带有玻璃塞的细口瓶。有些试剂如$KMnO_4$、I_2、$AgNO_3$溶液等，见光易分解，应保存在棕色试剂瓶中。贮存苛性碱溶液的试剂瓶应使用橡皮塞，如用玻璃塞则放置时间稍久，就会因玻璃被碱腐蚀而使塞与瓶紧紧地黏在一起而无法开启。注意：试剂瓶只能贮存而不能配制溶液，特别是不可用来稀释浓硫酸和溶解苛性碱，否则由于其产生大量的热而将瓶炸裂，试剂瓶也绝对不能加热。试剂配好以后，应立即贴上标签，注明品名、纯度、浓度及配制日期。长期保存时，瓶口上可倒置一个小烧杯以防灰尘侵入。

五、干燥器

干燥器又称保干器，是进行定量分析时不可缺少的一种器皿，它是用厚玻璃制成的用于保持物品干燥的器皿（图4-18），内盛干燥剂使物品不受外界水分的影响，常用于放置坩埚或称量瓶。干燥器内有一带孔的白瓷板，孔上可以架坩埚，其他地方可放置称量瓶等，瓷板下面放干燥剂，但不要放得太多，否则会沾污放在瓷板上的物品。

图4-18　干燥器及其搬移方法

干燥剂的种类很多，有无水氯化钙、变色硅胶、无水硫酸钙、高氯酸镁等，浓硫酸浸润的浮石也是较好的干燥剂。各种干燥剂都具有一定的蒸气压,因此在干燥器内并非绝对干燥,只是湿度较低而已。

干燥器盖边的磨砂部分应涂上一层薄薄的凡士林,这样可以使盖子密合而不漏气。由于涂有凡士林,搬动干燥器时用双手拿稳,应同时用拇指按住其盖,并紧紧握住盖子(图4-18),以防滑落而打碎。打开干燥器盖时(图4-19),用左手抵住干燥器身,右手把盖子往后拉或往前推开,一般不应完全打开,只开到能放入器皿为度,关闭时将盖子往前推或往后拉使其密合,不要将打开的干燥器盖放在别的地方。

图4-19　打开干燥器的方法

第二节　滴定分析基本操作练习实验

实验三　滴定分析操作练习

【实验目的】

1. 掌握滴定分析常用器皿的洗涤方法。
2. 掌握滴定管、移液管、量瓶的基本操作。
3. 学习滴定终点的观察与判定。
4. 学习铬酸洗液的配制及正确使用。

【实验原理】

正确使用各种滴定分析器皿,不仅是获取准确测量数据以保证良好分析结果的前提,而且是培养规范滴定操作技能及动手能力的重要手段。必须按照"滴定分析常用器皿及操作"规定进行量瓶、移液管、滴定管的操作,并练习滴定操作及滴定终点的判定。

【仪器和试剂】

仪器　酸式滴定管(50ml),碱式滴定管(50ml),量瓶(250ml),锥形瓶(250ml),移液管(25ml),刻度吸量管(10ml)等。

试剂　硫酸铜(CP),HCl溶液(0.1mol/L),NaOH溶液(0.1mol/L),甲基橙指示剂,甲基红指示剂,溴甲酚绿-甲基红混合指示剂,铬酸洗液。

【实验步骤】

1. 常用器皿的洗涤　按"滴定分析常用器皿及操作"规定,洗涤滴定管、量瓶、移液管等,备用。

2. 量瓶使用练习　称取硫酸铜约0.1g,置小烧杯中,加水约20ml,搅拌溶解后,转移至250ml量瓶中,稀释至刻度,摇匀。

3. 移液管使用练习　用移液管精密量取上述$CuSO_4$溶液25ml于锥形瓶中,移取3~6份,直至熟练。

4. 滴定操作及终点判定练习

(1)用刻度吸量管精密量取0.1mol/L NaOH溶液10ml于锥形瓶中,加水20ml,加甲基橙指示液1滴,摇匀。选用酸式滴定管,用0.1mol/L HCl溶液滴定至溶液由黄色变为橙色,即为终点。再于锥形瓶中加入0.1mol/L NaOH溶液数滴,再滴定至终点,反复练习,直至熟练,注意掌握滴加1滴、半滴的操作。

(2)用刻度吸量管精密量取0.1mol/L HCl溶液10ml于锥形瓶中,加水20ml,加酚酞指示液2滴,摇匀。选用碱式滴定管,用0.1mol/L NaOH溶液滴定至溶液由无色变为淡粉红色,即为终点。再于锥形瓶中加入0.1mol/L HCl溶液数滴,再滴定至终点,反复练习,直至掌握。

(3)用刻度吸量管精密量取0.1mol/L NaOH 10ml于锥形瓶中,加水25ml,加溴甲酚绿-甲基红混合指示剂5滴,选用酸式滴定管,用0.1mol/L HCl溶液滴定至溶液由绿色变为紫红色,加热煮沸2min(又变为绿色),冷至室温后,继续滴至溶液由绿色变为暗紫色,即为终点。

【注意事项】

1. 铬酸洗液千万不可洒在手上及衣物上。用过的洗液仍倒入原贮液瓶中,可继续使用直至变成绿色失效。千万不可直接倒入水池。铬酸洗液的配制方法见第一章第二节。

2. 滴定管、移液管在装入溶液前需用少量待装溶液润洗2~3次。

3. 本实验中所配制的0.1mol/L HCl液及0.1mol/L NaOH溶液并非标准溶液,仅限在滴定练习中使用。

4. 滴定管、移液管和量瓶是带有刻度的精密玻璃量器,不能用直火加热或放入干燥箱中烘干,也不能装热溶液,以免影响测量的准确度。

5. 滴定仪器使用完毕,应立即洗涤干净,并放在规定的位置。

【思考题】

1. 为什么同一次滴定中,滴定管溶液体积的初、终读数应由同一操作者读取?

2. 使用移液管、刻度吸量管应注意什么?留在管内的最后一点溶液是否吹出?

3. 在滴定过程中如何防止滴定管漏液?若有漏液现象应如何处理?

4. 锥形瓶及量瓶用前是否需要烘干?是否需用待测溶液润洗?

5. 精密量取(移取)是指溶液体积(ml)应记录至小数点后第几位?要达到精密量取的要求,除了用移液管、刻度吸量管外,还可选用什么容量器皿?

实验四 容量仪器的校正

【实验目的】

1. 了解容量仪器校正的意义、原理及基本方法。

2. 掌握滴定管、移液管、量瓶的校正方法。

3. 进一步熟悉滴定管、移液管及量瓶的正确使用方法。

【实验原理】

目前我国生产的容量仪器的准确度,基本可满足一般分析测量的要求,无需校正,但为了提高滴定分析的准确度,尤其是在准确度要求较高的分析工作中,必须对容量仪器的标示容积(量器上所标示的量值)进行校正。校正方法分为绝对校正法和相对校正法。

测定容器实际容积的方法称为绝对校正法。具体方法是:在分析天平上称出标准容器容纳或放出纯水的质量,除以测定温度下水的密度,即得实际容积。但是在实际分析中,容器中水的质量是在室温下及空气中称量的,因此称量水的质量时,须对下列影响因素进行校正:

(1)水的密度随温度而变化;

(2)玻璃容器的体积随温度而变化；

(3)称量水质量受空气浮力的影响而变化。

进行校正时，首先须选择一个固定温度作为玻璃量器的标准温度，此标准温度应接近使用该仪器的实际平均温度。许多国家将20°C 定为标准温度，即为容器上所标示容积的温度。通过对上述3 项影响因素进行校正，即可算出在某一温度时需称取多少克的水(在空气中，用黄铜砝码)才能使它所占的体积恰好等于20℃时该容器所标示的容积：

$$V_t = \frac{m_t}{d_t}$$

式中，V_t为在 t℃时水的容积；m_t为在空气中 t℃时标准容器容纳或放出纯水的质量；d_t为 t℃时在空气中用黄铜砝码称量 1ml 水(在玻璃容器中)的重量(克)，即密度。现将20℃容量为1ml 的玻璃容器，在不同温度时所应盛水的重量列于表4-1。

表 4-1　在不同温度下 1ml 的玻璃量器所量得的水在空气中的重量(用黄铜砝码称量)

温度(℃)	d_t(g/ml)	温度(℃)	d_t(g/ml)	温度(℃)	d_t(g/ml)
5	0.99853	14	0.99804	23	0.99655
6	0.99853	15	0.99792	24	0.99634
7	0.99852	16	0.99778	25	0.99612
8	0.99849	17	0.99764	26	0.99588
9	0.99845	18	0.99749	27	0.99566
10	0.99839	19	0.99733	28	0.99539
11	0.99833	20	0.99715	29	0.99512
12	0.99824	21	0.99695	30	0.99485
13	0.99815	22	0.99676		

应用此表可很方便的进行容量仪器的校正。例如，在18℃时，欲取得20℃时容积为1L 的水，可在空气中用黄铜砝码称量997.49g 的水；反之，亦可将水的重量换算成体积。

在实际分析工作中，有时并不需要容器的准确容积，而只需知道两种容器之间的比例关系，此时可采用相对校正法进行校准。具体方法是：将被校量瓶(如250ml)晾干，用移液管(如25ml)连续往量瓶中注入其标示容积的蒸馏水，如发现量瓶液面与标度刻度线不符，在液面处作一记号，并以此记号为标线。用此支移液管吸取此量瓶中溶液一管，即为该溶液体积的1/10。此量瓶即可与该移液管配套使用。

【仪器和试剂】

仪器　酸式滴定管(50ml)，量瓶(100ml)，移液管(25ml 或20ml)，温度计(最小分度值0.1℃)，具塞锥形瓶(50ml)。

试剂　蒸馏水。

【实验步骤】

(一)滴定管的校正

将50ml 滴定管洗净，装入已测温度的蒸馏水，调节管内水的弯月面至0.00 刻度处，按照滴定速度放出一定体积的水至已称重(称准至10mg)的具塞锥形瓶中，再称量盛水的锥形瓶重，两次称量之差即为水重 m_t。从表 4-1 中查出该温度下水的 d_t，即可求得真实容积。

对于 50ml 的滴定管，可分五段进行校正，现将水温为 18℃时，校正 50ml 滴定管的实验数据列于表 4-2 中，以供参考。

表 4-2 50ml 滴定管的校正

（水温 18℃，1.00ml 水重 0.99749g）

滴定管读取容积(ml)	瓶＋水重(g)	空瓶重(g)	水重(g)	真实容积(ml)	校正值(ml)
0.00~10.00	46.74	36.80	9.94	9.97	-0.03
0.00~20.00	56.66	36.76	19.90	19.95	-0.05
0.00~30.00	66.78	36.82	29.96	30.04	+0.06
0.00~40.00	76.68	36.81	39.87	39.97	-0.03
0.00~50.00	86.65	36.80	49.85	49.98	-0.02

（二）移液管的校正

将 25ml 移液管洗净，正确吸取已测温度的蒸馏水，调节水的弯月面至标线后，将水放至已称重（称准至 1mg）的锥形瓶中，再称得盛水的锥形瓶重量，两次称重之差即为水重 m_t。查得 d_t，求出移液管的真实容积。

（三）量瓶的校正

将 100ml 量瓶洗净倒置沥干，并使之自然干燥后，称重（称准至 10mg），注入已测过温度的蒸馏水至标线，再称盛水的量瓶重，两次称重之差即为瓶中水重 m_t。查得 d_t，计算量瓶的真实体积。若体积与刻度示值不等，应计算出校正值或另作体积标记。

（四）量瓶与移液管的相对校正

用洗净的 25ml 移液管吸取蒸馏水，放入已洗净且干燥的 100ml 量瓶中，共放入 4 次（放入时注意不要沾湿瓶颈），观察量瓶中弯月面下缘是否与刻度线相切。若不相切，记下弯月面下缘的位置。再重复上述操作一次，连续两次实验结果相符后，作出新标记。使用时，应将溶液稀释至新标记处，即可与移液管配套使用。若用这支移液管吸取此量瓶中溶液一管，即为该溶液体积的 1/4。

【注意事项】

1. 校正容量仪器的蒸馏水应预先置天平室，使其与天平室温度一致。
2. 称量盛水的锥形瓶时，应将分析天平箱中硅胶取出，待称完后再将硅胶放回原处。
3. 量瓶校正时，加水至量瓶后，瓶颈内壁标线以上不能挂水珠，若附水珠时，应用滤纸片吸去。
4. 待校正的玻璃仪器均应洗净且干燥。

【思考题】

1. 容量仪器校正的主要影响因素有哪些？为什么玻璃仪器都按 20℃体积刻度？
2. 校正滴定管时，为什么每次放出的水都要从 0.00 刻度开始？
3. 为什么校正 25ml 移液管时要称准至 1mg，而校正 50ml 滴定管及 100ml 量瓶只需称准至 10mg?

4. 为什么滴定分析要用同一支滴定管或移液管？滴定时为什么每次都从零刻度或零刻度以下附近开始?

5. 某 100ml 量瓶,校正体积低于标线 0.50ml,此体积相对误差为多少？分析试样时,称取试样 1.000g,溶解后定量转入此量瓶中,移取试液 25.00ml 测定,问测定所用试样的称样误差是多少(g)？相对误差是多少?

（袁　波）

第五章　酸碱滴定实验

实验五　氢氧化钠标准溶液(0.1mol/L)的配制与标定

【实验目的】

1. 掌握配制标准溶液和用基准物质标定标准溶液浓度的方法。
2. 掌握碱式滴定管的滴定操作和使用酚酞指示剂判断滴定终点。
3. 熟悉用减重法称量固体物质。

【实验原理】

NaOH 易吸潮,也易吸收空气中的 CO_2,使得溶液中含有 Na_2CO_3:

$$2NaOH + CO_2 \longrightarrow Na_2CO_3 + H_2O$$

经过标定的含有碳酸盐的标准碱溶液,用它测定酸含量时,若使用与标定时不同的指示剂,将产生一定误差,因此只能用间接法配制不含碳酸盐的标准溶液,然后用基准物质标定其准确浓度。

配制不含 Na_2CO_3 的标准 NaOH 溶液的方法很多,最常用的是浓碱法,方法是:取 NaOH 饱和水溶液(因 Na_2CO_3 在饱和 NaOH 溶液中,很难溶解),待 Na_2CO_3 沉淀后,量取一定量的上层澄清液,稀释至所需浓度,即可得不含 Na_2CO_3 的 NaOH 溶液。饱和 NaOH 溶液的物质的量的浓度约为 20mol/L。配制 NaOH 溶液(0.1mol/L)1000ml,应取 NaOH 饱和水溶液 5ml,为保证其浓度略大于 0.1mol/L,故规定取 5.6ml。用于配制 NaOH 溶液的水,应为新煮沸放冷的蒸馏水,以避免 CO_2 的干扰。

标定碱溶液的基准物质很多,如草酸($H_2C_2O_4 \cdot 2H_2O$)、苯甲酸(C_6H_5COOH)、邻苯二甲酸氢钾($HOOCC_6H_4COOK$)、氨基磺酸(NH_2SO_3H)等。目前最常用的是邻苯二甲酸氢钾,其有易于干燥、不吸湿、摩尔质量大等优点。滴定反应如下:

$$C_6H_4(COOH)(COOK) + NaOH \rightleftharpoons C_6H_4(COONa)(COOK) + H_2O$$

计量点时,由于弱酸盐的水解,溶液呈弱碱性,应选用酚酞为指示剂。

【仪器和试剂】

仪器　称量瓶,碱式滴定管(50ml 或 25ml 等),锥形瓶(250ml),量筒(100ml、10ml),试剂瓶(500ml),万分之一分析天平等。

试剂　氢氧化钠(AR),邻苯二甲酸氢钾(基准试剂),酚酞指示剂(0.1%乙醇溶液)。

【实验步骤】

1. NaOH 标准溶液的配制

(1)NaOH 饱和水溶液的配制:称取 NaOH 约 120g,加蒸馏水 100ml,振摇使溶液成饱和溶液。冷却后,置聚乙烯塑料瓶中,静置数日,澄清后备用。

(2)NaOH 标准溶液(0.1mol/L)的配制:量取澄清的饱和 NaOH 溶液 2.8ml,置带有橡皮塞的试剂瓶中，加新煮沸放冷的蒸馏水 500ml，摇匀即得。

2. NaOH 标准溶液（0. 1mol/L）的标定　精密称取在 105～110℃干燥至恒重的基准物邻苯二甲酸氢钾约 0. 6g（若使用 25ml 滴定管，称取量应减少至 0. 45g），置锥形瓶中，加新煮沸放冷的蒸馏水 50ml，小心振摇使之完全溶解，加酚酞指示剂 2 滴，用 NaOH 溶液（0. 1mol/L）滴定至溶液呈淡红色，且 30s 不褪色为终点。记录所消耗的 NaOH 溶液的体积。根据邻苯二甲酸氢钾的重量和所消耗 NaOH 溶液的体积（ml），按下式计算 NaOH 标准溶液浓度（$M_{KHC_8H_4O_4}=204.2$）。

$$c_{NaOH}=\frac{1000\times m_{KHC_8H_4O_4}}{V_{NaOH}\times M_{KHC_8H_4O_4}}$$

平行操作 3～5 次，求出浓度的平均值及相对平均偏差或相对标准差。

【注意事项】

1. 固体 NaOH 应在表面皿上或小烧杯中称量，不能在称量纸上称量。

2. 滴定管在装满之前，要用待标定的 NaOH 标准溶液（7～8ml）润洗滴定管内壁 3 次，以免改变标准溶液的浓度。

3. 滴定之前，应检查橡皮管内和滴定管管尖处是否有气泡，如有气泡应排出。

4. 由减重法称量（盛装）基准物的 5 个锥形瓶应编号，以免弄错。

5. 在每次滴定结束后，要将标准溶液加至近滴定管零点处，再开始第 2 份溶液的滴定，以减小误差。

6. 邻苯二甲酸氢钾在水中溶解缓慢，在干燥前要尽可能研细，有利于迅速溶解。并应使其完全溶解后再滴定，否则滴定至红色后，仍有邻苯二甲酸氢钾结晶继续溶解而使指示剂褪色。

7. 如终点到达 30s 后红色又褪去，是由于空气中 CO_2 的影响，此时不应再滴加标准溶液。

【思考题】

1. 配制标准碱溶液时，直接用台秤称取固体 NaOH 是否会影响溶液浓度的准确度？能否用纸称取固体 NaOH？为什么？

2. 用于滴定的锥形瓶是否需要干燥？为什么？

3. 溶解基准物 $KHC_8H_4O_4$ 所用水的体积是否需要准确？为什么？

4. 用 $KHC_8H_4O_4$ 为基准物质标定 NaOH 溶液（0. 1mol/L）的浓度，若使消耗 NaOH 溶液约 22ml 时，应称取邻苯二甲酸氢钾多少克？

5. 邻苯二甲酸氢钾的干燥温度高于 125℃，致使此基准物质中有少部分变成酸酐，用此基准物质标定 NaOH 溶液时，其结果如何？

6. 盛 NaOH 的瓶子为什么不能用玻璃塞？为何每次取出 NaOH 溶液后必须用橡胶塞立即塞紧？

【附一】　滴定分析实验记录和报告示例

实验题目：氢氧化钠标准溶液（0. 1mol/L）的配制与标定

实验日期：2010. 10. 26

1. 实验目的　（由学生填写）

2. 实验原理　（由学生填写）

3. 仪器和试剂

仪器　天平号：12　滴定管：碱式，50ml。

试剂　基准物邻苯二甲酸氢钾（$KHC_8H_4O_4$，$M_{KHC_8H_4O_4}$ = 204.2，105～110℃干燥至恒重），氢氧化钠饱和溶液。

4. 实验数据记录

（1）氢氧化钠标准溶液（0.1mol/L）的配制：取氢氧化钠饱和溶液2.8ml，置于试剂瓶中，加水500ml，摇匀，备用。

（2）邻苯二甲酸氢钾的称量（减重法）数据：

	Ⅰ	Ⅱ	Ⅲ	Ⅳ	Ⅴ
（基准物+称量瓶）初重（g）	15.9865	15.3742	14.7858	14.1802	13.5882
（基准物+称量瓶）末重（g）	15.3742	14.7858	14.1802	13.5882	12.9834
基准物重（g）	0.6123	0.5884	0.6056	0.5920	0.6048

（3）氢氧化钠标准溶液滴定数据：

	Ⅰ	Ⅱ	Ⅲ	Ⅳ	Ⅴ
标准溶液终读数（ml）	28.53	27.39	28.22	27.61	28.13
标准溶液初读数（ml）	0.00	0.00	0.00	0.00	0.00
消耗NaOH标准溶液体积（ml）	28.53	27.39	28.22	27.61	28.13

（4）实验现象：（终点观察等）

5. 结果计算和数据处理

（1）计算公式：$c_{NaOH} = \dfrac{1000 \times m_{KHC_8H_4O_4}}{V_{NaOH} \times M_{KHC_8H_4O_4}}$

（2）结果和数据处理：

	Ⅰ	Ⅱ	Ⅲ	Ⅳ	Ⅴ	平均值
基准物重 m（g）	0.6123	0.5884	0.6056	0.5920	0.6048	
消耗标准溶液体积 V（ml）	28.53	27.39	28.22	27.61	28.13	
标准溶液的浓度 c（mol/L）	0.1051	0.1052	0.1051	0.1050	0.1053	0.1051
单次测量偏差 d	0	0.0001	0	−0.0001	0.0002	0.0001
相对平均偏差	$\dfrac{\bar{d}}{\bar{x}}(\%) = \dfrac{0.0001}{0.1051} \times 100\% = 0.10\%$					
相对标准偏差	$\dfrac{S}{\bar{x}} \times 100\% = \dfrac{\sqrt{\dfrac{\sum_{i=1}^{n}(x_i - \bar{x})^2}{n-1}}}{\bar{x}} \times 100\% = 0.12\%$					

6. 讨论（由学生填写）

【注】

1. 滴定分析要求消耗标准溶液的体积不小于20ml，因此可采用25ml或50ml的滴定管。但为了确保滴定分析的准确度和精密度，往往要求消耗标准溶液的体积更大些，故常用 50ml 的滴定管。本书所用的滴定管一般指 50ml 滴定管。

2. 在无特殊说明的情况下,本书所列称取基准物或试样的量均适合于 50ml 滴定管。使用 25ml 滴定管时要适当减少称样量。

3. 一般要求标准溶液的标定平行操作 5 次,试样测定平行操作 3 次,必要时可适当增加平行测定次数。后面各实验中不再说明。

实验六 醋酸的测定

【实验目的】

1. 掌握酸碱滴定法测定液体试样方法。
2. 进一步熟悉移液管的使用方法和滴定操作技术。
3. 熟悉强碱滴定弱酸时指示剂的选择。

【实验原理】

醋酸(HAc)属弱酸类,其离解常数 $K_a = 1.7 \times 10^{-5}$,可用氢氧化钠标准溶液直接滴定,滴定反应为:

$$NaOH + CH_3COOH \!=\!=\!= CH_3COONa + H_2O$$

计量点时,溶液呈弱碱性,其突跃范围为 pH7.7~9.7,故通常选酚酞为指示剂,终点由无色至淡红色。由于空气中的 CO_2 可使酚酞褪色,故滴至溶液显微红色在 30s 内不褪色为终点。

【仪器和试剂】

仪器　碱式滴定管(50ml),移液管(25ml),锥形瓶(250ml),量筒(50ml)。

试剂　NaOH 标准溶液(0.1mol/L),醋酸试液,酚酞指示剂(0.1%乙醇溶液)。

【实验步骤】

精密量取醋酸试液 25ml 于锥形瓶中,加蒸馏水 25ml,酚酞指示剂 2 滴,用 NaOH 溶液(0.1mol/L)滴至淡红色,且在 30s 内不褪色为止。按下式计算每 100ml 醋酸试样含 CH_3COOH 的质量(g)($M_{CH_3COOH} = 60.05$)。

$$w_{CH_3COOH}(\%)(W/V) = \frac{c_{NaOH} \times V_{NaOH} \times M_{CH_3COOH}}{25 \times 1000} \times 100$$

【注意事项】

1. 醋酸试液可用食醋(主要成分是 HAc 还含有少量其他弱酸如乳酸,这样测量的是醋酸的总酸度。)或取浓醋酸(17mol/L)5.9ml 加蒸馏水至 1000ml 配制而成。

2. 量取试液的移液管要先用被测试液润洗 3 次后才能准确移取。

【思考题】

1. 以 NaOH 滴定醋酸属于哪种类型的滴定?计量点 pH 如何计算?怎样选择指示剂?

2. 在滴定分析中,滴定管、移液管为何需用操作溶液润洗几次?滴定中使用的锥形瓶或烧杯,是否也要用操作溶液润洗?为什么?

3. 要准确移取(量取)液体试样,应选择哪些容量器皿?

实验七 阿司匹林的测定

【实验目的】

1. 掌握酸碱滴定法测定阿司匹林含量的原理和方法。

2. 进一步熟悉碱式滴定管的操作和使用酚酞指示剂判定滴定终点。

【实验原理】

阿司匹林(乙酰水杨酸)属芳酸酯类药物,分子结构中有一个羧基,呈酸性。在25℃时 $K_a=3.27\times10^{-4}$,可用NaOH标准溶液在乙醇溶液中直接滴定测其含量。其滴定反应为:

$$C_6H_4(COOH)(OCOCH_3)+NaOH \longrightarrow C_6H_4(COONa)(OCOCH_3)+H_2O$$

计量点时,溶液呈微碱性,可选用酚酞作指示剂。

【仪器和试剂】

仪器　碱式滴定管(50ml),锥形瓶(250ml),量筒(100ml,10ml),万分之一分析天平。

试剂　阿司匹林(原料药),NaOH标准溶液(0.1mol/L),酚酞指示剂(0.1%),中性乙醇(取95%乙醇40ml,加酚酞指示剂8滴,用0.1mol/L NaOH液滴定至淡红色即得)。

【实验步骤】

取本品约0.4g,精密称定,加中性乙醇20ml,旋摇溶解后,加酚酞指示剂3滴,用NaOH溶液(0.1mol/L)滴定至淡红色,30s内不褪色即为终点。按下式计算试样中阿司匹林的质量分数($M_{C_9H_8O_4}=180.2$)。

$$w_{C_9H_8O_4}(\%)=\frac{(cV)_{NaOH}\times M_{C_9H_8O_4}}{m\times1000}\times100\%$$

【注意事项】

1. 阿司匹林在水中微溶,在乙醇中易溶,故选用乙醇为溶剂。乙醇的极性又较小,也可抑制乙酰水杨酸的水解。

2. 为了避免样品水解,实验中应尽可能少用水,滴定速度稍快,注意旋摇,防止局部碱度过浓。

【思考题】

1. 以NaOH溶液滴定阿司匹林,属于哪一类滴定?怎样选择指示剂?

2. 本实验所用乙醇,为什么要加NaOH溶液至酚酞指示剂显中性?

3. 计算称取试样量的原则是什么?本实验每份试样的称量约0.4g是怎样求得的?

实验八　混合酸(盐酸和磷酸)的测定

【实验目的】

1. 掌握采用不同指示剂测定HCl和 H_3PO_4 混合物各组分的原理和方法。

2. 掌握用甲基红等双色指示剂判定滴定终点的方法。

【实验原理】

HCl与 H_3PO_4 混合溶液,用NaOH标准溶液滴定,取一份溶液加入甲基红指示剂,当甲基红变色时,HCl全部被NaOH中和,而 H_3PO_4 只被滴定至 NaH_2PO_4,此时共消耗NaOH V_1 ml。其滴定反应为:

$$HCl+NaOH=\!=\!=NaCl;\ H_3PO_4+NaOH=\!=\!=NaH_2PO_4$$

取另一份溶液加入百里酚酞指示剂,滴定至百里酚酞变色时,此时HCl全部被中和,而 H_3PO_4 被中和为 Na_2HPO_4,此时共消耗NaOH V_2 ml。其滴定反应为:

$$HCl + NaOH = NaCl;\ H_3PO_4 + 2NaOH = Na_2HPO_4$$

因此,HCl 消耗 NaOH 体积为 $2V_1 - V_2$;H_3PO_4消耗 NaOH 体积为 $2(V_2 - V_1)$。

【仪器和试剂】

仪器　碱式滴定管(50ml),锥形瓶(250ml),移液管(10ml),量筒(50ml)。

试剂　NaOH 标准溶液(0.1mol/L),甲基红指示剂,百里酚酞指示剂,混合酸:HCl + H_3PO_4(10.5ml + 5.8ml)加蒸馏水至1000ml。

【实验步骤】

精密量取混合酸 10ml 于锥形瓶中,加蒸馏水 30ml,甲基红指示剂 2 滴,用 NaOH 标准溶液(0.1mol/L)滴定至溶液由红色变为橙色为终点,消耗的体积为 V_1ml。

精密量取混合酸 10ml 于另一锥形瓶中,加蒸馏水 30ml,百里酚酞指示剂 8 滴,用 NaOH 标准溶液(0.1mol/L)滴定至浅蓝色,消耗的体积为 V_2ml。按下式计算每 100ml 混合酸试样含 HCl 和 H_3PO_4的质量(g)($M_{HCl} = 36.46, M_{H_3PO_4} = 98.00$)。

$$m_{HCl} = \frac{c_{NaOH} \times (2V_1 - V_2)_{NaOH} \times M_{HCl}}{10.00 \times 1000} \times 100$$

$$m_{H_3PO_4} = \frac{c_{NaOH} \times 2(V_2 - V_1)_{NaOH} \times M_{H_3PO_4}}{10.00 \times 2000} \times 100$$

【注意事项】

甲基红为双色指示剂,其酸式色为红色,碱式色为黄色,终点溶液颜色变化为红色→橙色→黄色,滴定至橙色为终点。由于人眼观察此变色过程的灵敏度较差,因此,近终点时应放慢滴定速度,注意观察溶液颜色的变化。

【思考题】

1. 试说明 HCl、H_3PO_4含量计算式的原理。
2. 如采用连续滴定法滴定混合酸,应如何进行?如何计算?
3. 本实验选择指示剂的根据是什么?

实验九　盐酸标准溶液(0.1mol/L)的配制与标定

【实验目的】

1. 掌握用无水碳酸钠作基准物质标定盐酸溶液的原理和方法。
2. 掌握甲基红-溴甲酚绿混合指示剂滴定终点的判定。

【实验原理】

市售盐酸为无色透明的 HCl 水溶液,HCl 含量为 36%~38%(g/g),相对密度约 1.18g/cm^3。由于浓盐酸易挥发放出 HCl 气体,因此配制盐酸标准溶液需用间接配制法。

标定盐酸的基准物质常用无水碳酸钠和硼砂等,本实验采用无水碳酸钠为基准物质,以甲基红-溴甲酚绿混合指示剂指示终点,终点时颜色由绿色转变暗紫色。滴定反应为:

$$2HCl + Na_2CO_3 = 2NaCl + H_2O + CO_2 \uparrow$$

【仪器和试剂】

仪器　酸式滴定管(50ml),锥形瓶(250ml),量筒(100ml,10ml),试剂瓶(500ml),万分之一分析天平。

试剂　盐酸(AR),无水碳酸钠(基准试剂),甲基红-溴甲酚绿混合指示剂(0.1%溴甲酚绿乙醇溶液与 0.2%甲基红乙醇溶液,3:1)。

【实验步骤】

1. 0.1mol/L 盐酸溶液的配制　用 10ml 量筒取盐酸 4.5ml，置于试剂瓶中，加水稀释至 500ml，振摇混匀。

2. HCl 溶液(0.1mol/L)的标定　精密称取在 270～300℃干燥至恒重的基准无水碳酸钠约 0.2g，置锥形瓶中，加 50ml 蒸馏水溶解后，加甲基红-溴甲酚绿混合指示剂 10 滴。用 HCl 溶液(0.1mol/L)滴定至溶液由绿色变为紫红色时，煮沸约 2min，冷却至室温，继续滴定至溶液由绿色变为暗紫色，即为终点。按下式计算盐酸标准溶液的浓度($M_{Na_2CO_3}$ = 105.99)。

$$c_{HCl} = \frac{m_{Na_2CO_3} \times 2000}{V_{HCl} \times M_{Na_2CO_3}}$$

【注意事项】

1. Na_2CO_3 在 270～300℃加热干燥，目的是除去其中的水分及少量的 $NaHCO_3$。但若温度超过 300℃，则部分 Na_2CO_3 分解为 Na_2O 及 CO_2。加热过程中(可在沙浴中进行)，要翻动几次，使受热均匀。

2. Na_2CO_3 有吸湿性，称量时动作要迅速。

3. 接近终点时，由于形成 H_2CO_3-$NaHCO_3$ 缓冲溶液，pH 变化不大，终点不敏锐，为此需加热或煮沸溶液。

【思考题】

1. 如用吸湿的碳酸钠基准物质标定盐酸溶液的浓度时，会使标定结果偏高还是偏低？为什么？

2. 用碳酸钠为基准物标定盐酸溶液的浓度，如需消耗(0.2mol/L)约 22ml 时，应称取无水碳酸钠多少克？

3. 用碳酸钠标定盐酸溶液，甲基红-溴甲酚绿指示剂指示终点的原理是什么？有何优点？

4. 如何配制盐酸(0.2mol/L)溶液 1000ml？

实验十　药用硼砂的测定

【实验目的】

1. 掌握酸碱滴定法测定硼砂的原理和方法。

2. 进一步熟悉甲基红指示剂滴定终点的判定。

【实验原理】

本实验采用酸碱滴定测定药用硼砂含量。硼砂($Na_2B_4O_7 \cdot 10H_2O$)是强碱弱酸盐，而其滴定产物硼酸(H_3BO_3)是极弱酸($K_a = 5.4 \times 10^{-10}$)，因此可用盐酸标准溶液直接进行滴定。其滴定反应为：

$$Na_2B_4O_7 + 2HCl + 5H_2O \longrightarrow 2NaCl + 4H_3BO_3$$

在计量点前，酸度很弱，计量点后，盐酸稍过量时溶液 pH 值急剧下降，形成突跃。计量点时 pH = 5.1，可选用甲基红为指示剂。

【仪器和试剂】

仪器　酸式滴定管(50ml)，锥形瓶(250ml)，量筒(100ml)，万分之一分析天平。

试剂　硼砂(药用)，HCl 标准溶液(0.1mol/L)，甲基红指示剂(0.1%乙醇溶液)。

【实验步骤】

取本品约0.5g,精密称定,置于锥形瓶中,加水50ml使溶解(必要时加热),加甲基红指示剂2滴,用HCl标准溶液(0.1mol/L)滴定至溶液由黄色变为橙色,即为终点。按下式计算硼砂的质量分数($M_{Na_2B_4O_7 \cdot 10H_2O}=381.37$)。

$$w_{Na_2B_4O_7 \cdot 10H_2O}(\%)=\frac{(cV)_{HCl}\times M_{Na_2B_4O_7 \cdot 10H_2O}}{m\times 2000}\times 100\%$$

【注意事项】

1. 硼砂不易溶解,必要时可加热使溶解,冷却后再滴定。

2. 滴定终点应为橙色,若偏红,则滴定过量,使结果偏高。

【思考题】

1. 醋酸钠与硼砂均为强碱弱酸盐,能否用盐酸标准溶液直接滴定醋酸钠?为什么?

2. 用HCl标准溶液(0.2mol/L)滴定$Na_2B_4O_7 \cdot 10H_2O$,计量点时pH值为多少?

3. $Na_2B_4O_7 \cdot 10H_2O$若部分风化,则测定结果偏高还是偏低?

实验十一　氧化锌的测定

【实验目的】

1. 掌握用返滴定法测定氧化锌含量的原理和操作。

2. 掌握甲基橙指示剂滴定终点的判定。

【实验原理】

氧化锌是一种两性氧化物,不溶于水,难于直接滴定。但加入过量HCl溶解后,剩余量的HCl可以甲基橙为指示剂,用标准碱溶液进行返滴定,其滴定反应:

$$ZnO+2HCl(\text{定量过量})\longrightarrow ZnCl_2+H_2O$$

$$HCl(\text{剩余量})+NaOH\longrightarrow NaCl+H_2O$$

【仪器和试剂】

仪器　碱式滴定管(50ml),锥形瓶(250ml),移液管(25ml),万分之一分析天平。

试剂　HCl标准溶液(0.2mol/L),NaOH标准溶液(0.1mol/L),甲基橙指示剂(0.1%水溶液),氧化锌试样。

【实验步骤】

精密称取本品约0.11g,置锥形瓶中,精密量取HCl标准溶液(0.2mol/L)25ml于同一锥形瓶中,微微加热并旋摇使试样溶解,待冷却后加入甲基橙指示剂3滴,用NaOH标准溶液(0.1mol/L)滴定至溶液颜色由红色变为黄色为终点。按下式计算氧化锌的质量分数($M_{ZnO}=81.39$)。

$$w_{ZnO}(\%)=\frac{[(cV)_{HCl}-(cV)_{NaOH}]\times M_{ZnO}}{m\times 2000}\times 100\%$$

【注意事项】

1. 加热使ZnO溶解时,只能微微加热,温度过高,HCl挥发,则测定结果偏高。

2. 甲基橙指示剂从红色变为黄色过程中,中间橙色过渡较长,待橙色褪尽出现黄色,即达终点。终点时颜色若为橙色,测定结果将偏高。

3. 用NaOH返滴剩余量HCl,近终点时应慢慢滴定。若NaOH过量则生成$Zn(OH)_2$沉淀,将使测定结果偏低。

【思考题】

1. 什么情况下采用返滴定法？
2. 采用返滴定法测定时如何估计试样的称量？
3. ZnO 还可用其他方法测定吗？
4. 本滴定能否用酚酞作指示剂，为什么？

实验十二 药用氢氧化钠的测定

【实验目的】

1. 掌握双指示剂法测定混合碱各组分含量的原理和方法。
2. 掌握酸碱滴定法测定药用 NaOH 的实验操作。

【实验原理】

NaOH 易吸收空气中的 CO_2 而部分转变为 Na_2CO_3，即形成 NaOH 和 Na_2CO_3 的混合物。欲用 HCl 标准溶液测定此混合碱中各组分的含量，可根据滴定过程中 pH 变化的情况，选用两种不同指示剂分别指示第一、第二化学计量点，即常称为“双指示剂法”。

测定时，先在混合碱溶液中加入酚酞指示剂，用 HCl 标准溶液滴定至第一计量点（酚酞变色）。此时 NaOH 完全被中和，而 Na_2CO_3 生成 $NaHCO_3$，共消耗 HCl 体积为 V_1ml。其滴定反应为：

$$NaOH + HCl \longrightarrow NaCl + H_2O$$

$$Na_2CO_3 + HCl \longrightarrow NaHCO_3 + NaCl$$

在此溶液中再加入甲基橙指示剂，继续滴定至第二计量点（甲基橙变色），此时 $NaHCO_3$ 进一步被中和为 CO_2，又消耗 HCl 体积为 V_2ml。其滴定反应为：

$$NaHCO_3 + HCl \longrightarrow NaCl + CO_2\uparrow + H_2O$$

据此可知，混合碱（总碱量）消耗的 HCl 体积为 $V_1 + V_2$，其中 NaOH 消耗的体积为 $V_1 - V_2$，Na_2CO_3 消耗的体积为 $2V_2$。

【仪器和试剂】

仪器　酸式滴定管（50ml），锥形瓶（250ml），移液管（25ml），量筒（50ml），烧杯（50ml），量瓶（100ml），万分之一分析天平。

试剂　HCl 标准溶液（0.1mol/L），酚酞指示剂，甲基橙指示剂，药用 NaOH 试样（或 NaOH 与 Na_2CO_3 的混合溶液）。

【实验步骤】

1. 精密称取本品约 0.4g，置烧杯中，加少量蒸馏水溶解后，定量转移至 100ml 量瓶中，加水稀释至刻度，摇匀。

2. 精密量取上述试液 25ml 于锥形瓶中，加蒸馏水 25ml，酚酞指示剂 2 滴，用 HCl 溶液（0.1mol/L）滴定至红色刚刚消失，记下所消耗 HCl 溶液的体积（V_1）；然后加入甲基橙指示剂 2 滴，继续用 HCl 溶液（0.1mol/L）滴定至溶液由黄色变成橙色，记下第 2 次滴定所消耗 HCl 溶液的体积（V_2）。按下式求算样品中 NaOH 和 Na_2CO_3 的质量分数（$M_{NaOH} = 40.00$，$M_{Na_2CO_3} = 106.0$）：

$$w_{NaOH}(\%) = \frac{c_{HCl} \times (V_1 - V_2) \times M_{Na_2CO_3}}{m \times \frac{25}{100} \times 2000} \times 100\%$$

$$w_{Na_2CO_3}(\%) = \frac{c_{HCl} \times 2V_2 \times M_{Na_2CO_3}}{m \times \frac{25}{100} \times 2000} \times 100\%$$

【注意事项】

1. NaOH 试样(或试液)不应久置于空气中,否则易吸收 CO_2 使 Na_2CO_3 的含量偏高。因此,凡可能使样品暴露于空气中的实验环节(如称样、转移、量取等)均应迅速进行。

2. 本实验第一计量点以酚酞为指示剂时,终点颜色为红色刚刚消失,其颜色变化为粉红色→淡红色→无色,中间淡红色过渡较长,不易判断,因此,滴定宜在白色背景上方进行,近终点时要适当放慢滴定速度,并仔细观察。

3. 在达到第一计量点之前,如果滴定速度太快,摇动不均匀,可能致使溶液中 HCl 局部过浓,引起 $NaHCO_3$ 迅速转变为 $H_2CO_3(CO_2)$,从而带来测定误差。

4. 接近第二计量点时,要充分旋摇,以防止形成 CO_2 的过饱和溶液,使终点提前。

【思考题】

1. 用盐酸标准溶液滴定至酚酞变色时,如超过终点是否可用碱标准溶液回滴?试说明原因。

2. 若样品是 Na_2CO_3 和 $NaHCO_3$ 的混合物,写出测定流程和各组分质量分数的计算式。

3. 如何判断混合碱的组成(即混合碱是由 NaOH、Na_2CO_3、$NaHCO_3$ 中的哪两种组成的)?

4. 如果 NaOH 标准溶液在保存过程中吸收了空气的 CO_2,用该标准溶液滴定盐酸时,以甲基橙及酚酞为指示剂分别进行滴定,测定结果是否相同?为什么?

实验十三　高氯酸标准溶液(0.1mol/L)的配制与标定

【实验目的】

1. 掌握非水酸碱滴定的原理及操作。

2. 掌握高氯酸标准溶液的配制方法及注意事项。

3. 掌握用邻苯二甲酸氢钾标定高氯酸溶液的原理及方法。

【实验原理】

在冰醋酸中,高氯酸的酸性最强,因此常采用高氯酸作滴定剂,以高氯酸-冰醋酸溶液作为滴定碱的酸标准溶液。

在非水滴定中,水的存在影响滴定突跃,使指示剂变色不敏锐,因此所用试剂必须除水。高氯酸、冰醋酸均含有少量水分,需加入计算量的醋酐,以除去其中水分:

$$(CH_3CO)_2 + H_2O \longrightarrow 2CH_3COOH$$

邻苯二甲酸氢钾在冰醋酸中显碱性,故以其为基准物,用结晶紫为指示剂,标定高氯酸标准溶液的浓度。滴定反应为:

$$C_6H_4(COOK)(COOH) + HClO_4 \longrightarrow C_6H_4(COOH)_2 + KClO_4$$

生成的 $KClO_4$ 不溶于冰醋酸溶液中,故有沉淀产生。

【仪器和试剂】

仪器　酸式滴定管(10ml),锥形瓶(100ml),烧杯,量筒,滴管,万分之一分析天平。

试剂　高氯酸(AR),无水冰醋酸(AR),醋酐(AR),结晶紫指示液(0.5% 冰醋酸溶液），邻苯二甲酸氢钾（基准试剂）。

【实验步骤】

1. 高氯酸标准溶液（0.1mol/L）的配制　取无水冰醋酸 750ml，加入高氯酸（70%~72%）8.5ml，摇匀，在室温下缓缓滴加醋酐 24ml，边加边摇，加完后再振摇均匀，放冷。加无水冰醋酸适量使成 1000ml，摇匀，放置 24h。

2. 标定　取在 105℃干燥至恒重的基准邻苯二甲酸氢钾约 0.16g，精密称量，置锥形瓶中，加无水冰醋酸 20ml 使溶解，加结晶紫指示液 1 滴，用高氯酸标准溶液（0.1mol/L）缓缓滴定至蓝色，并将滴定的结果用空白试验校正。按下式计算高氯酸标准溶液的浓度（$M_{KHC_8H_4O_4}=204.2$）。

$$c_{HClO_4}=\frac{m_{KHC_8H_4O_4}\times 1000}{(V_{样}-V_{空白})_{HClO_4}\times M_{KHC_8H_4O_4}}$$

【注意事项】

1. 高氯酸与有机物接触或遇热极易引起爆炸，和醋酐混合时发生剧烈反应而放出大量热。因此，配制高氯酸冰醋酸溶液时，不能将醋酐直接加入高氯酸中，应先用冰醋酸将高氯酸稀释后，再在不断搅拌下缓缓滴加适量醋酐，以免剧烈氧化而引起爆炸。另外，高氯酸、冰醋酸均能腐蚀皮肤、刺激黏膜，应注意防护。

2. 使用的仪器应预先洗净烘干，操作中应防止空气中水、氨的影响。

3. 非水滴定一般使用微量滴定管（10ml），应正确使用和读数。如进行样品重量估算时，一般可按 8ml 计算，读数可读至小数点后第 3 位。

4. 冰醋酸有挥发性，故标准溶液应放置棕色瓶中密闭保存。标准液装入滴定管后，其上端宜用一干燥小烧杯盖上。

5. 结晶紫指示剂终点颜色变化为：紫→蓝紫→纯蓝→蓝绿。应正确观察终点的颜色，如必要可采用空白对照或电位法对照。

6. 冰醋酸的体积膨胀系数较大（是水的 5 倍），使高氯酸标准溶液的体积随室温的变化而变化。因此在标定时及样品测定时均应注意室温。如果测定时与标定时的温度差超过 10℃，则应重新标定；若未超过 10℃，则可根据下式将高氯酸的浓度加以校正。

$$c_1=\frac{c_0}{1+0.0011(t_1-t_0)}$$

7. 冰醋酸在低于 16℃时会结冰而影响使用，对不易乙酰化的试样可采用醋酸-醋酐（9:1）的混合溶剂配制高氯酸溶液，它不仅可防止结冰，且吸湿性小，浓度改变也很小。有时，也可在冰醋酸中加入 10%~15% 丙酸以防冻。

8. 若所测供试品易乙酰化，则需用水分测定法测定本标准溶液的含水量，再用水和醋酐调节其含水量为 0.01%~0.02%。

【思考题】

1. 加入到高氯酸-冰醋酸溶液中的酸酐量应如何计算？

2. 为什么邻苯二甲酸氢钾既可标定碱（NaOH）又可标定酸（$HClO_4$）？

3. 作空白试验的目的是什么？如何进行空白试验？

4. 冰醋酸对于 $HClO_4$、H_2SO_4、HCl 及 HNO_3 是均化性试剂还是区分性试剂？水对这 4 种酸是什么溶剂？

实验十四　水杨酸钠的测定

【实验目的】

1. 掌握非水酸碱滴定法测定有机酸碱金属盐的原理及操作。

2. 进一步掌握结晶紫指示剂滴定终点的判定。

【实验原理】

水杨酸钠是有机酸的碱金属盐，在水溶液中碱性较弱，不能直接进行酸碱滴定。但可选择适当的非水溶剂，使其碱性增强，再用高氯酸标准溶液进行滴定。

本实验选用醋酐-冰醋酸混合溶剂(1:4)以增强水杨酸钠的碱性，用结晶紫为指示剂，以高氯酸标准溶液滴定至蓝绿色为终点。其滴定反应为：

$$C_7H_5O_3Na + HAc \longrightarrow C_7H_5O_3H + Ac^- + Na^+$$

$$HClO_4 + HAc \longrightarrow H_2Ac^+ + ClO_4^-$$

$$H_2Ac^+ + Ac^- \longrightarrow 2HAc$$

总反应：

$$HClO_4 + C_7H_5O_3Na \longrightarrow C_7H_5O_3H + ClO_4^- + Na^+$$

【仪器和试剂】

仪器　酸式滴定管(10ml)，锥形瓶(100ml)，量筒(10ml)，万分之一分析天平。

试剂　高氯酸标准溶液(0.1mol/L)，醋酐-冰醋酸混合液(1:4)，结晶紫指示剂，水杨酸钠样品。

【实验步骤】

精密称取在105℃干燥至恒重的本品约0.13g，置干燥的锥形瓶中，加醋酐-冰醋酸混合液10ml使溶解，加结晶紫指示液1滴。用高氯酸标准溶液(0.1mol/L)滴定，至溶液由紫红色变为蓝绿色为终点，滴定结果用空白试验校正。按下式计算样品中水杨酸钠的质量分数($M_{C_7H_5O_3Na}=160.1$)。

$$w_{C_7H_5O_3Na}(\%) = \frac{c_{HClO_4} \times (V_{样} - V_{空白}) \times M_{C_7H_5O_3Na}}{m \times 1000} \times 100\%$$

【注意事项】

1. 使用仪器均需预先洗净干燥。

2. 注意测定时的室温，若与标定时室温相差较大时，需加以校正(相差±2℃以上)，或重新标定(相差±10℃以上)。

3. 溶剂价格昂贵，应注意节约，实验结束后需回收溶剂。

4. 高氯酸-冰醋酸溶液在室温低于16℃时会结冰，无法进行滴定，可加入10%~15%丙酸防冻。

【思考题】

1. 醋酸钠在水溶液中为一弱碱，是否可用盐酸标准溶液直接滴定？能否用非水酸碱法测定？若能测定，试设计一简单的操作步骤。

2. 在本实验条件下能否测定苯甲酸钠？为什么？

3. 以结晶紫为指示剂，为什么测定邻苯二甲酸氢钾时，终点颜色为蓝色？而测定水杨酸钠时，终点颜色为蓝绿色？

(朱臻宇)

第六章 配位滴定实验

实验十五　EDTA 标准溶液(0.05mol/L)的配制与标定

【实验目的】

1. 掌握 EDTA 标准溶液的配制和标定的方法。

2. 掌握铬黑 T 指示剂的使用条件及终点判断。

【实验原理】

EDTA 标准溶液常用乙二胺四乙酸的二钠盐(EDTA · 2Na · H_2O, $M=392.28$)配制。EDTA 二钠盐是白色结晶粉末,可以制成基准物质,但一般不直接用 EDTA 配制标准溶液,而是先配制成大致浓度的溶液,然后以 ZnO 为基准物质标定其浓度。滴定在 pH10 左右的条件下进行,以铬黑 T 为指示剂,终点由紫红色变为纯蓝色。滴定过程中的反应为:

滴定前:$Zn^{2+} + HIn^{2-} \rightleftharpoons ZnIn^{-} + H^{+}$

终点前:$Zn^{2+} + H_2Y^{2-} \rightleftharpoons ZnY^{2-} + 2H^{+}$

终点时:$ZnIn^{-} + H_2Y^{2-} \rightleftharpoons ZnY^{2-} + HIn^{2-} + H^{+}$

（紫红色）　　　　　　　（纯蓝色）

【仪器和试剂】

仪器　烧杯(500ml)、硬质玻璃瓶或聚乙烯塑料瓶(500ml),锥形瓶(250ml),滴定管(50ml),量筒(50ml、10ml),万分之一分析天平。

试剂　EDTA · 2Na · H_2O,氧化锌基准物,盐酸溶液(3mol/L),氨试液(3mol/L),$NH_3 \cdot H_2O$-NH_4Cl 缓冲液(pH10.0),甲基红指示剂(0.025% 乙醇溶液),铬黑 T 指示剂。

【实验步骤】

1. EDTA 标准溶液(0.05mol/L)的配制　取 EDTA · 2Na · H_2O 约 9.5g,加水 500ml 使溶解,摇匀,贮存在硬质玻璃瓶或聚乙烯塑料瓶中。

2. EDTA 标准溶液(0.05mol/L)的标定　精密称取已在 800℃ 灼烧至恒重的基准物 ZnO 约 0.12g,加盐酸溶液 3ml 使溶解,加水 25ml 和甲基红指示剂 1 滴,滴加氨试液至溶液呈微黄色。再加水 25ml、$NH_3 \cdot H_2O$-NH_4Cl 缓冲溶液 10ml 和铬黑 T 指示剂少量,用 EDTA 溶液(0.05mol/L)滴定至溶液自紫红色转变为纯蓝色即为终点。

用下式计算 EDTA 标准溶液的浓度($M_{ZnO}=81.38$)。

$$c_{EDTA} = \frac{m_{ZnO} \times 1000}{V_{EDTA} \times M_{ZnO}}$$

【注意事项】

1. EDTA · 2Na · H_2O 在水中溶解较慢,可加热使溶解或放置过夜。

2. 贮存 EDTA 溶液应选用硬质玻璃瓶,如用聚乙烯瓶贮存更好。避免与橡皮塞、橡皮管等接触。

3. 配位滴定反应进行的速度相对较慢(不像酸碱反应能在瞬间完成),故滴定时加入EDTA 溶液的速度不宜太快,在室温较低时尤需注意。特别是近终点时,应逐滴加入,并充分振摇。

【思考题】

1. 滴定时加入 $NH_3 \cdot H_2O$-NH_4Cl 缓冲溶液的作用是什么?

2. 为什么在 ZnO 溶解后加甲基红指示剂并滴加氨试液至微黄色?

3. 若以 ZnO 为基准物质,以二甲酚橙为指示剂标定 EDTA 溶液,溶液的 pH 值应控制在什么范围?用什么作缓冲液?其终点颜色将如何变化?

实验十六　水的硬度测定

【实验目的】

1. 掌握配位滴定法测定水的硬度的原理及方法。

2. 掌握水的硬度测定方法及计算。

3. 了解水的硬度的测定意义和常用的硬度表示方法。

【实验原理】

水的硬度是指水中钙、镁离子的总浓度,其中包括碳酸盐硬度(即通过加热能以碳酸盐形式沉淀下来的钙、镁离子,故又称暂时硬度)和非碳酸盐硬度(即加热后不能沉淀下来的那部分钙、镁离子,又称永久硬度)。以配位滴定法测定水的硬度,是用 EDTA 标准溶液直接滴定水中 Ca、Mg 总量,然后换算为相应的硬度单位。我国生活饮用水卫生标准(2006 年颁布):总硬度限值为 425mg/L。(以碳酸钙计)。

硬度表示方法通常有两种:一种是将测得的 Ca^{2+}、Mg^{2+} 总量折算成 $CaCO_3$ 的重量,以每升水中含有 $CaCO_3$($M_{CaCO_3}=100.09$)的毫克数表示硬度(mg/L 或 ppm);另一种以将测得的 Ca^{2+}、Mg^{2+} 总量折算成 CaO 的重量,以每升水中含有 CaO($M_{CaO}=56.08$)10mg 为 1 度(°d),这种硬度的表示方法称作德国度。

测定方法:取一定水样,调节 pH 至 10 左右,以铬黑 T 为指示剂,用 EDTA 标准溶液(0.05mol/L)滴定 Ca^{2+}、Mg^{2+} 总量,即可计算水的硬度。滴定过程中的反应为:

滴定前:$Mg^{2+} + HIn^{2-} \rightleftharpoons MgIn^- + H^+$

终点前:$Ca^{2+} + Mg^{2+} + 2H_2Y^{2-} \rightleftharpoons CaY^{2-} + MgY^{2-} + 4H^+$

终点时:$MgIn^- + H_2Y^{2-} \rightleftharpoons MgY^{2-} + HIn^{2-} + H^+$

　　　(紫红色)　　　　　　　(纯蓝色)

【仪器和试剂】

仪器　锥形瓶(250ml),滴定管(50ml),量筒(100ml、10ml)等。

试剂　EDTA 标准溶液(0.05mol/L),$NH_3 \cdot H_2O$-NH_4Cl 缓冲液(pH10.0),铬黑 T 指示剂。

【实验步骤】

量取水样 100ml 于锥形瓶中,加 $NH_3 \cdot H_2O$-NH_4Cl 缓冲液 5ml,铬黑 T 指示剂 5 滴,用 EDTA 标准溶液(0.05mol/L)滴定至溶液自紫红色转变为纯蓝色即为终点。按下式计算水样的总硬度,分别以 mg/L 和(°d)表示。

$$硬度=(cV)_{EDTA}\times 100.09\times 10(mg/L)$$

$$或硬度=(cV)_{EDTA}\times 56.08(°d)$$

【注意事项】

当水的硬度较大时，在 pH10 附近会析出 $MgCO_3$、$CaCO_3$ 沉淀使溶液变浑浊：

$$HCO_3^- + Ca^{2+} + OH^- \rightleftharpoons CaCO_3 \downarrow + H_2O$$

在这种情况下，滴定至“终点”时，常出现返回现象，使终点难以确定，滴定的重复性差。为了防止沉淀析出，可按以下步骤进行酸度调节：量取水样 100ml 置于锥形瓶中，投入一小块刚果红试纸，用盐酸（6mol/L）酸化至试纸变蓝色，振摇 2min，然后从加缓冲溶液开始如上操作。

【思考题】

1. 试说明硬度计算公式的来源。

2. 用 EDTA 法测定水的硬度时，哪些离子存在干扰？如何消除？

3. 根据测定结果，说明所测水样属于哪种类型（已知：$<8°d$ 为软水，$8 \sim 16°d$ 为中等硬水，$16 \sim 30°d$ 为硬水）？若所测水样为生活饮用水，其硬度是否合格？

实验十七　明矾的测定

【实验目的】

1. 掌握配位滴定中返滴定法的应用。

2. 掌握配位滴定法测定铝盐的原理及方法。

【实验原理】

明矾的定量测定一般是测定其组成中的铝，然后换算成明矾 $[KAl(SO_4)_2 \cdot 12H_2O]$ 的质量分数。

Al^{3+} 与 EDTA 的配位反应速度缓慢，且 Al^{3+} 对二甲酚橙指示剂有封闭作用，当酸度不高时，Al^{3+} 易水解形成多种多羟基配合物。因此，Al^{3+} 不能用直接法滴定。一般是采用返滴定法测定 Al^{3+}，即在试液中先加入定量过量的 EDTA 标准溶液，煮沸以加速 Al^{3+} 与 EDTA的反应。冷却后，调节 pH5 ~ 6，加入二甲酚橙指示剂，用 Zn^{2+} 标准溶液滴定过量的 EDTA。由两种标准溶液的浓度和用量即可求得 Al^{3+} 的量。

二甲酚橙在 $pH < 6.3$ 时呈黄色，$pH > 6.3$ 时呈红色，而 Zn^{2+} 与二甲酚橙的配合物呈红紫色，所以溶液的酸度应控制在 $pH < 6.3$。终点时的颜色变化为：

$$Zn^{2+} + XO(\text{黄色}) \rightleftharpoons Zn^{2+}XO\ (\text{红紫色})$$

【仪器与试剂】

仪器　锥形瓶（250ml），滴定管（50ml），量筒（100ml、10ml）等。

试剂　$ZnSO_4$（AR），盐酸溶液（3mol/L），甲基红指示剂（0.025% 乙醇溶液），氨试液（3mol/L），$NH_3 \cdot H_2O$-NH_4Cl 缓冲液（pH10.0），HAc-NaAc 缓冲液（pH6.0），铬黑 T 指示剂，EDTA 标准溶液（0.05mol/L）。

【实验步骤】

1. $ZnSO_4$标准溶液（0.05mol/L）的配制与标定　取 $ZnSO_4$ 15g，加盐酸溶液 10ml 与适量蒸馏水溶解，稀释至 1000ml，摇匀，即得。

量取 25.00ml 上述溶液，加甲基红指示剂 1 滴，滴加氨试液至溶液呈微黄色，加水 25ml、$NH_3 \cdot H_2O$-NH_4Cl 缓冲液 10ml 和铬黑 T 指示剂 3 滴，用 EDTA 标准溶液（0.05mol/L）滴定至溶液由紫红色变为纯蓝色，即为终点。

按下式计算标准溶液浓度：

$$c_{ZnSO_4}=\frac{c_{EDTA}\times V_{EDTA}}{V_{ZnSO_4}}$$

2. 明矾的测定　精密称取明矾试样约1.4g，置50ml烧杯中，用适量蒸馏水溶解后转移至100ml量瓶中，稀释至刻度，摇匀。吸取25.00ml于250ml锥形瓶中，加蒸馏水25ml，然后加入EDTA标准溶液（0.05mol/L）25.00ml，在沸水浴中加热10min，冷至室温，再加水100ml及HAc-NaAc缓冲液5ml，二甲酚橙指示剂4～5滴，用$ZnSO_4$标准溶液（0.05mol/L）滴定至溶液由黄色变为橙色即为终点。

按下式计算明矾的质量分数（$M_{KAl(SO_4)_2\cdot 12H_2O}=474.2$）：

$$w_{KAl(SO_4)_2\cdot 12H_2O}(\%)=\frac{[c_{EDTA}\times V_{EDTA}-c_{ZnSO_4}\times V_{ZnSO_4}]\times M_{KAl(SO_4)_2\cdot 12H_2O}}{1000\times m\times \frac{25}{100}}\times 100\%$$

【注意事项】

1. 明矾试样溶于水后，会因溶解缓慢而变浑浊，但在加入过量EDTA标准溶液并加热后，即可溶解，故不影响测定。

2. 加热促进Al^{3+}与EDTA的配位反应，一般在沸水浴中加热3min配位反应程度可达99%，为使反应尽量完全，可加热10min。

3. 在pH<6.3时，游离二甲酚橙呈黄色，滴定至$ZnSO_4$稍微过量时，Zn^{2+}与部分二甲酚橙配合成红紫色，黄色与红紫色组成橙色，故滴定至橙色即为终点。

4. 本实验也可用吡啶偶氮萘酚（PAN）为指示剂。吡啶偶氮萘酚（0.1%甲醇液）在pH 2～11范围内呈黄色，与Cu配合变为橙红色，所以若用吡啶偶氮萘酚为指示剂，返滴定使用$CuSO_4$（0.05mol/L）标准溶液，终点时溶液颜色由黄色转变为橙红色。

【思考题】

1. 明矾含量的测定为什么采用返滴定法？
2. 为什么测定时要加入HAc-NaAc缓冲液？
3. 此滴定能用铬黑T作指示剂吗？

实验十八　混合物中钙和镁的测定

【实验目的】

1. 掌握配位滴定法测定混合试样中各组分的原理及方法。
2. 掌握钙指示剂的原理及使用条件。
3. 了解由调节酸度提高配位滴定选择性的原理。

【实验原理】

Ca^{2+}、Mg^{2+}共存时常用控制酸度法进行定量测定，可在一份溶液中进行，也可平行取两份溶液进行。前者是先在pH12时滴定Ca^{2+}，后将溶液调至pH10时滴定Mg^{2+}（先调至pH≈3，再调至pH≈10，以防止$Mg(OH)_2$或$MgCO_3$等形式存在而溶解不完全）。后一种方法是一份试液在pH10时滴定Ca^{2+}、Mg^{2+}总量，另一份在pH12时滴定Ca^{2+}，用差减法求出Mg^{2+}的量。本实验采用后一种方法。

一份溶液调节pH≈10，以铬黑T为指示剂，用EDTA标准溶液滴定Ca^{2+}和Mg^{2+}总量。另一份溶液调节pH12～13，此时，Mg^{2+}生成$Mg(OH)_2$沉淀，故可用EDTA单独滴定Ca^{2+}。在pH12～13时钙指示剂与Ca^{2+}形成稳定的粉红色配合物，而游离指示剂为蓝色，故终点由粉红色变为蓝色。

【仪器与试剂】

仪器 锥形瓶(250ml),滴定管(50ml),量瓶(250ml),量筒(100ml、10ml)等。

试剂 钙盐,镁盐,二乙胺(AR),钙指示剂,EDTA 标准溶液(0.05mol/L),$NH_3 \cdot H_2O$-NH_4Cl 缓冲液(pH10.0),铬黑 T 指示剂。

【实验步骤】

1. 样品溶液的配制 精密称取适量的可溶性钙盐及镁盐混合试样,在 250ml 量瓶中用水配制成相当于 Ca^{2+} 或 Mg^{2+} 浓度约 0.05mol/L 的样品溶液。

2. 钙的测定 精密吸取样品溶液 20ml,加水 25ml,二乙胺 3ml,调节 pH12 ~ 13,再加入钙指示剂 1ml,用 EDTA 标准溶液(0.05mol/L)滴定至溶液由粉红色变为纯蓝色即为终点。消耗体积为 V_1。

按下式计算 Ca 的质量分数($M_{Ca}=40.08$):

$$w_{Ca}(\%)=\frac{c_{EDTA}\times V_1\times M_{Ca}}{1000\times m\times\frac{20}{250}}\times 100\%$$

3. 镁的测定 精密吸取样品溶液 20ml,加水 25ml,$NH_3 \cdot H_2O$-NH_4Cl 缓冲液 10ml,铬黑 T 指示剂 5 滴,用 EDTA 标准溶液(0.05mol/L)滴定至溶液由紫红色变为纯蓝色即为终点。消耗体积为 V_2。

按下式计算 Mg 的质量分数($M_{Mg}=24.305$):

$$w_{Mg}(\%)=\frac{[c_{EDTA}\times(V_2-V_1)]\times M_{Mg}}{1000\times m\times\frac{20}{250}}\times 100\%$$

【注意事项】

1. 二乙胺用量要适当,如果 pH<12,则 $Mg(OH)_2$ 沉淀不完全;而 pH>13 时,钙指示剂在终点变化不明显。

2. $Mg(OH)_2$ 沉淀会吸附 Ca^{2+},从而使钙的结果偏低,镁的结果偏高,应注意避免。为了克服此不利因素,可加入淀粉-甘油、阿拉伯树胶或糊精等保护胶,可基本消除吸附现象,其中以糊精的效果较好。

【思考题】

1. 为什么试样分析时是用一次称样,分取试液滴定的操作?能否分别称样进行滴定分析?

2. 测定 Ca^{2+}、Mg^{2+} 时分别加入二乙胺和氨性缓冲液,它们各起什么作用?能否用氨性缓冲液代替二乙胺?

3. 为什么镁消耗标准溶液的体积是 V_2-V_1?

实验十九 氯化钙的含量测定

【实验目的】

掌握置换滴定的原理以及利用置换滴定改善指示剂终点的敏锐性的方法。

【实验原理】

配位滴定中常用的指示剂为铬黑 T,但 Ca^{2+} 与铬黑 T 在 pH10 时形成的 $CaIn^-$ 不太稳定,会导致终点提前,而 Mg^{2+} 与铬黑 T 形成的 $MgIn^-$ 相当稳定。利用 CaY 比 MgY 更稳定的性质,加入少量 MgY 作为辅助指示剂,当 Ca^{2+} 试液中加入铬黑 T 与 MgY 的混合液后,发生下列置换反应:

$$MgY + Ca^{2+} \rightleftharpoons CaY + Mg^{2+}$$

$$Mg^{2+} + HIn^{2-} \rightleftharpoons MgIn^- + H^+$$

滴定过程中,EDTA 先与游离 Ca 配合,因此,在终点前溶液呈 $MgIn^-$ 的紫红色。终点时,EDTA 从 $MgIn^-$ 中置换出铬黑 T,使溶液由紫红色变为纯蓝色。

$$MgIn^- + HY \rightleftharpoons MgY + HIn^- + H^+$$

在整个滴定过程中 MgY 并未消耗 EDTA,而是起了辅助铬黑 T 指示终点的作用。

【实验步骤】

取本品约 1.5g,置于贮有蒸馏水约 10ml 并称定质量的称量瓶中,精密称定,移至 100ml 的量瓶中,用蒸馏水稀释至刻度,摇匀,精密量取 10ml,置锥形烧瓶中。

另取蒸馏水 10ml,加 $NH_3 \cdot H_2O\text{-}NH_4Cl$ 缓冲液(pH10)10ml,稀硫酸镁试液 1 滴与铬黑 T 指示剂少量,用 EDTA 标准溶液(0.05mol/L)滴定至溶液呈纯蓝色。将此溶液倾入上述锥形瓶中,用 EDTA 标准溶液(0.05mol/L)滴定至溶液由紫红色转变为纯蓝色。按下式计算氯化钙质量分数($M_{CaCl_2 \cdot 2H_2O} = 147.03$):

$$w_{CaCl_2 \cdot 2H_2O}(\%) = \frac{c_{EDTA} \times V_{EDTA} \times \frac{M_{CaCl_2 \cdot 2H_2O}}{1000}}{S \times \frac{10}{100}} \times 100\%$$

【注意事项】

由于氯化钙为白色、坚硬的碎块或颗粒,潮解性很强,所以称量方法较为特殊。称量速度宜快些。

【思考题】

1. 如果试样是 Ca^{2+}、Mg^{2+} 的混合物,是否可以用铬黑 T 指示剂从混合物中分别测定各自的含量?

2. 氯化钙的含量测定,除用配位滴定法外,还可采用其他滴定法吗?

（郁韵秋）

第七章 氧化还原滴定实验

实验二十 碘标准溶液(0.05mol/L)的配制与标定

【实验目的】

1. 掌握碘标准溶液的配制及标定方法。

2. 掌握直接碘量法的原理及其操作。

【实验原理】

碘虽然可用升华法纯制,但由于其挥发性及腐蚀性较强,不宜用分析天平准确称量,因此,碘标准溶液通常以标定法配制。

碘在水中的溶解度很小(25℃时为1.8×10^{-3}mol/L),易挥发。通常是将I_2溶解在过量的KI溶液中,利用I_2与I^-反应生成I_3^-离子,增加I_2的溶解度,降低其挥发性。标定I_2溶液浓度的方法有以下两种:

(1)用$Na_2S_2O_3$标准溶液标定:反应为:

$$2S_2O_3^{2-}+I_2 \rightleftharpoons S_4O_6^{2-}+2I^-$$

《中国药典》(2010年版)采用此法标定I_2标准溶液浓度。

(2)用基准As_2O_3标定:As_2O_3难溶于水,可加NaOH溶液使之生成亚砷酸钠而溶解,过量的碱用稀酸中和,加入$NaHCO_3$控制溶液呈弱碱性(pH8~9),用I_2标准溶液进行滴定,反应快速、完全。反应为:

$$As_2O_3+6NaOH \rightleftharpoons 2Na_3AsO_3+3H_2O$$

$$AsO_3^{3-}+I_2+H_2O \rightleftharpoons AsO_4^{3-}+2I^-+2H^+$$

【仪器和试剂】

仪器 酸式滴定管(棕色,50ml),移液管(25ml),锥形瓶(250ml),试剂瓶(棕色,1000ml),量筒(10ml,100ml,500ml),垂熔玻璃漏斗,玻璃乳钵。

试剂 As_2O_3(基准试剂),KI(AR),I_2(AR),$NaHCO_3$(AR),H_2SO_4(1mol/L),NaOH(1mol/L),浓HCl,盐酸溶液(9→10),淀粉溶液(0.5%),甲基橙指示剂(0.1%)。

【实验步骤】

1. I_2标准溶液的配制 取碘13.0g于玻璃乳钵中,加碘化钾36g与水50ml,研磨完全溶解后,加盐酸3滴,用水稀释至1000ml,摇匀,用垂熔玻璃滤器滤过,贮于棕色瓶中,密塞,置凉暗处保存。

2. I_2标准溶液的标定

(1)用As_2O_3标定:精密称取在105℃干燥至恒重的基准As_2O_3约0.15g,加NaOH液10ml微热使溶解,加水20ml与甲基橙指示剂1滴,滴加H_2SO_4液至溶液由黄色变粉红色,加入$NaHCO_3$ 2g,水50ml及淀粉溶液2ml,用I_2标准溶液滴定至溶液显浅蓝色,即为终点。记录所消耗碘标准溶液的体积,按下式计算其浓度($M_{As_2O_3}=197.84$)。

$$c_{I_2}=\frac{m_{As_2O_3}\times 2000}{V_{I_2}\times M_{As_2O_3}}$$

(2)用 $Na_2S_2O_3$ 标准溶液标定:精密吸取碘溶液 25ml,置碘量瓶中,蒸馏水 100ml 及盐酸溶液(9→10)1ml,轻轻混匀,用硫代硫酸钠标准溶液(0.1mol/L)滴定,至近终点时加淀粉指示剂 2ml,继续滴定至蓝色消失,即为终点。记录所消耗 $Na_2S_2O_3$ 标准溶液的体积,按下式计算其浓度:

$$c_{I_2}=\frac{c_{Na_2S_2O_3}V_{Na_2S_2O_3}}{2V_{I_2}}$$

(3)比较两种方法标定的碘标准溶液浓度有无显著性差异。

【注意事项】

1. 由于光照和受热都能促使空气中的 O_2 氧化 I^-,引起 I_2 浓度的增加,因此,配好的 I_2 标准溶液应贮存于棕色瓶中,置凉暗处保存。

2. 为防止少量未溶解的 I_2 影响溶液浓度,需用垂熔玻璃漏斗滤过后再标定。

3. 配制 I_2 标准溶液时需加入少许浓盐酸,其作用:

(1)把 KI 试剂中可能含有的 KIO_3 杂质在标定前通过下列反应还原为 I_2,以免影响以后的标定。

$$IO_3^- + 5I^- + 6H^+ \rightleftharpoons 3I_2 + 3H_2O$$

(2)与在配制 $Na_2S_2O_3$ 标准溶液时加入的少量 Na_2CO_3 作用,保证 I_2 和 $Na_2S_2O_3$ 的滴定反应不致在碱性环境中进行。

4. I_2 在稀 KI 溶液中溶解慢,配制 I_2 溶液时,应使 I_2 在浓 KI 溶液中溶解完全后,再加水稀释。

5. I_2 溶液对橡胶有腐蚀作用,必须放在酸式滴定管中滴定。

6. As_2O_3 为剧毒品,使用时要注意安全及废液处理。

【思考题】

1. 配制 I_2 溶液时应注意什么问题?

2. 本实验采用两种方法标定 I_2 溶液浓度,它们属于碘量法中哪类滴定方法?试分析上述两种标定方法的主要误差来源。

3. 为何用 I_2 溶液滴定 AsO_3^{3-} 时,淀粉指示剂可先加,而用 $Na_2S_2O_3$ 溶液滴定 I_2 溶液时,须在近终点前才加入?

4. I_2 标准溶液为深棕色,装入滴定管中弯月面看不清楚,应如何读数?

实验二十一　硫代硫酸钠标准溶液(0.1mol/L)的配制与标定

【实验目的】

1. 掌握 $Na_2S_2O_3$ 标准溶液的配制方法和注意事项。

2. 掌握置换碘量法的原理和操作。

3. 掌握标准溶液的直接配制方法和浓度计算。

4. 熟悉空白试验的操作与作用。

5. 学习使用碘量瓶。

【实验原理】

结晶 $Na_2S_2O_3 \cdot 5H_2O$ 易风化或潮解，并含有少量杂质，故只能用标定法配制标准溶液。$Na_2S_2O_3$ 溶液不稳定，其原因是：水中溶解的 CO_2 和 O_2 会使 $Na_2S_2O_3$ 分解；若水中有微生物，也能缓慢分解 $Na_2S_2O_3$，因此，配制 $Na_2S_2O_3$ 溶液须用新煮沸放冷的蒸馏水，其目的是除去水中溶解的 CO_2 和 O_2，杀死细菌；加入少量 Na_2CO_3（使其浓度约为 0.02%），使溶液 pH9～10，以抑制细菌生长；溶液贮存在棕色瓶中避光保存，以防止 $Na_2S_2O_3$ 分解。

标定 $Na_2S_2O_3$ 溶液常用 $K_2Cr_2O_7$ 基准物，采用置换滴定法标定。在酸性溶液中 $K_2Cr_2O_7$ 与过量 KI 作用：

$$Cr_2O_7^{2-} + 14H^+ + 6I^- \rightleftharpoons 3I_2 + 2Cr^{3+} + 7H_2O \quad \text{（置换反应）}$$

析出的 I_2，以淀粉作指示剂，用待标定的 $Na_2S_2O_3$ 溶液滴定。

$$2S_2O_3^{2-} + I_2 \rightleftharpoons S_4O_6^{2-} + 2I^- \quad \text{（滴定反应）}$$

酸度较低时，$K_2Cr_2O_7$ 与 KI 反应完成较慢，酸度太高和光照又使 I^- 易被空气氧化成 I_2，因此应控制溶液 $[H^+]$ 约 0.5mol /L 左右，避光放置 10min，使反应定量完成。

$Na_2S_2O_3$ 与 I_2 的反应只能在中性或弱酸性溶液中进行。在碱性溶液中会发生以下副反应：

$$S_2O_3^{2-} + 4I_2 + 10OH^- \rightleftharpoons 2SO_4^{2-} + 8I^- + 5H_2O$$

在强酸性溶液中，$Na_2S_2O_3$ 易分解：

$$S_2O_3^{2-} + 2H^+ \rightleftharpoons S\downarrow + SO_2\uparrow + H_2O$$

所以在滴定前应将溶液稀释，降低酸度，使 $[H^+]$ 约 0.2mol/L 左右，也使终点时 Cr^{3+} 的绿色变浅，便于观察终点。

滴定至近终点时才加入淀粉指示剂，否则大量 I_2 被淀粉牢固地吸附，不易完全放出，使蓝色褪去迟钝，终点推迟。

【仪器和试剂】

仪器　烧杯（150ml，500ml），量瓶（250ml），碘量瓶（250ml），量筒（10ml，100ml，500ml），移液管（25ml），滴定管（50ml），试剂瓶（棕色，500ml）。

试剂　$K_2Cr_2O_7$（基准试剂），$Na_2S_2O_3 \cdot 5H_2O$（AR），KI（AR），Na_2CO_3（AR），HCl（6mol/L），淀粉溶液（0.5%）。

【实验步骤】

1. $Na_2S_2O_3$ 溶液的配制　取 $Na_2S_2O_3 \cdot 5H_2O$ 13g 与 Na_2CO_3 0.1g 于 500ml 烧杯中，加适量新煮沸放冷的蒸馏水 500ml，搅拌使溶解，置棕色试剂瓶中放置 7～10d，过滤后标定。

2. $K_2Cr_2O_7$ 标准溶液的配制（直接配制法）　精密称取在 120℃ 干燥至恒重的基准 $K_2Cr_2O_7$ 约 1.5g 于 150ml 烧杯中，用水溶解，定量转移至 250ml 量瓶中，加水至刻度，摇匀，备用。按下式计算该 $K_2Cr_2O_7$ 标准溶液的浓度（$M_{K_2Cr_2O_7} = 294.19$）。

$$c_{K_2Cr_2O_7} = \frac{m_{K_2Cr_2O_7} \times 1000}{V_{K_2Cr_2O_7} \times M_{K_2Cr_2O_7}}$$

3. $Na_2S_2O_3$ 溶液的标定　精密吸取 $K_2Cr_2O_7$ 标准溶液 25.00ml 置碘量瓶中，加蒸馏水 25ml，加 KI 2g，轻轻振摇使溶解，迅速加入 HCl（6mol/L）5ml，立即密塞，摇匀，封水，在暗处放置 10min。加蒸馏水 100ml 稀释，用 $Na_2S_2O_3$ 溶液滴定至近终点时，加淀粉溶液

2ml，继续滴定至蓝色消失而显亮绿色，并将滴定结果用空白试验校正。记录所消耗 $Na_2S_2O_3$ 溶液的体积，按下式计算其浓度。

$$c_{Na_2S_2O_3}=\frac{m_{K_2Cr_2O_7}\times\frac{25.00}{250.0}\times6000}{V_{Na_2S_2O_3}\times M_{K_2Cr_2O_7}}\text{或 }c_{Na_2S_2O_3}=\frac{6c_{K_2Cr_2O_7}V_{K_2Cr_2O_7}}{V_{Na_2S_2O_3}}$$

【注意事项】

1. $Na_2S_2O_3$ 溶液配好后应贮于棕色瓶放置 7～10d，待其浓度趋于稳定后，滤除 S，再标定。

2. 酸度对滴定影响很大，应注意控制。

3. KI 要过量，并使溶液中存在的 KI 浓度不超过 2%～4%，因为 I^- 太浓，淀粉指示剂的颜色变化不灵敏。

4. 滴定至终点的溶液，放置后会逐渐变为浅蓝色。如果不是很快变蓝，则是空气氧化所致，不影响结果。若 30s 以内变蓝，说明 $K_2Cr_2O_7$ 与 KI 反应未完全，还应继续滴定。

5. 为减少 I_2 的挥发，滴定开始时要快滴轻摇。近终点时，要慢滴，大力振摇，减少淀粉对 I_2 的吸附。

【思考题】

1. $Na_2S_2O_3$ 溶液配制好后为什么要放置 7～10d 才能标定？如何配制 $Na_2S_2O_3$ 标准溶液？

2. 用 $K_2Cr_2O_7$ 作基准物标定 $Na_2S_2O_3$ 溶液时为什么要控制溶液酸度，酸度过高或过低有何影响？

3. 在 $K_2Cr_2O_7$ 与 KI 反应中，以下情况会对测定结果产生什么影响：加 KI 而不加稀 HCl；加稀 HCl 后不封水；不在暗处放置或少放置一定时间；溶液不加水稀释即进行滴定。

4. 重铬酸钾标准溶液为什么可以直接配制？现需配制 0.01000mol/L 重铬酸钾标准溶液 100ml，应如何配制？

实验二十二　维生素 C 的测定

【实验目的】

1. 掌握维生素 C 的测定原理及条件。

2. 熟悉直接碘量法的操作步骤。

【实验原理】

维生素 C（$C_6H_8O_6$，$\varphi^\ominus$ = 0.18V）分子中的烯二醇基具有较强的还原性，能被弱氧化剂 I_2（$\varphi^\ominus$ = 0.535V）定量地氧化成二酮基，反应如下：

（反应式：维生素 C（结构式，含 CH_2OH、H—C—OH、HO、OH）$+I_2\longrightarrow$ 脱氢维生素 C（结构式，含 CH_2OH、H—C—OH、二酮基 O、O）$+2HI$）

反应完全、快速，可采用直接碘量法，用 I_2 标准溶液直接测定维生素 C 的含量。

维生素 C 的还原性很强，在中性或碱性介质中极易被空气中的 O_2 氧化，碱性条件下更甚，因此，为了减少维生素 C 受其他氧化剂的影响，滴定反应应在稀 HAc 介质中进行。

【仪器和试剂】

仪器 锥形瓶(250ml),量筒(10ml,100ml),酸式滴定管(棕色,50ml)。

试剂 维生素C(原料药),I_2 标准溶液(0.05mol/L),淀粉指示剂(0.5%),稀 HAc(2mol/L)。

【实验步骤】

精密称取本品约0.2g,置锥形瓶中,加稀 HAc 10ml,新煮沸放冷的蒸馏水100ml,待样品溶解后,加淀粉指示剂1ml,立即用 I_2 标准溶液滴定至溶液显蓝色并在30s内不褪为终点。按下式计算维生素C的质量分数($M_{C_6H_8O_6}=176.12$)。

$$w(\%)=\frac{c_{I_2}V_{I_2}\times M_{C_6H_8O_6}}{m\times 1000}\times 100\%$$

【注意事项】

1. 在酸性介质中,维生素C受空气中 O_2 的氧化速度稍慢,较为稳定,但样品溶于稀醋酸后,仍需立即进行滴定。

2. 滴定接近终点时应充分振摇,并放慢滴定速度。

3. 在有水或潮湿的情况下,维生素C易分解成糠醛。

【思考题】

1. 为什么要在 HAc 酸性条件下测定维生素C样品?

2. 为什么维生素C样品在新煮沸放冷的蒸馏水和稀 HAc 中溶解且溶解后要立即滴定?

3. 若需要应如何干燥维生素C样品?

实验二十三 葡萄糖的测定

【实验目的】

1. 掌握间接碘量法中剩余滴定法的原理和方法。

2. 掌握空白试验的操作与作用。

3. 熟悉用间接碘量法测定葡萄糖的原理和方法。

【实验原理】

葡萄糖($C_6H_{12}O_6$)分子中的醛基具有还原性,在碱性介质中能被过量的 I_2 氧化成葡萄糖酸($C_6H_{12}O_7$),然后在酸性条件下,用 $Na_2S_2O_3$ 标准溶液回滴剩余的 I_2,便可计算葡萄糖含量。反应过程如下:

$$I_2+2NaOH \rightleftharpoons NaIO+NaI+H_2O$$

$$CH_2OH(CHOH)_4CHO+NaIO+NaOH \rightleftharpoons CH_2OH(CHOH)_4COONa+NaI+H_2O$$

剩余的 NaIO 在碱性溶液中歧化成 NaI 和 $NaIO_3$:

$$3NaIO \rightleftharpoons NaIO_3+2NaI$$

当溶液酸化后又析出 I_2 并用 $Na_2S_2O_3$ 标准溶液滴定:

$$NaIO_3+5NaI+3H_2SO_4 \rightleftharpoons 3I_2+3Na_2SO_4+3H_2O$$

$$I_2+2Na_2S_2O_3 \rightleftharpoons Na_2S_4O_6+2NaI$$

【仪器和试剂】

仪器 碘量瓶(250ml),移液管(25ml),滴定管(50ml),量筒(10ml,100ml)。

试剂 I_2 溶液(0.05mol/L),$Na_2S_2O_3$ 标准溶液(0.1mol/L),NaOH 溶液(0.1mol/L),

H_2SO_4溶液（0.5mol/L），淀粉溶液（0.5%），葡萄糖（原料药）。

【实验步骤】

精密称取葡萄糖样品约0.1g，置碘量瓶中，加蒸馏水30ml使溶解。加入I_2溶液25.00ml，滴加NaOH溶液40ml（轻摇慢滴）。密塞，封水，暗处放置10min。取出后加入H_2SO_4溶液6ml，摇匀。用$Na_2S_2O_3$标准溶液（0.1mol/L）滴定剩余的I_2，至近终点时加入淀粉溶液2ml，继续滴定至蓝色消失为终点，并将滴定结果用空白试验校正。记录所消耗$Na_2S_2O_3$溶液的体积，按下式计算葡萄糖的质量分数（$M_{C_6H_{12}O_6 \cdot H_2O}=198.2$）。

$$w(\%)=\frac{c_{Na_2S_2O_3}\times(V_{空白}-V_{回滴})_{Na_2S_2O_3}\times M_{C_6H_{12}O_6 \cdot H_2O}}{m\times 2000}\times 100\%$$

【注意事项】

滴加NaOH溶液的速度不宜过快，否则生成的NaIO来不及氧化葡萄糖就歧化为不具氧化性的$NaIO_3$，致使测定结果偏低。

【思考题】

1. 本实验怎样判断接近滴定终点？如何判断滴定终点？
2. 在此实验中空白试验有何作用？
3. 若已知I_2溶液的准确浓度，则不需作空白滴定。写出此时计算葡萄糖含量的计算公式。

实验二十四　铜盐的测定

【实验目的】

1. 掌握间接碘量法中置换滴定法的原理和方法。
2. 掌握用碘量法测定铜盐的原理和方法。

【实验原理】

在醋酸介质（pH3.5~4）中，Cu^{2+}与过量的KI反应定量地析出I_2（在过量I^-溶液中以I_3^-形式存在），然后用$Na_2S_2O_3$标准溶液滴定析出的I_2。反应为：

$$2Cu^{2+}+4I^- \rightleftharpoons 2CuI\downarrow + I_2 \quad （置换反应）$$

$$2S_2O_3^{2-}+I_2 \rightleftharpoons S_4O_6^{2-}+2I^- \quad （滴定反应）$$

CuI沉淀表面易吸附少量的I_2，使终点变色不敏锐并产生误差，因此，为提高测定准确度，在近终点时加入KSCN将CuI转化为溶解度更小、基本不吸附I_2的CuSCN沉淀。

【仪器和试剂】

仪器　碘量瓶（250ml），滴定管（50ml），量筒（10ml，100ml）。

试剂　$Na_2S_2O_3$标准溶液（0.1mol/L），HAc溶液（6mol/L），KI（AR），淀粉溶液（0.5%），$CuSO_4\cdot 5H_2O$试样，KSCN溶液（10%）。

【实验步骤】

取铜盐试样约0.5g，精密称定，置碘量瓶中，加蒸馏水50ml，溶解后，加HAc溶液4ml，KI 2g，用$Na_2S_2O_3$标准溶液（0.1mol/L）滴定，至近终点时加淀粉溶液2ml，继续滴定至呈浅蓝色，加KSCN溶液5ml，摇匀，继续滴定至蓝色消失（此时溶液为米白色的CuSCN悬浊液），记录$V_{Na_2S_2O_3}$，按下式计算$CuSO_4\cdot 5H_2O$的质量分数（$M_{CuSO_4\cdot 5H_2O}=249.71$）。

$$w(\%)=\frac{c_{Na_2S_2O_3}\times V_{Na_2S_2O_3}\times M_{CuSO_4\cdot 5H_2O}}{m\times 1000}\times 100\%$$

【注意事项】

1. 在本实验中，I^-不仅是还原剂，也是Cu^+的沉淀剂，可使溶液中Cu^+大大降低，从而提高Cu^{2+}/Cu^+电对的电位，使Cu^{2+}能够氧化I^-。但Cu^{2+}与I^-反应是可逆的，为了使反应进行完全，必须加入过量的KI。

2. 本实验要求在弱酸性介质中进行，在碱性溶液中：I_2会发生歧化反应：

$$I_2 + 2OH^- \rightleftharpoons I^- + IO^- + H_2O$$

$$3IO^- \rightleftharpoons IO_3^- + 2I^-$$

Cu^{2+}会水解，使Cu^{2+}与I^-的反应速度变慢；$Na_2S_2O_3$会发生副反应。在强酸性溶液中：I^-易被空气中O_2氧化成I_2：

$$4I^- + O_2 + 4H^+ \rightleftharpoons 2I_2 + 2H_2O$$

同时，$Na_2S_2O_3$易分解析出S。因此需用HAc或HAc-NaAc缓冲溶液控制溶液为弱酸性（pH3.5～4）。

3. 滴定时，溶液由棕红色变为土黄色，再变为淡黄色，表示已接近终点。

4. 碘化钾应在滴定前才加入，加入KI后，不必放置，应立即滴定。若平行测定三份样品，切忌3份同时加入碘化钾后再进行滴定，以防止CuI沉淀对I_2的吸附太牢固。

【思考题】

1. 已知$\varphi^{\ominus}_{Cu^{2+}/Cu^+} = 0.158V$，$\varphi^{\ominus}_{I_2/2I^-} = 0.54V$，为什么在本法中$Cu^{2+}$能使$I^-$氧化为$I_2$？

2. 碘量法主要的误差来源是什么？实验中采取哪些措施可以减少误差？

实验二十五　高锰酸钾标准溶液（0.02mol/L）的配制与标定

【实验目的】

1. 掌握$KMnO_4$标准溶液的配制和保存方法。

2. 掌握用$Na_2C_2O_4$标定$KMnO_4$溶液浓度的原理和条件。

3. 了解自身指示剂指示终点的方法。

【实验原理】

市售$KMnO_4$中常含有少量MnO_2及其他杂质，因此不能直接配制。同时，$KMnO_4$氧化能力很强，能与水中的有机物发生缓慢反应，生成的$MnO(OH)_2$又会促使$KMnO_4$进一步分解，见光则分解的更快。因此，$KMnO_4$溶液不稳定，特别是配制初期浓度易发生改变。为获得稳定的$KMnO_4$溶液，配成的溶液要贮存于棕色瓶中，密闭，在暗处放置7～8d（或加水溶解后煮沸10～20min，静置2d以上），并用垂熔玻璃漏斗过滤除去MnO_2等杂质再标定。

标定$KMnO_4$的基准物质很多，其中最常用的是$Na_2C_2O_4$，它易于提纯、稳定、不含结晶水，在105℃烘干即可使用。标定反应为：

$$2MnO_4^- + 5C_2O_4^{2-} + 16H^+ \rightleftharpoons 2Mn^{2+} + 10CO_2\uparrow + 8H_2O$$

上述反应速度较慢，本实验采取以下措施，提高反应速度：增加反应物浓度（一次加入滴定液20ml）；升高温度（75℃）。利用$KMnO_4$自身的颜色指示滴定终点。

【仪器和试剂】

仪器　垂熔玻璃漏斗，锥形瓶（250ml），试剂瓶（棕色，500ml），酸式滴定管（棕色，50ml），量筒（500ml，100ml，10ml），烧杯（500ml）。

试剂　$KMnO_4$(AR),$Na_2C_2O_4$(基准试剂),H_2SO_4溶液(1∶1)。

【实验步骤】

1. $KMnO_4$标准溶液(0.02mol/L)的配制　称取$KMnO_4$ 1.6g,于500ml烧杯中,加蒸馏水500ml,煮沸15min,置棕色试剂瓶中,密塞,静置7d以上,用垂熔玻璃漏斗过滤,摇匀,贮于另一棕色试剂瓶中。

2. $KMnO_4$标准溶液(0.02mol/L)的标定　精密称取在105℃干燥至恒重的基准$Na_2C_2O_4$约0.2g,置锥形瓶中,加新煮沸放冷的蒸馏水100ml与H_2SO_4溶液10ml,使溶解,迅速自滴定管中加入待标定的$KMnO_4$溶液约25ml(边加边摇,以免产生沉淀),振摇,待褪色后,置水浴加热至75℃,继续滴定至溶液显微红色且30s不褪色即为终点。滴定终点时,溶液温度应不低于55℃。按下式计算$KMnO_4$溶液的浓度($M_{Na_2C_2O_4}=134.00$)。

$$c_{KMnO_4}=\frac{\frac{2}{5}m_{Na_2C_2O_4}\times 1000}{M_{Na_2C_2O_4}V_{KMnO_4}}$$

【注意事项】

1. 与杂质反应要耗去少量$KMnO_4$,配制溶液时需称取稍多于计算用量的$KMnO_4$溶于一定体积的水中。

2. 酸性条件下$Na_2C_2O_4$生成$H_2C_2O_4$。溶液温度高于90℃,$H_2C_2O_4$部分分解,低于60℃反应太慢。故滴定开始将$Na_2C_2O_4$溶液预先加热至75~85℃,在滴定过程中溶液温度保持不低60℃,滴定完成时应不低于55℃,否则反应速度慢而影响终点的观察与准确性。

3. 加入$KMnO_4$溶液25ml并褪色后,虽有对反应具催化作用Mn^{2+}产生,且溶液加热至75℃,此时滴定速度可适当加快,但仍注意不能过快。否则$KMnO_4$来不及反应,就在热的酸性溶液中分解。近终点时,反应物浓度降低,反应速度也随之变慢,须小心缓慢滴入。

4. $KMnO_4$溶液为紫红色,当溶液中MnO_4^-浓度约为2×10^{-6}mol/L时,就能显粉红色。可利用稍过量的MnO_4^-的粉红色的出现来指示终点。

5. $KMnO_4$在酸性介质中是强氧化剂,滴定到达终点的粉红色溶液在空气中放置时,由于和空气中的还原性气体和灰尘作用而逐渐褪色。所以30s不褪色即为终点。

6. $KMnO_4$会与有机物反应,故不可用滤纸过滤。

【思考题】

1. 在配制$KMnO_4$标准溶液时,应注意哪些问题?
2. 用$Na_2C_2O_4$标定$KMnO_4$滴定液时,哪些重要条件需要注意控制?
3. $KMnO_4$法调节酸度为什么常用硫酸而不用盐酸和硝酸?

实验二十六　过氧化氢的测定

【实验目的】

1. 掌握$KMnO_4$法测定过氧化氢(H_2O_2)的原理和方法。
2. 进一步掌握$KMnO_4$法的操作。
3. 熟悉液体样品的取样方法与含量表示方法。

【实验原理】

H_2O_2既有氧化性,也有还原性。在酸性溶液中它是强氧化剂,但遇$KMnO_4$,它表现为还原性，能被强氧化剂 $KMnO_4$ 定量地氧化。因此，可用 $KMnO_4$ 法直接测定 H_2O_2 的含量。其反应如下：

$$2MnO_4^- + 5H_2O_2 + 6H^+ \rightleftharpoons 2Mn^{2+} + 5O_2\uparrow + 8H_2O$$

上述反应开始时较慢，反应产物 Mn^{2+} 起自动催化作用，故随 Mn^{2+} 的生成，反应速度逐渐加快。计量点后，稍过量的 $KMnO_4$ 呈现的微红色即显示终点到达。

【仪器和试剂】

仪器　酸式滴定管（棕色，50ml），量瓶（200ml，50ml），移液管（2ml，5ml，10ml），具塞磨口锥形瓶（50ml），锥形瓶（250ml）。

试剂　$KMnO_4$ 标准溶液（0.02mol/L），30% H_2O_2 溶液（市售），3% H_2O_2 溶液（定量量取市售 30% H_2O_2 溶液，稀释 10 倍，即配成 3% H_2O_2 溶液，贮存于棕色试剂瓶中），稀 H_2SO_4 溶液（1mol/L）。

【实验步骤】

1. 30% H_2O_2 溶液的测定　精密吸取 30% H_2O_2 溶液 2ml，置贮有 5ml 蒸馏水并已精密称定重量的具塞磨口锥形瓶中，精密称定，定量转移至 200ml 量瓶中，加水稀释至刻度，摇匀。精密吸取 10ml 置锥形瓶中，加稀 H_2SO_4 溶液 20ml，用 $KMnO_4$ 标准溶液（0.02mol/L）滴定至溶液显微红色即达终点。按下式计算 H_2O_2 的质量分数（$M_{H_2O_2}=34.02$）。

$$w(\%)(W/W)=\frac{\frac{5}{2}c_{KMnO_4}V_{KMnO_4}M_{H_2O_2}}{m\times\frac{20.00}{200.0}\times1000}\times100\%$$

2. 3% H_2O_2 溶液的测定　精密吸取 3% H_2O_2 溶液 5ml，置 50ml 量瓶中，加蒸馏水稀释至刻度。精密吸取上述溶液 10ml 置锥形瓶中，加稀 H_2SO_4 溶液 20ml，用 $KMnO_4$ 标准溶液（0.02mol/L）滴定至显微红色即达终点。按下式计算 H_2O_2 的质量体积分数（$M_{H_2O_2}=34.02$）。

$$w(\%)(W/V)=\frac{\frac{5}{2}c_{KMnO_4}V_{KMnO_4}M_{H_2O_2}}{V\times1000}\times100\%$$

【注意事项】

1. 在强酸性介质中，$KMnO_4$ 可按下式分解：

$$4MnO_4^- + 12H^+ = 4Mn^{2+} + 5O_2\uparrow + 6H_2O$$

所以，滴定开始时速度不能过快，以防未反应的 $KMnO_4$ 在酸性溶液中分解。

2. 为了减少 H_2O_2 因挥发、分解所带来的误差，每份 H_2O_2 样品应在滴定前量取。

3. 若过氧化氢试样是工业产品，用 $KMnO_4$ 法测定误差较大，因其常含有少量乙酸苯胺或尿素等作为稳定剂，它们有还原性，滴定中会消耗 $KMnO_4$，这时，应改用碘量法或铈量法测定。

4. H_2O_2 溶液有很强的腐蚀性，防止溅到皮肤和衣物上。

【思考题】

1. 如果是测定工业品 H_2O_2，一般不用 $KMnO_4$ 法，试设计一个更合理的实验方案。

2. 用碘量法测定 H_2O_2 有什么优点？

3. 用 $KMnO_4$ 溶液测定 H_2O_2 含量时，能否用加热的方法提高反应速度？

4. 液体样品的含量可如何表达？

实验二十七　药用硫酸亚铁的测定

【实验目的】

1. 掌握 $KMnO_4$ 法测定硫酸亚铁的原理和方法。

2. 进一步熟悉自身指示剂指示终点的方法。

【实验原理】

在硫酸酸性溶液中，$KMnO_4$ 能将亚铁盐氧化成高铁盐，利用 $KMnO_4$ 自身做指示剂指示滴定终点。反应如下：

$$2KMnO_4 + 10FeSO_4 + 8H_2SO_4 \rightleftharpoons 2MnSO_4 + 5Fe_2(SO_4)_3 + K_2SO_4 + 8H_2O$$

溶液酸度对测定结果有较大影响，酸度低会析出二氧化锰，通常溶液酸度应控制在0.5～1.0mol/L 范围。实验中为消除水中溶解氧的影响，应用新煮沸放冷的蒸馏水溶解样品。Fe^{2+} 易被空气中氧氧化，样品溶解后应立即滴定。

【仪器和试剂】

仪器　锥形瓶（250ml），酸式滴定管（棕色，50ml），量筒（20ml）。

试剂　$KMnO_4$ 标准溶液（0.02mol/L），$FeSO_4 \cdot 7H_2O$（原料药），稀硫酸（1mol/L）。

【实验步骤】

精密称取硫酸亚铁样品约 0.5g，置锥形瓶中，加稀硫酸（1mol/L）溶解后，再加新煮沸放冷的蒸馏水 15ml，立即用 $KMnO_4$ 标准溶液（0.02mol/L）滴定至溶液显淡红色且 30s 不褪色即为终点。按下式计算 $FeSO_4 \cdot 7H_2O$ 的质量分数（$M_{FeSO_4 \cdot 7H_2O} = 278.01$）。

$$w(\%) = \frac{5c_{KMnO_4} V_{KMnO_4} M_{FeSO_4 \cdot 7H_2O}}{m \times 1000} \times 100\%$$

【注意事项】

1. 注意反应酸度，应先用 H_2SO_4 溶液溶解样品后，再加水稀释。

2. 反应开始速度较慢，必要时可先加入适量 Mn^{2+}，以增加反应速度。

3. Fe^{2+} 易被空气氧化，高温时更甚，故滴定宜稍快一些，且在常温下进行。

4. Fe^{3+} 呈黄色，对终点观察稍有妨碍。必要时可加入适量磷酸与 Fe^{3+} 反应生成无色的 $FeHPO_4^-$，并降低 $\varphi^{\ominus'}_{Fe^{3+}/Fe^{2+}}$ 值，有利于反应进行完全。

5. KM_nO_4 法只适用于测定硫酸亚铁原料药，不适用于其制剂。因为 KM_nO_4 可将制剂中的糖浆、淀粉氧化，使测定结果偏高，此时应改用铈量法测定。在硫酸酸性（0.5～4mol/L）溶液中，Ce^{4+} 是强氧化剂，可将 Fe^{2+} 氧化成 Fe^{3+}，赋形剂无干扰。

6. 本实验也可用邻二氮菲为指示剂。滴定开始时，溶液中的 Fe^{2+} 与邻二氮菲结合为深红色配离子；终点时，指示剂中的 Fe^{2+} 被氧化成 Fe^{3+}，呈淡蓝色配离子。

【思考题】

1. 溶解硫酸亚铁样品时，为什么要先加稀硫酸（1mol/L），再加新煮沸放冷的蒸馏水？

2. 写出铈量法测定药物制剂中硫酸亚铁的化学反应方程式。

（温金莲）

第八章 沉淀滴定实验

实验二十八 硝酸银标准溶液(0.1mol/L)和硫氰酸铵标准溶液(0.1mol/L)的配制与标定

【实验目的】

1. 掌握银量法指示终点的原理及应用条件。

2. 掌握吸附指示剂法(Fajans 法)标定硝酸银标准溶液的原理及方法,正确判断荧光黄指示剂的滴定终点。

3. 掌握用比较法标定硫氰酸铵标准溶液浓度的方法,正确判断铁铵矾指示剂法(Volhard 法)的滴定终点。

【实验原理】

1. $AgNO_3$ 标准溶液的标定 以 NaCl 为基准物,以荧光黄为指示剂,终点时带正电荷的沉淀颗粒[$(AgCl)Ag^+$]吸附指示剂阴离子 FIn^-,使其变形而颜色发生变化,结果胶体浑浊液由黄绿色变为粉红色,其变化过程如下:

$$\underset{\text{(黄绿色)}}{\overset{\text{终点前}}{(AgCl)Cl^- + FIn^-}} \xrightarrow{AgNO_3} \underset{\text{(粉红色)}}{\overset{\text{终点时}}{(AgCl)Ag^+ \cdot FIn^-}}$$

为了使 AgCl 保持较强的吸附能力,应使沉淀保持胶体状态。为此,可将溶液适当稀释,并加入糊精溶液保护胶体,使终点颜色变化明显。

2. NH_4SCN 标准溶液的标定 用已知准确浓度的 $AgNO_3$ 标准溶液与 NH_4SCN 溶液进行定量比较,以标定 NH_4SCN 溶液的浓度。用铁铵矾指示剂确定滴定终点。为防止指示剂 Fe^{3+} 的水解,应在酸性(HNO_3)溶液中进行滴定。其反应如下:

终点前:$Ag^+ + SCN^- \longrightarrow AgSCN\downarrow$(白色)

终点时:$Fe^{3+} + SCN^- \longrightarrow Fe(SCN)^{2+}$(红色)

【仪器和试剂】

仪器 酸式滴定管(50ml),锥形瓶(250ml),烧杯(250ml),移液管(20ml)等。

试剂 $AgNO_3$(AR),NH_4SCN(AR),NaCl(基准物质),糊精(1→50),荧光黄指示剂(0.1%乙醇溶液),铁铵矾指示剂(8%水溶液),$CaCO_3$(AR),HNO_3 溶液(6mol/L)。

【实验步骤】

1. 标准溶液的配制

(1)$AgNO_3$ 标准溶液(0.1mol/L)的配制:称取 $AgNO_3$ 17.5g 置烧杯中,加水 100ml 使溶解,然后移入棕色磨口瓶中,加水稀释至 1000ml,充分摇匀,密塞。

(2)NH_4SCN 标准溶液(0.1mol/L)的配制:称取 NH_4SCN 8g 置烧杯中,加水 100ml 使溶解,然后移入棕色磨口瓶中,用水稀释至 1000ml,摇匀,密塞。

2. 标准溶液的标定

（1）$AgNO_3$ 标准溶液（0.1mol/L）的标定：称取在 110℃ 干燥至恒重的基准氯化钠约 0.13g，精密称定，置锥形瓶中，加水 50ml 使溶解，再加糊精溶液（1→50）2ml、碳酸钙 0.1g 与荧光黄指示剂 8 滴，用 $AgNO_3$ 标准溶液（0.1mol/L）滴定至浑浊液由黄绿色变为微红色即为终点。按下式计算 $AgNO_3$ 标准溶液浓度（$M_{NaCl}=58.44$）。

$$c_{AgNO_3}=\frac{m_{NaCl}\times 1000}{V_{AgNO_3}\times M_{NaCl}}$$

（2）NH_4SCN 标准溶液（0.1mol/L）的标定：精密吸取 $AgNO_3$ 标准溶液（0.1mol/L）20ml，置锥形瓶中，加水 20ml，HNO_3 溶液 2ml 与铁铵矾指示剂 2ml，用 NH_4SCN 标准溶液（0.1mol/L）滴定至溶液呈淡棕红色，剧烈振摇后仍不褪色即为终点。按下式计算 NH_4SCN 标准溶液的浓度。

$$c_{NH_4SCN}=\frac{c_{AgNO_3}\times V_{AgNO_3}}{V_{NH_4SCN}}$$

【注意事项】

1. 硝酸银标准溶液可用基准硝酸银直接配制，也可用分析纯硝酸银配制，再用基准 NaCl 标定。硝酸银溶液见光容易分解，应于棕色瓶中避光保存。但存放一段时间后，还应重新标定。标定方法最好采用与样品测定法相同，以消除方法误差。

2. 配制 $AgNO_3$ 标准溶液的水应无 Cl^-，用前应进行检查。

3. 加入 HNO_3 是为了防止铁铵矾中 Fe^{3+} 的水解。HNO_3 中的氮的低价氧化物，能与 SCN^- 或 Fe^{3+} 反应生成红色物质，影响终点的观察，因此需用新煮沸放冷的 HNO_3。

4. 光线能促进荧光黄对 AgCl 的分解作用，滴定时应避光或暗处操作。

【思考题】

1. 标定 $AgNO_3$ 标准溶液时，加入糊精及碳酸钙的目的是什么？

2. 还可以用什么方法标定 $AgNO_3$ 标准溶液？试设计实验步骤。

3. 标定 NH_4SCN 溶液时，若不剧烈振摇，会使测定结果偏高还是偏低？为什么？

实验二十九　氯化钠的测定

【实验目的】

1. 掌握沉淀滴定法中铬酸钾指示剂法（Mohr 法）的原理及方法。

2. 比较铬酸钾指示剂法和吸附指示剂法测定氯化钠的终点判断和测定结果。

【实验原理】

1. 用铬酸钾指示剂法测定 NaCl 的含量，是根据分步沉淀的原理，溶解度小的 AgCl 先沉淀，溶解度大的 Ag_2CrO_4 后沉淀。适当控制 K_2CrO_4 指示剂的浓度，使 AgCl 恰好完全沉淀后，稍过量的 $AgNO_3$ 即与 K_2CrO_4 生成砖红色的 Ag_2CrO_4 沉淀，指示滴定终点到达。其反应如下：

终点前　$Ag^+ + Cl^- \longrightarrow AgCl\downarrow$（白色）

终点时　$2Ag^+ + CrO_4^{2-} \longrightarrow Ag_2CrO_4\downarrow$（砖红色）

2. 吸附指示剂是一类有机染料，当其被沉淀表面吸附后，会因结构改变引起颜色变化，从而指示滴定终点。本实验以荧光黄为指示剂、以 $AgNO_3$ 为滴定剂测定 NaCl 的含量，终点时胶体溶液由黄绿色变为粉红色，其变化过程如下：

$$\underset{\text{(黄绿色)}}{\overset{\text{终点前}}{(AgCl)Cl^- + FIn^-}} \xrightarrow{AgNO} \underset{\text{(粉红色)}}{\overset{\text{终点时}}{(AgCl)Ag^+ \cdot FIn^-}}$$

【仪器和试剂】

仪器　酸式滴定管(50ml),量瓶(250ml),锥形瓶(250ml),移液管(25ml)等。

试剂　NaCl 试样,K_2CrO_4指示剂(5% 水溶液),糊精(1→50),荧光黄指示剂(0.1% 乙醇溶液),$AgNO_3$ 标准溶液(0.1mol/L),$CaCO_3$(AR)。

【实验步骤】

取本品约 1.3g,精密称定,置小烧杯中,加适量水溶解后,转移至 250ml 量瓶中,用水稀释至刻度,摇匀。精密移取该溶液 25ml 四份,分别置锥形瓶中。其中两份各加水 25ml 与 5% K_2CrO_4指示剂 1ml,用 $AgNO_3$ 标准溶液(0.1mol/L)滴定至混悬液微呈砖红色为终点。另外两份各加水 25ml、糊精溶液(1→50)5ml、碳酸钙 0.1g 与荧光黄指示剂 8 滴,摇匀,用 $AgNO_3$ 标准溶液(0.1mol/L)滴定至浑浊液由黄绿色变为微红色,即为终点。

按下式计算 NaCl 的含量($M_{NaCl}=58.44$):

$$w_{NaCl}(\%)=\frac{c_{AgNO_3}\times V_{AgNO_3}\times M_{NaCl}}{1000\times m\times\frac{25}{250}}\times 100\%$$

【注意事项】

1. K_2CrO_4指示剂加入量力求准确,滴定过程中须不断振摇。

2. 当 AgCl 沉淀开始凝聚时,表示已快到终点,此时需逐滴加入 $AgNO_3$ 标准溶液,并用力振摇。

【思考题】

1. 试比较两种指示剂法的测定结果,并加以分析讨论。

2. 滴定氯化钠为什么选荧光黄指示剂？能否用曙红？为什么？

3. 用吸附指示剂法测定时加入碳酸钙 0.1g 的目的是什么？为何铬酸钾指示剂法未加？溶液 pH 值过高或过低对两种方法的测定结果有何影响？

4. K_2CrO_4指示剂加得过多或过少,对测定结果有何影响？

（袁　波　熊志立）

第九章 重量分析基本操作和实验

第一节 重量分析基本操作

重量分析包括挥发法、萃取法、沉淀法，以沉淀法应用最为广泛，在此仅介绍沉淀法的基本操作。

（一）试样的溶解

1. 器皿准备 需准备好洁净、大小合适的烧杯、玻璃棒和表面皿，玻棒的长度应比烧杯高5～7cm，不要太长。表面皿的直径应略大于烧杯口直径。

2. 称取试样 将试样称于烧杯中，用表面皿盖好烧杯。

3. 溶解试样 取下表面皿，将溶解剂沿玻棒下端或沿烧杯壁缓缓加入。边加边搅拌直至完全溶解，盖上表面皿，此时起，玻棒不准再离开烧杯放到别处（玻棒已沾有试样溶液）。若试样需加热溶解时，则要盖表面皿使其微热或微沸溶解，注意防止暴沸。

（二）沉淀的制备

1. 沉淀的条件 试样溶液的浓度，pH值，沉淀剂的浓度和用量，沉淀剂加入的速度，各种试剂加入的次序，沉淀时溶液的温度等条件均要按实验操作步骤严格控制。

2. 沉淀剂的加入 将已溶解在烧杯中的试样溶液稀释成一定浓度，沿烧杯内壁或沿玻璃棒加入沉淀剂，切勿使溶液溅出。若需缓缓加入沉淀剂时，可用滴管逐滴加入，并搅拌。搅拌时勿使玻棒碰击烧杯壁或触及烧杯底以防碰破烧杯。若需在热溶液中进行沉淀，最好在水浴上加热，用煤气灯加热时要控制温度，防止溶液暴沸、溅失。

3. 沉淀的陈化 对于晶形沉淀，沉淀完毕后，需进行陈化时，为防止灰尘落入，将烧杯用表面皿盖好，放置过夜或在石棉网上加热近沸30min至1h。

4. 沉淀是否完全的检查 沉淀完毕或陈化完毕后，沿烧杯内壁加入少量沉淀剂，若上层清液出现混浊或沉淀，说明沉淀不完全，可补加适量沉淀剂使沉淀完全。

（三）沉淀的滤过

1. 滤纸和漏斗的选择 对于需要进行灼烧的沉淀要用定量滤纸和长颈玻璃漏斗（图9-1）滤过，定量滤纸又称无灰滤纸（灰分在0.1mg以下或重量已知）。由沉淀量和沉淀的性质决定选用大小和致密程度不同的快速、中速和慢速滤纸。微晶形沉淀多用致密滤纸滤过，蓬松的胶状沉淀要用较大的、疏松的滤纸。由滤纸的大小选择合适的漏斗，放入的滤纸应比漏斗沿低约1cm，不可高出漏斗。对于不需要灼烧但需要进行烘干的沉淀可用微孔玻璃漏斗或微孔玻璃坩埚（亦称玻砂滤器）进行减压过滤（图9-2）。其孔径和大小可根据沉淀性质进行选择。

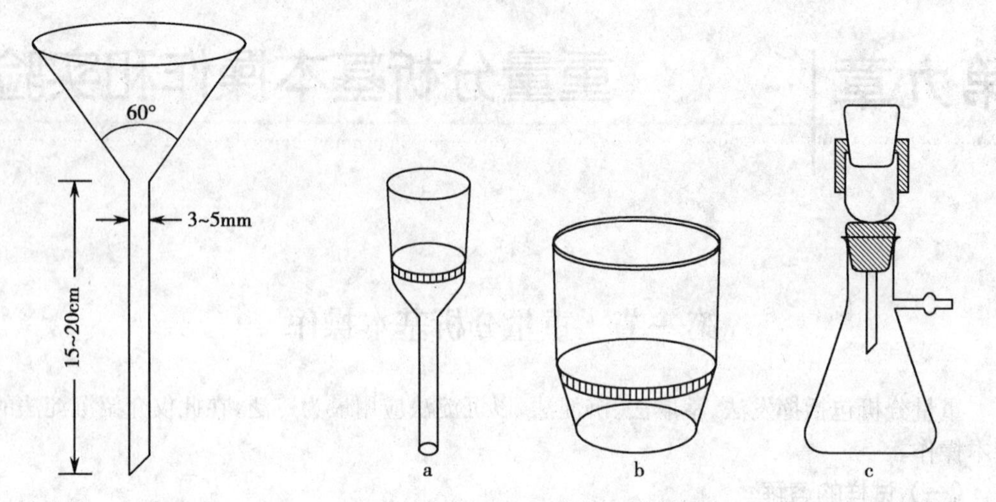

图 9-1　长颈玻璃漏斗　　图 9-2　微孔玻璃漏斗(a)、微孔玻璃坩埚(b)和减压过滤装置(c)

2. 滤纸的折叠和安放　如图 9-3 所示:先将滤纸沿直径方向对折成半圆(1),再根据漏斗角度的大小折叠;若漏斗顶角恰为 60°,滤纸折成 90°(2),展开即成圆锥状其顶角亦成 60°。若漏斗角不是 60°,则第二次折叠时应折成适合于漏斗顶角度数。折好的滤纸,一个半边为三层,另一个半边为单层(3),为使滤纸三层部分紧贴漏斗内壁,可将滤纸外层的上角撕下(2),并留做擦拭沉淀用。

将折叠好的滤纸放在洁净的尽可能干燥的漏斗中(4),用手指按住滤纸,加蒸馏水至满,必要时用手指小心轻压滤纸,把留在滤纸与漏斗壁之间的气泡赶出,使滤纸紧贴漏斗并使水充满漏斗颈形成水柱,以加快滤过速度。

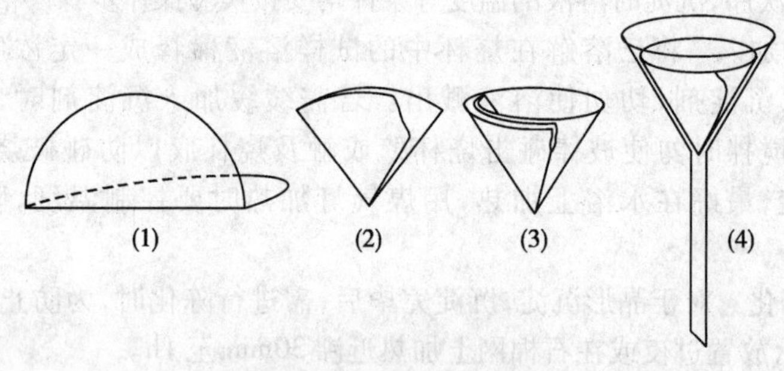

图 9-3　滤纸的折叠和安放

3. 沉淀的滤过　一般多采用"倾滗法"滤过。操作如图 9-4 所示:将漏斗置漏斗架上,接受滤液的洁净烧杯放在漏斗下面,使漏斗颈下端在烧杯边沿以下 3 ~ 4cm 处,并与烧杯内壁靠紧。先将沉淀倾斜静置,然后将上层清液小心倾入漏斗滤纸中,使清液先通过滤纸,而沉淀尽可能地留在烧杯内,尽量不搅动沉淀,操作时一手拿住玻璃棒,使与滤纸近于垂直,玻棒位于三层滤纸上方,但不和滤纸接触。另一只手拿住盛沉淀的烧杯,烧杯嘴靠住玻璃棒,慢慢将烧杯倾斜,使上层清液沿着玻璃棒流入滤纸中,随着滤液的流注,漏斗中液体的体积增加,至滤液达到滤纸高度的 2/3 处,停止倾滗,切勿注满滤纸。停止倾滗时,可沿玻璃棒将烧杯嘴往上提一小段,扶正烧杯,在没扶正烧杯以前不可将烧杯嘴离开玻璃棒,并注意不让沾在玻璃棒上的液滴或沉淀损失,把玻璃棒放回烧杯内,但勿把玻璃棒靠在烧杯嘴部。

（四）沉淀的洗涤和转移

1. 洗涤沉淀　一般也采用倾滗法，为提高洗涤效率，按“少量多次”的原则进行。即将少量洗涤液（以淹没沉淀为度）注入滤除母液的沉淀中，充分搅拌洗涤后静置，待沉淀下沉后，倾滗上层清液，如此洗涤数次后再将沉淀转移到滤纸上，进行洗涤。

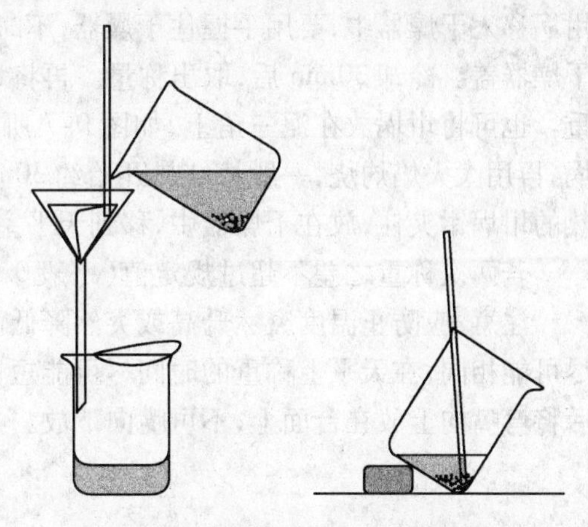

图 9-4　倾滗法滤过操作和倾斜静置

2. 转移沉淀　在烧杯中加少量洗涤液，其量应不超过滤纸体积的2/3，用玻璃棒将沉淀充分搅起，立即将沉淀混悬液一次转移至滤纸中，这一操作最易引起沉淀损失，要十分小心。然后用洗瓶吹洗烧杯内壁，冲下玻璃棒和烧杯内壁上的沉淀，再充分搅起沉淀进行转移，此操作反复数次直至将沉淀全部转移到滤纸上。但玻璃棒和烧杯内壁可能仍会附着少量沉淀，这时可用撕下的滤纸角（或沉淀帚）擦拭玻璃棒后，将滤纸角放入烧杯中，用玻璃棒推动滤纸角使附着在烧杯内壁的沉淀松动，把滤纸角放入漏斗中。然后，如图9-5所示，用左手拿住烧杯，玻璃棒横放在烧杯上，使玻璃棒下端靠在烧杯嘴的凹部略伸出一些，以食指按住玻璃棒，烧杯嘴向着漏斗倾斜，玻璃棒下端指向滤纸三层部分，右手持洗瓶（无洗瓶可用滴管），用吹出的液流冲洗烧杯内壁，这时烧杯内残存的沉淀便随液流沿玻璃棒流入滤纸中。注意不要使洗涤液过多以防超过滤纸高度，造成沉淀的损失。

沉淀全部转移后，再在滤纸上进行洗涤，以除尽全部杂质。如图9-6所示，用洗瓶自上而下螺旋式冲洗沉淀，以使沉淀集中于滤纸锥体最下部，在滤纸上洗涤时，每次都要沥尽方可吹入第二次洗涤液，这样重复多次洗涤（一般10次左右），直至检查无杂质为止。

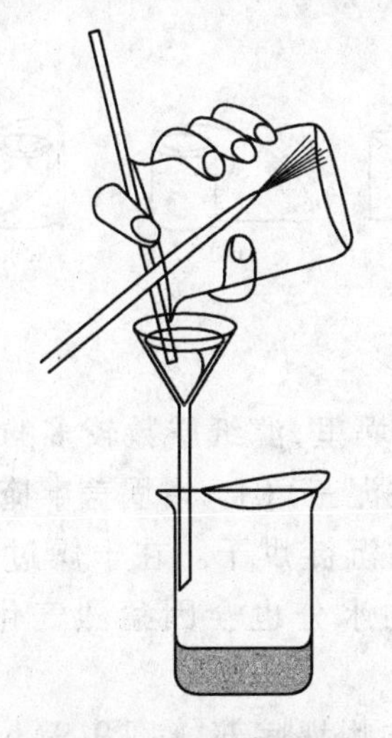

图 9-5　沉淀转移操作

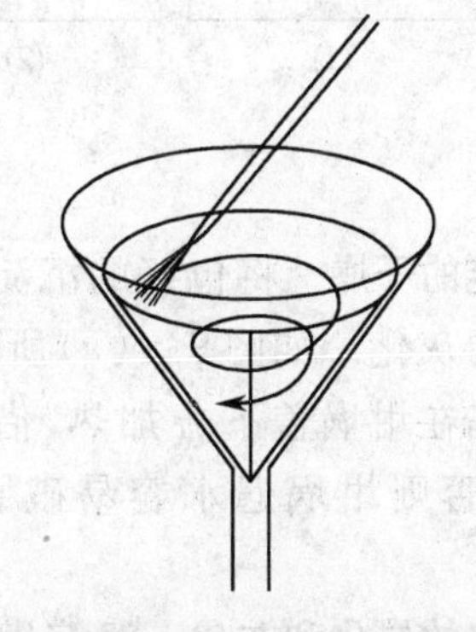

图 9-6　在滤纸上洗涤沉淀

（五）沉淀的干燥和灼烧

1. 瓷坩埚的准备　将瓷坩埚洗净，加热烘干后，盖上坩埚盖，但应留有空隙，放入高温电炉(马弗炉)内慢慢升温,直至与以后灼烧沉淀的温度一致,恒温30min,打开电炉门稍冷后,用微热过的坩埚钳取出放在石棉板上,冷到用手背靠近坩埚只有微热感觉时,将坩埚移入干燥器中,要用手握住干燥器,不时地将盖微微推开,以放出热空气,然后再盖好干燥器盖。冷却30min后,取出称量。再将坩埚按上述同样方法灼烧、冷却、称重,直至恒重。也可将坩埚放在泥三角上,如图9-7所示,用煤气灯灼烧,灼烧时,先用小火预热坩埚,再用大火焰灼烧,一般从红热开始约30min撤火,待红热退去1~2min,用在火焰上微热的坩埚钳夹住,放在干燥器中,移到天平室冷却至室温称重。

若两次称重之差不超过规定值(一般0.2mg)为恒重,以轻者为恒重坩埚的重量。

注意:应防止温度突然升高或突然降低而使坩埚破裂;每次在干燥器中冷却的时间应尽可能相同,在天平上称重的时间尽可能短,否则不易达到恒重;坩埚钳嘴要保持洁净,用后将弯嘴向上放在台面上,不可嘴向下放。

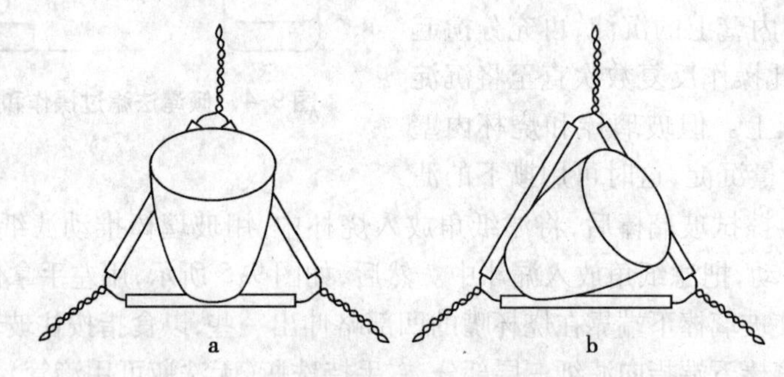

图9-7　瓷坩埚在泥三角上的放置方式

a. 正确　b. 不正确

2. 沉淀的包裹　用玻棒将滤纸三层部分挑起,用洁净的手指取出带有沉淀的滤纸,按图9-8所示方法包裹:①先将滤纸折成半圆形;②沿右端相距约为半径的1/3处,把滤纸自右向左折起;③沿着与直径平行的直线把滤纸上边向下折起来;④最后自右向左将整个滤纸卷成小包。

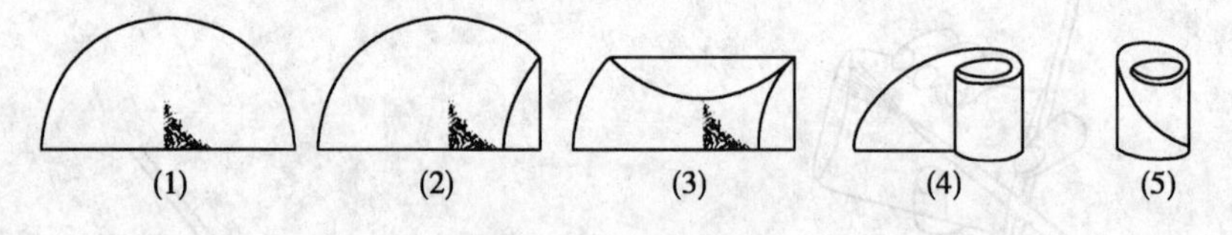

图9-8　沉淀的包裹

3. 沉淀的干燥　将包好的沉淀放入已恒重的坩埚里,滤纸层数较多的部分朝上,以利滤纸的灰化。如图9-9(a)所示,将坩埚斜放在泥三角上,坩埚盖半掩坩埚口,用煤气小火焰在坩埚盖下方加热,借热气流将滤纸和沉淀烘干。在干燥过程中,加热不可太急,否则坩埚遇水容易破裂,同时沉淀中的水分也会因猛烈气化而将沉淀冲出。

4. 沉淀的炭化和灰化　沉淀烘干后,将火焰移向坩埚底部[(图9-9(b)],小火加热至滤纸逐渐变为碳黑或炭化。若火焰温度过高,滤纸可能燃着,此时应立即移去火焰,加盖密闭坩埚即可使火熄灭,且勿用嘴吹熄,以防沉淀散失。继续炭化,直至不再冒烟为止。

滤纸全部炭化后，加大火焰，并不时用坩埚钳旋转坩埚，直至碳黑全部烧掉完全灰化为止。

5. 沉淀的灼烧　灰化后将坩埚竖直，加大火焰，灼烧一定时间（如 $BaSO_4$ 沉淀约 15min，Al_2O_3 约 30min），逐渐减小火焰，最后熄灭。让坩埚在空气中稍冷到用手背靠近坩埚有微热感觉时，移入干燥器中，冷却 30min，称重。再重复灼烧、冷却、称重，直至恒重为止。

若用马弗炉灼烧沉淀时，应在灰化后进行，需用特制的长柄坩埚钳将坩埚放入高温炉内，加盖以防止污物落入坩埚。恒温加热一定时间后，先将电源关闭，然后打开炉门，将坩埚移至炉口附近，取出后放在石棉网上，在空气中冷至微热时移入干燥器中，冷却至室温，称重，重复上述步骤直至恒重。

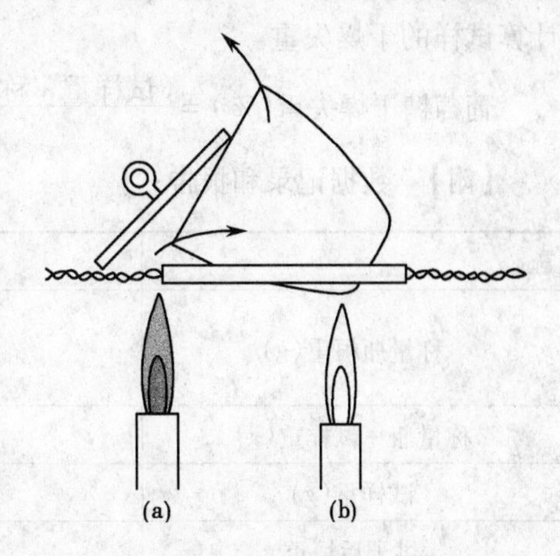

图 9-9　沉淀在坩埚中干燥（a）和灼烧（b）

第二节　重量分析实验

实验三十　葡萄糖干燥失重的测定

【实验目的】

1. 掌握干燥失重的测定原理和方法。
2. 掌握挥发重量法的基本操作。
3. 了解干燥失重测定在药物分析中的应用。

【实验原理】

干燥失重系指药品在规定条件下，经干燥后所减失的量，以百分率表示。干燥失重的内容物主要指水分，也包括其他挥发性物质，如残留的有机溶剂等。水分及某些挥发性组分可能影响药品质量，因此必须控制其限量。

本实验采用挥发重量法（简称挥发法）对葡萄糖进行干燥失重测定。葡萄糖含有 1 分子结晶水和少量吸湿水，当加热到 100℃ 以上时转化成水蒸气而逸出，另外，在该温度下试样中的挥发性组分也同时逸出。《中国药典》规定，葡萄糖在 105℃ 干燥至恒重，减失重量不得超过 9.5%。

【试剂和仪器】

仪器　扁型称量瓶，干燥器，电热恒温箱，分析天平。

试剂　葡萄糖（$C_6H_{12}O_6 \cdot H_2O$）试样。

【实验步骤】

1. 称量瓶干燥恒重　将洗净的称量瓶置于电热恒温箱中，打开瓶盖，放于称量瓶旁，于 105℃ 进行干燥，取出称量瓶，加盖，置干燥器中，冷却至室温（约 30min），精密称定重量；再干燥、冷却、称量，直至恒重。

2. 试样干燥失重测定　取混合均匀的试样 1 ~ 2g（若试样结晶较大，应先迅速捣碎使成2mm以下的颗粒)，平铺在已恒重的称量瓶中，厚度不可超过5mm，加盖，精密称定重量。置电热恒温箱中，开瓶盖，逐渐升温，并于105℃干燥至恒重。根据减失的重量即可计算试样的干燥失重。

$$葡萄糖干燥失重(\%)=\frac{(试样重+称量瓶重)-(恒重后试样重+称量瓶重)}{试样重}\times 100\%$$

【附】 数据记录和报告：

	Ⅰ	Ⅱ
称量瓶恒重(g)	20.0242 20.0240	17.2235 17.2232
称量瓶+试样重(g)	21.5885	18.4274
试样重(g)	1.5645	1.2042
烘干后恒重 称量瓶+试样重(g)	21.4978 21.4567 21.4565	18.3668 18.3256 18.3255
	21.5885 -21.4565	18.4274 -18.3255
干燥失重(g)	0.1320	0.1019
干燥失重(%)	8.4	8.5

【注意事项】

1. 将试样放入烘箱进行干燥时，应将瓶盖取下，置称量瓶旁，或将瓶盖半开进行干燥。取出时，须先将瓶盖盖好，置干燥器中放冷至室温，然后称定重量。

2. 注意试样在干燥器中冷却时间每次应相同。

3. 称量应迅速，以免干燥的试样或器皿在空气中露置久后吸潮而不易达恒重。

4. 葡萄糖受热温度较高时，可能融化于吸湿水及结晶水中，因此测定本品干燥失重时，宜先于较低温度(60℃左右)干燥一段时间，使大部分水分(结晶水)缓缓释去，然后逐渐升高温度，在105℃下干燥至恒重。

【思考题】

1. 葡萄糖 $C_6H_{12}O_6 \cdot H_2O$ 的理论含水量应为多少？

2. 求出的干燥失重与理论含水量相比有何不同？为什么？

3. 什么叫恒重？影响恒重的因素有哪些？

实验三十一 氯化钡结晶水的测定

【实验目的】

1. 通过实验进一步巩固分析天平的使用。

2. 掌握间接重量法测定水分的原理和方法。

【实验原理】

干燥失重法常用于固体试样中水分、结晶水或其他易挥发组分的含量测定。将试样放入恒温电热干燥箱中进行常压加热，提高了试样内部水的蒸气压，而环境空气由于含水量并未增加，其水气分压也未增加，结果使环境的相对湿度大大降低，试样中的水分就向外扩散，达到干燥脱水的目的。$BaCl_2 \cdot 2H_2O$ 包藏水很少，在一般情况下两分子结晶水较稳定。于100℃易失去结晶水，无水物不挥发也不变质，故干燥温度可高于100℃。在105～110℃加热可有效地脱除 $BaCl_2 \cdot 2H_2O$ 样品中的结晶水。

【仪器和试剂】

仪器　扁型称量瓶，干燥器，电热恒温箱，分析天平。

试剂　氯化钡（$BaCl_2 \cdot 2H_2O$）试样（分析纯或二级试剂）。

【实验步骤】

取直径约3cm的扁型称量瓶2～3个，洗净，放电热干燥箱中105℃干燥后，置干燥器中放冷至室温（20min），称重。再烘，放冷，称重。至连续两次称量之差不大于0.3mg。

以分析试剂（或二级试剂）$BaCl_2 \cdot 2H_2O$ 为样品，在研钵中研成粗粉，分别精密称取2～3份试样，每份约1g，置于恒重的称量瓶中，使平铺于器皿底部。将称量瓶盖斜放于瓶口。置电热干燥箱中105℃干燥1小时（亦可150～200℃干燥半小时）。盖好称量瓶盖，并移置干燥器中，放置20min，冷至室温。称定重量。再重复如上操作，直至连续两次称量差值不超过0.3mg。计算含水量。

理论含水量为14.75%（$2 \times 18.015/244.27$）。测得值应在14.75% ±0.05%范围内。

【附】　数据记录和报告：

	Ⅰ	Ⅱ	Ⅲ
空称量瓶恒重(g)	20.0241 20.0240	17.2232 17.2233	18.8541 18.8540
称量瓶加样品重(g)	21.1088	18.1947	19.9072
干燥恒重(g)	20.9495 20.9484 20.9482	18.0518 18.0519	19.7518 19.7516
样品重(g)	21.1088 20.0240	18.1947 17.2232	19.9072 18.8540
	1.0848	0.9715	1.0532
失重(g)	21.10088 20.9482	18.1947 18.0518	19.9072 19.7516
	0.1606	0.1429	0.1556

计算公式：

$$结晶水含量 = \frac{失重}{样重} \times 100\%$$

结果：

	Ⅰ	Ⅱ	Ⅲ
含水量%	14.80	14.71	14.77
平均值%		14.76	
相对平均偏差		0.2%	

【注意事项】

1. 试样要均匀地铺在扁型称量瓶底部，以便使试样中的水分充分挥发。

2. 坩埚和试样进行恒重操作时，应注意每次放置相同的冷却时间、相同的称重时间。总之，恒重过程中，要保持各种操作的一致性。

3. 称重时，要注意无论是坩埚及其盖放进天平中，或从天平取出时，均应通过坩埚钳进行操作，切不可用手直接拿取。

【思考题】

1. 样品为什么要研碎？是否研得愈细愈好？

2. 加热干燥后的称量瓶和样品，在称量前为什么须放在干燥器里冷却？冷却不充分对称量结果会产生什么影响？

实验三十二　硫酸钠的测定

【实验目的】

1. 掌握沉淀重量法的基本操作。

2. 了解晶形沉淀的沉淀条件。

【实验原理】

在水溶液中 Ba^{2+} 与 SO_4^{2-} 形成难溶化合物 $BaSO_4$ 而析出，其 $K_{sp}=1.1\times10^{-10}$，反应进行得较为完全。所得 $BaSO_4$ 沉淀经陈化、过滤、洗涤、干燥、灼烧至恒重后，以 $BaSO_4$ 形式称重，经换算即可求得 $NaSO_4$ 的含量。

SO_4^{2-} 与沉淀剂 Ba^{2+} 的沉淀可产生较大的误差，为了防止 CO_3^{2-}、PO_4^{3-} 等与 Ba^{2+} 沉淀，在沉淀前应在溶液中加入适量的 HCl 酸化。但酸可增大 $BaSO_4$ 的溶解度。因此酸度不宜过高，以 0.05mol/L HCl 浓度为宜。且又因溶液中有过量 Ba^{2+} 的同离子效应存在，所以溶解度损失可以忽略不计。同时为了减少共沉淀（主要是表面吸附），应在热、稀溶液中进行沉淀。共沉淀中的包藏水含量可达千分之几，应通过500℃以上灼烧除去。

【仪器和试剂】

仪器　烧杯（400ml），石棉网，滴管，玻棒，中速滤纸，表面皿，瓷坩埚，坩埚钳，煤气灯，干燥器。

试剂　硫酸钠试样，盐酸（AR），氯化钡溶液（0.1mol/L）。

【实验步骤】

1. 沉淀　取本品约0.4g，精密称定，置烧杯中，加水溶解，加盐酸1ml，用水稀释至约200ml，石棉网上加热至近沸。另行准备加热近沸的 $BaCl_2$ 溶液30~35ml，不断搅拌试样溶液，缓缓滴入 $BaCl_2$ 溶液，直至不再产生沉淀，再稍加过量 $BaCl_2$ 溶液。盖上表面皿继续加热陈化30min。停止加热，静置放冷。确认沉淀完全。

2. 过滤及洗涤 用致密滤纸以倾滗法过滤。用洁净容器接收滤液，检查证实无沉淀穿滤现象。烧杯内沉淀用少量热蒸馏水倾滗法洗涤 3 ~ 4 次后，将沉淀用少量水移入滤器，并擦扫冲洗烧杯壁使沉淀全部移入滤纸内。每次以少量水洗涤滤纸上沉淀，直至洗滤液不显 Cl^- 反应。

3. 干燥、灼烧及恒重 将沉淀包裹于滤纸上，置已经恒重的坩埚中烘干，小火炭化，大火灼烧至碳黑全部被氧化，沉淀变白。竖直坩埚，红热灼烧 20min。稍冷，置于干燥器中 30min 后称重。再重复灼烧 10min，冷至室温，称量，直至恒重。

4. 计算 按下式计算 Na_2SO_4 的百分含量（换算因数：$Na_2SO_4/BaSO_4$ = 142.04/233.39 = 0.6086）：

$$w_{Na_2SO_4}(\%) = \frac{m_{BaSO_4} \times 0.6086}{m} \times 100\%$$

【注意事项】

1. 不要用 HNO_3 酸化溶液，因为 $Ba(NO_3)_2$ 的吸附比 $BaCl_2$ 严重得多。所以常以 0.05mol/L HCl 进行酸化为宜。

2. $BaSO_4$ 溶解度受温度影响较小（25℃时 100ml 中溶解 0.25mg，100℃时 100ml 中溶解 0.4mg），可用热水洗涤沉淀。

3. 灼烧时须防滤纸碳对沉淀的还原作用，应在空气流通下灼烧并防止滤纸着火。万一着火，不可用嘴吹熄，应立即移去火焰，加盖密闭坩埚以熄灭火焰。

4. 坩埚钳每次使用后应放置于石棉网上，坩埚钳嘴部向上以免沾污。

【思考题】

1. 在沉淀重量法中，产生误差的主要因素有哪些？应如何减免？

2. 在哪个步骤后检查沉淀是否完全？又在哪个步骤后检查洗涤是否完全？

3. 结合实验说明形成晶形沉淀的条件有哪些？

4. 什么叫陈化？为什么要进行陈化？

（赵怀清　郁韵秋）

第十章 电位法和永停滴定法实验

第一节 电位法实验

实验三十三 用 pH 计测定溶液的 pH

【实验目的】

1. 掌握用 pH 计测定溶液 pH 的操作。
2. 了解用 pH 标准缓冲溶液定位的意义和温度补偿装置的作用。
3. 通过实验，加深对溶液 pH 测定原理和方法的理解。

【实验原理】

直接电位法测定溶液 pH 常用玻璃电极作为指示电极（负极），饱和甘汞电极作为参比电极（正极），浸入被测溶液中组成原电池：

(－)Ag | AgCl(s)，内充液 | 玻璃膜 | 试液 ⁞⁞ KCl(饱和)，Hg_2Cl_2(s) | Hg(＋)

原电池电动势为：

$$E = \varphi_{甘} - \varphi_{玻} = K' + \frac{2.303RT}{F}\mathrm{pH} = K' + 0.059\mathrm{pH}\,(25℃)$$

由上式可见，原电池的电动势与溶液 pH 呈线性关系，斜率为$\frac{2.303RT}{F}$，它是指溶液 pH 变化一个单位时，电池的电动势变化$\frac{2.303RT}{F}$(V)（25℃时改变 0.059V）。为了直接读出溶液的 pH，pH 计上相邻两个读数间隔相当于$\frac{2.303RT}{F}$(V)的电位，此值随温度的改变而变化，因此 pH 计上均设有温度调节旋钮，以消除温度对测定的影响。

上式中 K' 受诸多不确定因素影响，难以准确测定或计算得到，因此在实际测量时，常采用“两次测量法”测量溶液的 pH 值以消除 K'。首先用已知 $\mathrm{pH_S}$ 的标准缓冲溶液来校准 pH 计，称为“定位”，则：

$$E_S = K' + \frac{2.303RT}{F}\mathrm{pH_S}$$

然后，在相同条件下测量被测液的 $\mathrm{pH_X}$：

$$E_X = K' + \frac{2.303RT}{F}\mathrm{pH_X}$$

两式相减，得到被测溶液 $\mathrm{pH_X}$：

$$\mathrm{pH_X} = \mathrm{pH_S} + \frac{E_X - E_S}{0.059} \quad (25℃)$$

这样就可消除K'的影响。在校正时，应选用与被测溶液的 pH 值接近的标准缓冲溶液，以减少测定过程中由于残余液接电位而引起的误差。有些玻璃电极或酸度计的性能可能有缺陷，需要用另一种不同 pH 的标准缓冲溶液进行检验，才能进行被测试液 pH 值的测定。由此可见，pH 测量是相对的，每次测量均需与标准缓冲溶液进行对比。因此测量结果的准确度受标准缓冲溶液 pH_S值准确度的影响，常用几种标准缓冲溶液配制方法及其 pH 见实验【附】和表 10-1。

市售 pH 计型号很多，如 pHS-2 型、pHS-3C 等，这些 pH 计上都有 mV 换挡按键，既可直接读出 pH，也可作为电位计直接测量电池电动势。目前，复合 pH 玻璃电极（将玻璃电极和甘汞电极组合在一起的单一电极体）的使用，使溶液 pH 测定更为方便。

【仪器和试剂】

仪器　pHS-2 型（或 pHS-3C 型、pHS-25 型等）pH 计，pH 玻璃电极，饱和甘汞电极，或者 pH 复合电极，温度计，烧杯等。

试剂　pH 标准缓冲溶液、被测试液如葡萄糖、葡萄糖氯化钠、碳酸氢钠注射液和注射用水等。

【实验步骤】

1. 安装电极　按照所使用的酸度计和电极的说明书操作方法进行安装和操作。将玻璃电极、参比电极或者复合电极分别插入相应的插座中。一般玻璃电极接负端口，饱和甘汞电极接正端口。电极插入溶液时，玻璃电极的玻璃球底部应略高于甘汞电极底部（2～3mm），以免玻璃球损坏。

2. 预热仪器使之达到稳定。

3. 测量标准缓冲溶液温度，确定该温度下的 pH_S值，调节仪器的温度补偿旋钮至该温度。

4. pH 计的调零与校正，定位（校准）和检验

（1）调零与校正：按 pH 计使用方法操作。

（2）定位（校准）：将电极系统插入已知 pH_S的标准缓冲溶液中，用定位旋钮调节，使 pH 读数（仪器示值）为 pH_S。

（3）检验：若玻璃电极或酸度计的性能可能有缺陷，用定位好的 pH 计测量另一种标准缓冲溶液的 pH 值，观察测定值与理论值的差值，这一过程称为检验。检验时所选用的标准缓冲溶液与定位时的标准缓冲溶液 pH 值应相差约 3 个 pH 单位，误差在 ±0.1pH 之内。

5. 被测试液 pH 值的测定　将电极取出，用被测液将电极和烧杯冲洗 6～8 次。测量被测液温度，调节仪器的温度补偿旋钮至该温度。将电极浸于被测液中，待读数稳定后，读取并记录 pH_X值。

6. 测定完毕，仪器旋钮复位，切断电源，将电极洗净妥善保存。

7. 数据处理

	Ⅰ	Ⅱ	Ⅲ	平均值	规定值
葡萄糖注射液					3.2～6.5
葡萄糖氯化钠注射液					3.5～5.5
碳酸氢钠注射液					7.5～8.5
注射用水	pH4.00 定位				5.0～7.0
	pH9.18 定位				

【注意事项】

1. 玻璃电极使用前需在蒸馏水中浸泡活化 24h 以上，暂时不用时，亦应浸泡在蒸馏水中备用；电极下端玻璃球很薄，须小心使用，以防破裂，使用中切忌与硬物接触，且不得擦拭；电极内充液中若有气泡应轻轻振荡除去，以防断路。

2. 饱和甘汞电极应及时补充内充液（饱和 KCl 溶液），以防电极损坏；使用时需将加液口的小橡皮塞及最下端的橡皮套取下，以保持足够的电位差，用毕再套好；电极内充液中如有气泡应轻轻振荡除去。

3. 定位（校准）所选标准缓冲液的 pH 应与被测液以及检验所用标准缓冲溶液的 pH 尽量接近，一般不超过 3 个 pH 单位，以消除残余液接电位造成的测量误差。

4. 一般若测定偏碱性溶液时，应用 pH6.86 和 pH9.18 标准缓冲溶液来校正仪器；测定偏酸性溶液时，则用 pH4.00 和 pH6.86 的标准缓冲溶液。校正时标准溶液的温度与状态（静止还是流动）应尽量和被测液的温度与状态一致（相差不得大于 1℃）。仪器校准后，不得再转动定位调节旋钮。在使用过程中，如遇到更换新电极、定位或检验等变动过的情况时，仪器必须重新标定。

5. 用玻璃电极测定碱性溶液时，尽量快速测量。对于 pH > 9 的溶液的测定，应使用高碱玻璃电极。在测定胶体溶液、蛋白质和染料溶液后，玻璃电极宜用软纸或棉花蘸乙醚小心轻轻擦拭，然后用酒精清洗，最后用蒸馏水洗净。

6. 校准仪器的标准缓冲溶液，采用单一的碱性盐或酸性盐所配制的溶液较好。所用的试剂要纯，碱性盐易分化和吸收空气中的 CO_2，需要重结晶才能使用。配制标准缓冲溶液的水，应是新煮沸并放冷的纯水。标准缓冲溶液一般可保存 2 ~ 3 个月，但发现有混浊、沉淀或霉变等现象时，不能继续使用。保存时宜用聚乙烯塑料瓶，盖子应严密。

7. 对于弱缓冲溶液（如注射用水）的测定，选用邻苯二甲酸氢钾标准缓冲溶液校准后，重复测定样品溶液，直至读数在 1min 内的改变不超过 0.05pH 为止。然后再用硼砂标准缓冲溶液校正仪器，如上法测定。取两次测定的平均值即是该溶液的 pH 值。

【思考题】

1. pH 计上“温度”及“定位”旋钮各起什么作用？

2. pH 计为何要用 pH 已知的标准缓冲溶液进行校准？校准时应注意什么问题？

3. pH 计是否能测定有色溶液或混浊溶液的 pH？

4. 某药物液体制剂的 pH 值约为 5，用 pH 计准确测量其 pH 值时应选用何种标准缓冲溶液进行定位和检验？

【附】 六种标准缓冲溶液的配制及其 pH

1. 六种标准缓冲溶液的配制

（1）草酸三氢钾标准缓冲溶液（0.05mol/L）：精密称取在 54 ± 3℃ 干燥 4 ~ 5h 的草酸三氢钾 [$KH_3(C_2O_4)_2 \cdot 2H_2O$] 12.71g，加水使溶解并稀释至 1000ml。

（2）饱和酒石酸氢钾标准缓冲溶液（25℃）：将水和过量的酒石酸氢钾（$KHC_4H_4O_6$）粉末（约 20g/L）装入磨口玻璃瓶中，剧烈摇动 20 ~ 30min（控制温度 25 ± 5℃），静置，溶液澄清后，用倾泻法取其上清液使用。

（3）邻苯二甲酸氢钾标准缓冲溶液（0.05mol/L）：精密称取在 115 ± 5℃ 干燥 2 ~ 3h 的邻苯二甲酸氢钾（$KHC_8H_8O_4$）10.21g，加水使溶解并稀释至 1000ml。

（4）磷酸盐标准缓冲溶液（0.025mol/L）：精密称取在 115 ± 5℃ 干燥 2 ~ 3h 的磷酸氢

二钠(Na_2HPO_4)3.55g和磷酸二氢钾(KH_2PO_4)3.40g,加水使溶解并稀释至1000ml。

(5)硼砂标准缓冲溶液(0.01mol/L):精密称取硼砂($Na_2B_4O_7 \cdot 10H_2O$)3.81g(注意避免风化),加水使溶解并稀释至1000ml,置聚乙烯塑料瓶中,密闭保存。

(6)饱和氢氧化钙标准缓冲溶液(25℃):将水和过量的氢氧化钙[$Ca(OH)_2$]粉末(约10g/L)装入玻璃磨口瓶或聚乙烯塑料瓶中,剧烈摇动20~30min(控制温度25±5℃),迅速抽滤上清液置聚乙烯塑料瓶中备用。

2. 六种标准缓冲溶液不同温度时pH值见表10-1。

表10-1　标准缓冲溶液的pH值(0~50℃)

温度(℃)	组成 草酸三氢钾(0.05mol/L)	饱和酒石酸氢钾	邻苯二甲酸氢钾(0.05mol/L)	KH_2PO_4 + Na_2HPO_4 (0.025mol/L)	硼砂(0.01mol/L)	饱和氢氧化钙
0	1.666	—	4.003	6.984	9.464	13.423
5	1.668	—	3.999	6.951	9.395	13.207
10	1.670	—	3.998	6.923	9.332	13.003
15	1.672	—	3.999	6.900	9.276	12.810
20	1.675	—	4.002	6.881	9.225	12.627
25	1.679	3.557	4.008	6.865	9.180	12.454
30	1.683	3.552	4.015	6.853	9.139	12.289
35	1.688	3.549	4.024	6.844	9.102	12.133
38	1.691	3.548	4.030	6.840	9.081	12.043
40	1.694	3.547	4.035	6.838	9.068	11.984
45	1.700	3.547	4.047	6.834	9.038	11.841
50	1.707	3.549	4.060	6.833	9.011	11.705

实验三十四　氟离子选择电极性能检查及水样中氟离子的测定

【实验目的】

1. 掌握检查氟离子选择电极性能的方法。
2. 掌握用工作曲线法测定水样中氟离子的方法及实验操作。
3. 熟悉总离子强度调节缓冲液(TISAB)的配制及使用。

【实验原理】

1. 测定原理及方法　氟离子选择电极(简称氟电极)是由敏感电极膜(LaF_3单晶薄片制成)、Ag-AgCl内参比电极及NaCl-NaF内充液组成,其电极电位为:

$$\varphi = K'' - \frac{2.303RT}{F}\lg a_{F^-}$$

当pH为5~6时,a_{F^-}在10^{-1}~10^{-6}mol/L范围内与φ呈线性关系。若控制标准溶液与被测试液离子强度基本一致,就可用c_{F^-}代替a_{F^-}:

$$\varphi = K' - \frac{2.303RT}{F}\lg c_{F^-} = K' + \frac{2.303RT}{F}pF$$

测定时，氟电极为指示电极连接在 pH 计的“－”极上，饱和甘汞电极作参比电极连接在“＋”极上，其电池电动势与 pF 间有如下关系：

$$\begin{aligned} E &= \varphi_{(+)} - \varphi_{(-)} = \varphi_{SEC} - \varphi \\ &= \varphi_{SEC} - (K' + \frac{2.303RT}{F}pF) \\ &= K - \frac{2.303RT}{F}pF \end{aligned}$$

本实验采用工作曲线法测定水样中 F^- 的浓度。首先配制一系列含氟标准溶液，分别测定相应的电动势，作 E-pF 工作曲线；然后测定水样的电动势 E_X，从工作曲线上求出 pF_X。测定时，标准溶液及水样中均应加入“总离子强度调节缓冲液(TISAB)”，用以控制溶液的离子强度。

2. 氟离子选择电极性能及检测原理

(1)转换系数与线性范围：氟电极电位的 Nernst 方程式为：

$$\varphi = K' + \frac{2.303RT}{F}pF = K' + SpF$$

在一定范围内，φ(或 E)与 pF 呈线性关系(图 10-1 中的 CD 段)，具有这种线性关系的 F^- 活(浓)度范围称电极的线性范围。直线 CD 的斜率为转换系数(又称电极的响应斜率)S，其值为$\frac{\Delta\varphi}{\Delta pF}$或$\frac{\Delta E}{\Delta pF}$，单位为 mV/pF。$S$ 值与理论值($\frac{2.303RT}{F}$)基本一致时，认为电极具有 Nernst 响应。一般电极的转换系数，要求在 90% 以上方可进行准确测定。

(2)响应时间：在测定条件下，从电极系统接触被测试液到电池电动势达到稳定值($\Delta E = \pm 1$mV 以内)所需的时间。

(3)检测下限：又称检测限，是指氟电极能够检测氟离子的最低浓度。图 10-1 中，当浓度较低时，电极响应曲线开始弯曲，CD 与 FE 的延长线相交于 G 点，此点对应的 F^- 活(浓)度即为检测下限。

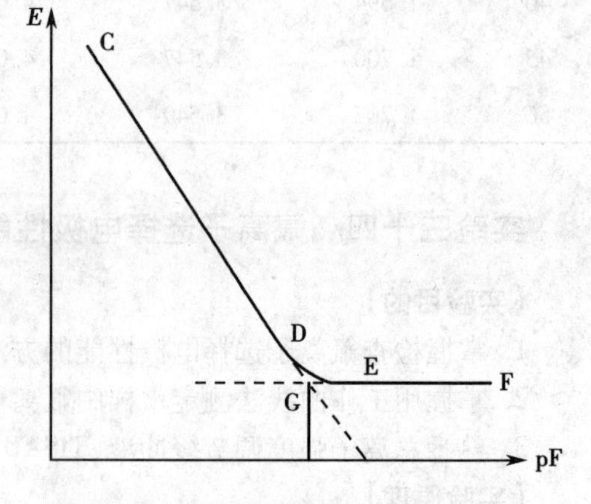

图 10-1　工作曲线及检测下限的确定

(4)选择性：检查氟电极对 F^- 和共存干扰离子响应程度的差异。

(5)准确度：由电动势测量误差引起分析结果的相对误差，约为 4%。

本实验仅对(1)、(2)、(3)项进行检查。

【仪器和试剂】

仪器　pHS-2 型(或 pHS-3C 型、pHS-25 型等)pH 计、氟离子选择电极、饱和甘汞电极、塑料烧杯(50ml)、量瓶(50ml、100ml)、吸量管(5ml、10ml)、电磁搅拌器等。

试剂　氟化钠、硝酸钠、枸橼酸钠、冰醋酸(均为分析纯)，NaOH 溶液(近饱和)。

【实验步骤】

1. TISAB 的配制　称取硝酸钠 57.80g 和枸橼酸钠 0.3g，用水溶解后，加冰醋酸

57.0ml，用水稀释至约500ml，用NaOH溶液调pH约为5.25，用水稀释至1000ml。

2. 标准系列溶液的配制　称取120℃干燥至恒重的氟化钠4.200g，用无氟蒸馏水溶解并稀释至100.0ml，制成NaF贮备液（1.000mol/L），贮于聚乙烯瓶中。用该贮备液逐级稀释配制成10^{-1}、10^{-2}、10^{-3}、10^{-4}、10^{-5}mol/L的F^-溶液，分别取上述1mol/L和10^{-1}～10^{-5}mol/L的F^-标准溶液溶液各5.00ml于50ml量瓶中，各加TISAB 25ml，用水稀释至刻度，摇匀，即得含有TISAB的10^{-1}～10^{-6}mol/L的F^-标准溶液系列。

3. 电极安装和pH计校正　按照说明书使用方法操作。接通pH计电源，按"－mV"键，安装好氟电极和饱和甘汞电极，对pH计进行相关的校正。

4. 电极性能检查　取10^{-6}mol/L的F^-标准溶液30ml于塑料杯中，放入磁性搅拌子，插入氟电极和饱和甘汞电极，开启搅拌器，选择合适的量程范围，每隔1min，观察并记录一次数值（记录每次时间及对应的电位读数），至电位值达到平衡为止。同法由"低浓度"至"高浓度"的顺序，同上述方法，分别测出10^{-5}～10^{-1}mol/L F^-标准系列溶液的电位值。

5. 水样中氟离子的测定　取被测水样10.00ml于50ml量瓶中，加TISAB 25ml，用无氟蒸馏水稀释至刻度，摇匀。量取30ml于干燥的烧杯中，依法测定其E_X。

6. 数据处理

（1）以pF为横坐标，测得的电位值E为纵坐标，绘制E-pF工作曲线。计算曲线的斜率（即转换系数）、线性范围、电极响应时间及检测限。实验数据及数据处理表如下：

c_{F^-}(mol/L)	pF	E (mV)	响应时间 (min)	转换系数 S(mV/pF)	$\bar{S}$ (mV/pF)
10^{-6}					
10^{-5}					
10^{-4}					
10^{-3}					
10^{-2}					
10^{-1}					

（2）根据被测水样测得的电位值，从E-pF曲线上查出其对应的pF_X，计算出每升水样中的含氟量（以mg/L表示），并与国家标准比较（国家饮用水中氟化物标准：标准氟化物含量不得超过1.0mg/L）。

（3）求线性回归方程、方程斜率、相关系数，并用回归方程计算水样中pF_X。与作图法求得的转换系数、F^-含量进行比较。

【注意事项】

1. 氟电极使用前必须在NaF溶液（10^{-3}mol/L）中浸泡活化1h以上，用前需在搅拌条件下用蒸馏水冲洗至电池电动势达稳定值（该电位值由电极生产厂标明）方可使用。

2. 测定应按由稀到浓顺序进行，每测完一个溶液，电极必须用蒸馏水冲洗，再用滤纸吸干方可进行下一个溶液测定。

3. 测量电池电动势应在搅拌下动态读数，搅拌速度应适宜。

【思考题】

1. F^-标准溶液系列为什么要由低浓度到高浓度进行测量？
2. 如何确定氟离子电极的测量范围？被测试液中 F^-浓度过低或过高将如何处理？
3. 从工作曲线上可得到离子选择电极的哪些特性参数？
4. 写出本实验每升水样中含 F^-量(mg/L)的计算公式。

实验三十五　磷酸的电位滴定

【实验目的】

1. 掌握电位滴定法操作和确定终点的方法。
2. 掌握磷酸电位滴定曲线的绘制方法。
3. 了解通过电位滴定曲线计算磷酸离解常数 pK_{a_1}及 pK_{a_2}的方法。

【实验原理】

电位滴定法是以滴定过程中电池电动势(或 pH 值)的突变确定滴定终点的方法。磷酸电位滴定是以玻璃电极为指示电极、饱和甘汞电极为参比电极，两电极浸入磷酸试液中组成原电池(如图 10-2)，用 NaOH 标准溶液进行滴定，随着 NaOH 的加入，磷酸溶液$[H^+]$浓度不断变化，指示电极电位也随之变化，通过测量电池电动势即可确定滴定终点。

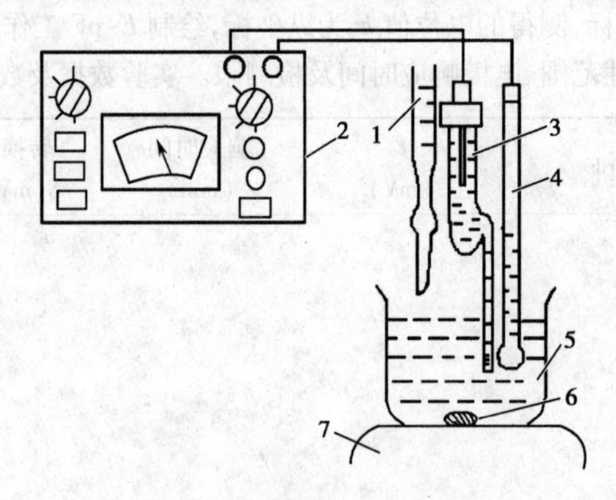

图 10-2　磷酸电位滴定装置

1. 滴定管　2. pH 计　3. 饱和甘汞电极　4. 玻璃电极　5. 试液　6. 铁芯搅拌磁子　7. 电磁搅拌器

以滴定中消耗的 NaOH 标准溶液体积 V(ml)及相应的溶液 pH 值绘制 pH-V 滴定曲线(见图 10-3)，曲线上有两个滴定突跃(分别对应于 pH4.0～5.0 和 pH9.0～10.0)。滴定终点可用作图法求得，如图 10-4 所示，在滴定曲线两端平坦转折处作两条与横坐标成 45°且相互平行的切线Ⅰ、Ⅱ；作Ⅰ、Ⅱ间距离的等分线Ⅲ(与Ⅰ、Ⅱ平行)交滴定曲线于 O 点，O 点称为拐点。此 O 点至两轴的距离即分别得到终点消耗 NaOH 的体积 V(图中 V_e)和溶液的 pH(图中 pH_e)。为了更准确地确定滴定终点，还可以用$\frac{\Delta E}{\Delta V}-\bar{V}$曲线法和二阶微商内插法进行。

电位法绘制的 pH-V 滴定曲线不仅可确定滴定终点，还可以求算出磷酸试液的浓度及磷酸的离解平衡常数 K_{a_1}和 K_{a_2}。磷酸为三元酸，用 NaOH 标准溶液滴定时，有两个滴

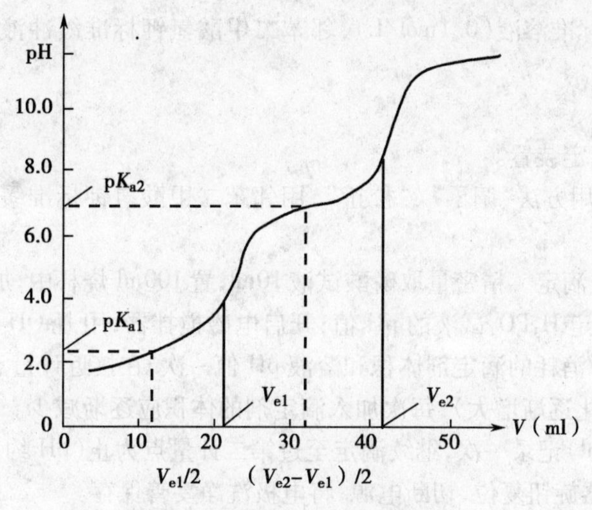

图 10-3　磷酸电位滴定曲线

定突跃，滴定反应如下：

$$H_3PO_4 + NaOH \rightleftharpoons NaH_2PO_4 + H_2O \quad K_{a_1} = \frac{[H^+][H_2PO_4^-]}{[H_3PO_4]}$$

$$NaH_2PO_4 + NaOH \rightleftharpoons Na_2HPO_4 + H_2O \quad K_{a_2} = \frac{[H^+][HPO_4^{2-}]}{[H_2PO_4^-]}$$

当用 NaOH 标准溶液滴定至$[H_3PO_4] = [H_2PO_4^-]$时，$K_{a_1} = [H^+]$，$pK_{a_1} = pH$（第一半中和点对应的 pH 值即为 pK_{a_1}），同理，用 NaOH 继续滴定，当$[HPO_4^{2-}] = [H_2PO_4^-]$时，$K_{a_2} = [H^+]$，$pK_{a_2} = pH$（第二半中和点对应的 pH 值即为 pK_{a_2}）。因此，依据 pH-V 曲线，通过测定半中和点时的 pH，即可求得 H_3PO_4的离解平衡常数 K_{a_1}及 K_{a_2}（图 10-3）。

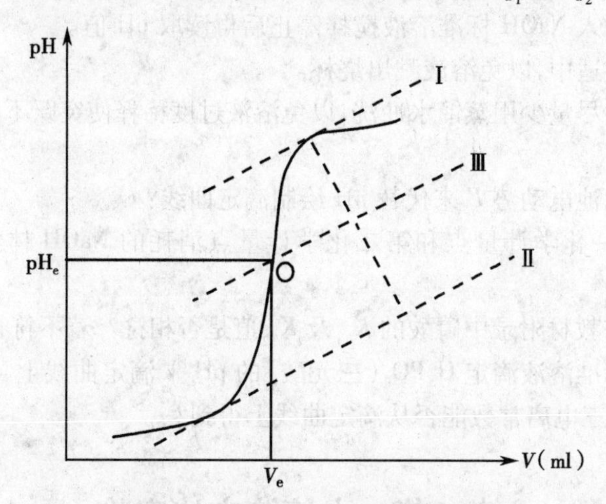

图 10-4　作图法求滴定曲线的拐点

【仪器和试剂】

仪器　pHS-2 型（或 pHS-3C 型、pHS-25 型等）pH 计，复合电极（或 pH 玻璃电极，饱和甘汞电极），电磁搅拌器，Teflon 搅拌子，移液管（10ml），碱式滴定管（25ml），烧杯（100ml）等。

试剂 NaOH 标准溶液(0.1mol/L),邻苯二甲酸氢钾标准缓冲液(pH4.00)、磷酸试液(约0.1mol/L)。

【实验步骤】

1. 安装电位滴定装置。

2. 按 pH 计使用方法“调零”、“校正”,用邻苯二甲酸氢钾标准缓冲溶液“校准”(定位)pH 计。

3. 磷酸的电位滴定 精密量取磷酸试液10ml,置100ml烧杯中,加水20ml,放入搅拌磁子,插入电极,测定 H_3PO_4试液的 pH 值;开启电磁搅拌器,用 NaOH 标准溶液滴定。开始每加2ml,记录所消耗的滴定剂体积和溶液 pH 值一次,在接近计量点时(加入 NaOH 液引起溶液 pH 值变化逐渐增大),每次加入滴定剂的体积应逐渐减少。在计量点前后每加入0.1ml(或0.05ml)记录一次,继续滴定至过第二计量点为止(pH 约11.5)。

测定完毕,仪器旋钮复位,切断电源,将电极洗净妥善保存。

4. 数据处理

(1)根据所得数据绘制 pH-V 曲线。用作图法求出滴定终点时消耗 NaOH 标准溶液体积 V_e和计量点 pH_e,求出 H_3PO_4试样溶液的浓度。

(2)根据 pH-V 滴定曲线,求出 H_3PO_4的 pK_{a_1}和 pK_{a_2}。

(3)用$\frac{\Delta pH}{\Delta V}-\bar{V}$法或二阶微商内插法求出计量点时的 V_e,pK_{a_1}和 pK_{a_2}并与(1)、(2)法进行比较。

【注意事项】

1. 电极浸入溶液的深度应合适,避免搅拌子碰坏电极。

2. 注意观察化学计量点的到达,在化学计量点前后以每次加入等量小体积 NaOH 标准溶液为好,这样在数据处理时较为方便。

3. 应在每次加入 NaOH 标准溶液搅拌停止后再读取 pH 值。

4. 搅拌速度应适中,以免溶液溅出烧杯。

5. 滴定过程中尽量少用蒸馏水冲洗,以免溶液过度稀释使突跃不明显。

【思考题】

1. 是否能用电池电动势 E 来代替 pH 绘制滴定曲线?

2. 实验中,第一化学计量点和第二化学计量点消耗的 NaOH 体积是否相等? 原因为何?

3. 实验结果与教材附录中磷酸的 K_{a_1}及 K_{a_2}值是否相符? 若不符合试找原因。

4. 用 NaOH 标准溶液滴定 H_3PO_4(三元酸)的 pH-V 滴定曲线上,总共会出现几个滴定突跃? 磷酸的第三电离常数能否从滴定曲线上得到?

第二节 永停滴定法实验

实验三十六 亚硝酸钠标准溶液的配制与标定

【实验目的】

1. 掌握永停滴定法原理、操作及终点的确定。

2. 熟悉永停滴定法的实验装置和实验操作。

【实验原理】

永停滴定法是将两支相同的铂电极插入被测试液中，在两电极间外加一小电压（10～200mV），根据可逆电对有电流产生、不可逆电对无电流产生的现象，通过观察滴定过程中电流变化情况确定滴定终点的方法。此法装置简单、操作简便、结果准确。

$NaNO_2$可与芳伯胺基化合物在酸性条件下发生重氮化反应而定量地生成重氮盐，故药物分析中常以 $NaNO_2$为标准溶液，采用永停滴定法测定芳伯胺类药物的含量。本实验用对氨基苯磺酸作为基准物标定 $NaNO_2$标准溶液的浓度。其反应如下：

$$HO_3S-C_6H_4-NH_2+NaNO_2+2HCl \longrightarrow \left[HO_3S-C_6H_4-N\equiv N\right]^+Cl^-+NaCl+2H_2O$$

计量点前，两个电极上无反应，故无电解电流产生。化学计量点后，溶液中稍过量的 $NaNO_2$生成亚硝酸 HNO_2及其分解产物 NO，在两个铂电极产生如下反应：

阳极　$NO + H_2O \longrightarrow HNO_2 + H^+ + e$

阴极　$HNO_2 + H^+ + e \longrightarrow NO + H_2O$

因此，化学计量点时，电池由原来的无电流通过变为有电流通过，检流计指针发生偏转并不再回复，从而可以判断滴定终点。

【仪器和试剂】

仪器　永停滴定仪，干电池（1.5V），电阻（5kΩ），电阻箱（或 500Ω 可变电阻），铂电极，电磁搅拌器，电磁搅拌子，电位计（或 pH 计），酸式滴定管（25ml），烧杯（100ml）等。

试剂　对氨基苯磺酸，浓氨试液，$NaNO_2$标准溶液（0.1mol/L）、盐酸（1→2），淀粉-KI 糊（或试纸）、浓氨试液、Na_2CO_3、浓 HNO_3、$FeCl_3$试液等均为分析纯。

【实验步骤】

1. $NaNO_2$标准溶液（0.1mol/L）的配制　称取 $NaNO_2$ 3.6g，加无水 Na_2CO_3 0.05g，加水溶解并稀释至500ml，摇匀，置棕色试剂瓶中。

2. 永停滴定装置的安装　按图 10-5 操作，E、E′为铂电极，G 为灵敏检流计，B 为 1.5V 干电池，R_1为电阻（5kΩ），R_2为电阻箱。调节 R_2可得所需外加电压。本实验外加电压约为 10～30mV，R_2电阻值为 50～150Ω。

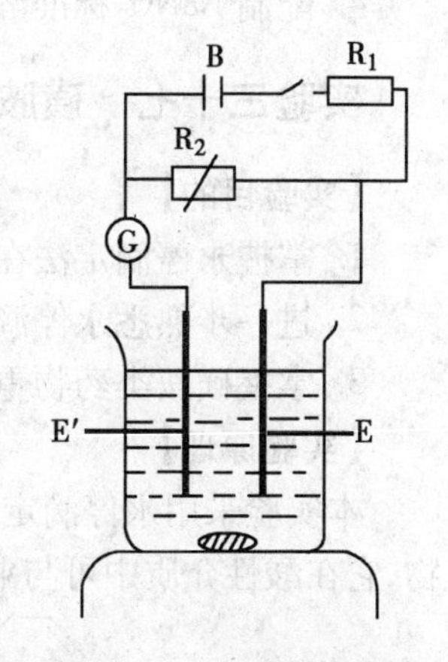

图 10-5　永停滴定装置

3. $NaNO_2$标准溶液（0.1mol/L）的标定　取在 120℃干燥至恒重的基准物对氨基苯磺酸（$C_6H_7O_3NS$）约 0.4g，精密称定，置于烧杯中，加水 30ml 及浓氨试液 3ml。溶解后加盐酸（1→2）20ml，搅拌。在 30℃以下用 $NaNO_2$标准溶液（0.1mol/L）迅速滴定。滴定时，将滴定管尖端插入液面下约 2/3 处，将大部分 $NaNO_2$一次快速滴入，边滴定边搅拌。至近终点时，将滴定管尖端提出液面，用少量蒸馏水洗涤尖端，继续缓慢滴定。在终点附近，用永停滴定法指示终点，至检流计指针发生较大偏转，持续 1min 不回复，即为终点。平行操作 3 次。

4. 数据处理　根据所得数据绘制 $I-V$ 滴定曲线，从曲线上找出 V_e，即为计量点时消

耗的 $NaNO_2$ 标准溶液的体积。取3份平行操作的数据，分别计算 $NaNO_2$ 标准溶液的浓度，求出浓度平均值及相对标准偏差。

$NaNO_2$ 标准溶液(0.1mol/L)浓度按下式计算($M_{C_6H_7O_3NS}=173.19$)：

$$c_{NaNO_2}=\frac{m_{C_6H_7O_3NS}\times 1000}{V_{NaNO_2}\times M_{C_6H_7O_3NS}}$$

【注意事项】

1. 若是自装的永停滴定装置，实验前应仔细检查线路连接是否正确，接触是否良好，检流计灵敏度是否合适。在重氮化滴定中要求 10^{-9} A/格。若灵敏度不够，必须更换；若灵敏度太高，必须衰减后再使用。

2. 实验前，须用电位计(或酸度计)测量外加电压，一般外加电压在30~100mV，本次试验采用90mV。一经调好，实验过程中不可再变动。

3. 铂电极在使用前需进行活化处理，方法是将铂电极放入含有数滴 $FeCl_3$ 试液的浓硝酸(1滴 $FeCl_3$ 试液：10ml 浓 HNO_3)中浸泡30min以上，临用时用水冲洗以除去其表面的杂质。浸泡时，需将铂电极插入溶液，但不应触及器皿底部，以免损坏。

4. 对氨基苯磺酸难溶于水，加入浓氨试液可使之溶解，待其完全溶解后方可用盐酸酸化。

5. 重氮化反应，宜在0~15℃温度下进行。在常温下进行操作，要防止亚硝酸的分解。为此，滴定管尖端插入液面下2/3处进行滴定，滴定速度要快些。同时注意检流计光标的晃动，若光标晃动幅度较大，经搅动又回复到原位，表明终点即将到达，可将滴定管尖端提出液面，小心地一滴一滴加入标准溶液，直至检流计光标偏转较大而又不回复，即为终点。

6. 可用淀粉-KI试纸辅助指示终点。

【思考题】

1. 重氮化反应条件是什么？为什么本次试验可在常温下进行？

2. 为什么用盐酸酸化？对其浓度有什么要求？

3. 反应速度和温度对反应结果有什么影响？

4. 配制 $NaNO_2$ 标准溶液时，为何要加适量的 Na_2CO_3？

实验三十七 磺胺嘧啶的重氮化滴定

【实验目的】

1. 掌握永停滴定法在重氮化滴定中的原理和基本操作。

2. 进一步熟悉永停滴定法装置和终点的确定。

3. 掌握磺胺类药物重氮化滴定的原理。

【实验原理】

本实验采用永停滴定法测定磺胺嘧啶含量。磺胺嘧啶大多数是具有芳伯胺基的药物，它在酸性介质中可与亚硝酸钠定量完成重氮化反应而生成重氮盐，反应如下：

(嘧啶基)—$NHSO_2$—(苯环)—NH_2+NaNO_2+2HCl ⟶

$[$(嘧啶基)—$NHSO_2$—(苯环)—$N\equiv N]^+$ $Cl^-+NaCl+H_2O$

计量点前，溶液中无可逆电对，无电流产生，电流计指针停在零位（或接近于零位）；计量点后，稍过量的 $NaNO_2$ 使溶液中有 HNO_2/NO（HNO_2 分解产物）可逆电对存在，在两铂电极上发生如下电极反应：

阳极　$NO + H_2O \longrightarrow HNO_2 + H^+ + e$

阴极　$HNO_2 + H^+ + e \longrightarrow NO + H_2O$

因此，在计量点时，电路由原来的无电流通过变为有电流通过，检流计指针偏转并不再回复，从而指示滴定终点。

【仪器和试剂】

仪器　永停滴定仪，电位计（或 pH 计等），干电池（1.5V），电阻（5kΩ），电阻箱（或 500Ω 可变电阻），铂电极，灵敏检流计，电磁搅拌器，电磁搅拌子，酸式滴定管（25ml），烧杯（100ml）等。

试剂　$NaNO_2$ 标准溶液（0.1mol/L），盐酸溶液（6mol/L），对氨基苯磺酸（基准试剂），淀粉-KI 糊（或试纸），溴化钾（AR），磺胺嘧啶（原料药）。

【实验步骤】

1. 永停滴定装置的安装　同"实验三十六"。本实验所用外加电压约 30～60mV，R_2 电阻值为 100～200Ω。

2. 磺胺嘧啶含量测定　取磺胺嘧啶（$C_{10}H_{10}N_4O_2S$）约 0.5g，精密称定，置烧杯中，加水 40ml 与盐酸溶液 15ml，搅拌使溶解，再加溴化钾 2g，插入铂-铂电极后，将滴定管尖端插入液面下约 2/3 处，用 $NaNO_2$ 液迅速滴定，随滴随搅拌，至近终点时，将滴定管尖提出液面，用少量水淋洗尖端，洗液并入溶液中，继续缓缓滴定，至检流计指针发生偏转并持续 1min 不回复，即为终点。同时用外指示剂淀粉-KI 糊（或试纸）确定终点，并将两种确定终点的方法加以比较。

重复上述实验，但不加 KBr，比较滴定终点情况。

3. 数据处理　磺胺嘧啶原料药含量按下式计算（$M_{C_{10}H_{10}N_4O_2S}=250.28$）：

$$w_{C_{10}H_{10}N_4O_2S}(\%)=\frac{(cV)_{NaNO_2}\times M_{C_{10}H_{10}N_4O_2S}}{m\times 1000}\times 100\%$$

【注意事项】

1. 按"实验三十六"注意事项要求，检查永停滴定装置的线路和外加电压，铂电极进行活化，注意终点的确定方法。

2. 滴定速度稍快，近终点时，速度要慢，仔细观察检流计指针偏转的突跃现象。

3. 酸度：一般在 1～2mol/L 为好。

4. 用外指示剂淀粉-KI 糊或淀粉-KI 试纸时，滴定液接触糊状物薄层（或试纸）时，若立即变蓝色，即到终点，若不立即变蓝，未到达终点（试纸或糊后来变蓝是空气氧化的结果）。

5. 实验结束时，要把检流计和永停滴定装置的电流切断，检流计置于短路。

【思考题】

1. 具有何种结构的药物可以采用亚硝酸钠法进行测定？

2. 用永停滴定法和外指示剂法确定终点时，应注意什么问题？各有什么优缺点？

3. 磺胺嘧啶含量测定时，加入 KBr 目的是什么？与不加 KBr 比较有何不同？

（李云兰）

第十一章 紫外-可见分光光度法实验

实验三十八　分光光度计的性能检查

【实验目的】

1. 掌握分光光度计的正确使用方法。

2. 熟悉仪器的技术指标及一般检查方法。

3. 了解分光光度计的构造和性能。

【实验原理】

分光光度计利用单色器获得单色光，由于单色光的谱带较宽，一般适用于有标准品对比下的定量测定。只有可见光源的分光光度计，只能用于有色溶液的比色测定。

分光光度计的技术指标包括：波长准确度（精度）和重现性、吸光度线性误差、灵敏度、光度重现性、稳定性等。

【仪器和试剂】

仪器　721型（或722S型等）可见分光光度计，比色皿（1cm），干涉滤光片，所需玻璃仪器。

试剂　重铬酸钾标准溶液，氯化钴标准溶液，硫酸铜标准溶液。

【实验步骤】

1. 玻璃比色皿的选择　玻璃比色皿应符合下述技术要求：

（1）透光面玻璃应无色透明，与空气对比透射率不低于84%。在420~700nm范围内透光率的差值不大于5%。以空气透光率为100%，在各种波长下测定干燥洁净的空比色皿的透光率，应符合以上规定。

（2）透光面平行度偏差，内径不大于0.1mm，外径不大于0.2mm。

（3）成套比色皿，同内径者，透光率相互差值不大于0.5%。

（4）比色皿应该经受HCl（6mol/L），$NH_3 \cdot H_2O$（6mol/L），98%乙醇，四氯化碳及苯五种介质各浸泡24h后，无脱胶渗漏现象。

2. 波长精度的检查和校正　在波长标度盘上的波长标度值误差应符合以下规定：

波长范围	允许误差
420~500nm	在±3nm以内
500~610nm	在±5nm以内
610~700nm	在±6nm以内

检查法：可用透光峰值为440nm±10nm、540nm±10nm及640nm±10nm的干涉滤光片（半宽度≤15nm）检查，滤光片先用经汞灯校正波长的分光光度计测定每片的实际峰值λ_S，再在需检查的分光光度计上测定并描绘透光率—波长曲线，从曲线上求出滤光片的峰值λ，则波长误差$\Delta\lambda$为$\Delta\lambda = \lambda - \lambda_S$。

简易核校法：取出比色皿架，置一白纸片于比色皿室光路中。波长选择钮置590nm

处，拨遮光板至红点使光进入，纸片上应看见亮度均匀的光斑，其中段极大部分应为钠光的颜色，若相差5nm以上则有明显的橙红色或黄色。若发现不是钠光颜色或光斑不均，可松动光源灯泡座架螺丝，移动光源位置以达上述要求。若不能奏效，则须拆动波长读数盘加以调校。

3. 线性误差的检查　在吸光度为0.1~0.8（即透光率为16%~80%）的范围内，用符合Beer定律的溶液进行测定，其吸光度与溶液浓度的误差应符合以下规定：

吸光度范围	线性误差
0.1~0.3	±6%以内
0.3~0.6	±3%以内
0.6~0.8	±4%以内

（1）重铬酸钾、氯化钴、硫酸铜溶液的配制

1）重铬酸钾溶液：精密称取$K_2Cr_2O_7$（M=294.22）适量，用硫酸溶液（0.05mol/L）溶解并稀释至所需浓度（2.829g $K_2Cr_2O_7$相当于1g Cr）。

2）氯化钴溶液：精密称取$CoCl_2 \cdot 6H_2O$（M=237.95）适量，用盐酸溶液（0.1mol/L）溶解并稀释至所需浓度（4.037g $CoCl_2 \cdot 6H_2O$相当于1g Co）。

3）硫酸铜溶液：精密称取$CuSO_4 \cdot 5H_2O$（M=249.7）适量，用硫酸溶液（0.05mol/L）溶解并稀释至所需浓度（3.929g $CuSO_4 \cdot 5H_2O$相当于1g Cu）。

以上每种溶液按表11-1配制成四个浓度：

表11-1　线性误差测定用的溶液浓度及测定波长

溶液名称	溶液浓度（μg/ml）				测定波长（nm）	备注
重铬酸钾	30	90	150	180	440	浓度以含Cr量计
氯化钴	2000	6000	10000	12000	510	浓度以含Co量计
硫酸铜	2000	4000	6000	8000	690	浓度以含Cu量计

（2）检查法：用仪器分别测量以上各溶液的吸光度，每一浓度的溶液必须重复测量两次取其平均值，将吸光度与对应溶液浓度，按下列公式计算每种溶液经验直线斜率K_M。

$$\frac{A_1+A_2+A_3+A_4}{c_1+c_2+c_3+c_4}=K_M$$

式中，c_1~c_4为含M金属的4个溶液浓度，A_1~A_4为测得的相应吸光度，M代表Cr、Co或Cu。按下式计算每一个溶液的线性误差α_M，应符合上述规定。

$$\alpha_M=\frac{A_i-K_M \cdot c_i}{K_M \cdot c_i}\times 100\% \qquad (i=1、2、3、4)$$

4. 灵敏度试验　仪器在不同波段范围的灵敏度是所用波段处吸光度的变化值与相应溶液浓度的变化值之比，其比值应符合表11-2的规定：

表11-2　灵敏度规定值

溶液名称	灵敏度[吸光度/（μg/ml）]	测定波长（nm）
重铬酸钾	≥0.01/2.5	440
氯化钴	≥0.01/150	510
硫酸铜	≥0.01/150	690

用线性误差试验中所得K_M值，分别如下计算仪器对3种金属的灵敏度S_M，所得S值应≥0.01：

$$S_{Cr}=K_{Cr}\times 2.5 \quad S_{Co}=K_{Co}\times 150 \quad S_{Cu}=K_{Cu}\times 150$$

5. 重现性试验 仪器在同一工作条件下，用同一种溶液连续重复测定5次，其透光率最大读数与最小读数之差不应大于0.5%。

用交流稳压电源稳压后，将波长固定在690nm，用蒸馏水作空白，校准透光率100%（不再调整），对含铜量2000μg/ml的硫酸铜标准溶液，2min内连续测定5次，其中最大读数与最小读数之差，应不超过规定值。

6. 读数指示器阻尼时间试验 读数指示器由100%透光率回到1%时，其阻尼时间不得超过4s。

固定任意波长，调节读数指示器于100%透光率，在切断光源照射的同时，用秒表记录读数指示器回至1%的时间。

7. 稳定度试验

(1)当输入电源电压变化-15%~5%及频率变化在0.5Hz时，仪器读数指示器的位移值应不超过透光率上限的±1.5%。

波长固定在650nm，将读数指示器调节到90%透光率，用调压变压器输入电压为220V，然后变动-15%~5%，同时观察并记录读数指示器的位移值。

(2)当电源电压不变时，10min内仪器读数指示器的位移应不超过透光率上限的±1.5%。

采用稳压电源，仪器经20min预热后，波长固定在650nm，读数指示器调节到90%透光率，经过10min，观察并记录读数指示器的位移值。

【注意事项】

1. 将分光光度计安放在干燥的房间内，置于坚固平稳的工作台上，室内照明不宜太强。热天不能用电风扇直接向仪器吹风，防止灯丝发光不稳。

仪器灵敏度挡的选择是根据不同的单色光波长，光能量不同分别选用，第一挡为1（即常用挡）、灵敏度不够时再逐级升高，但改变灵敏度后须重新校正"0"和"100%"。选用原则是能使空白挡良好地用"100"透光率调节器调至100%处。

2. 在接通电源之前，应对分光光度计的安全性进行检查，各调节旋钮的起始位置应该正确，然后接通电源。

3. 分光光度计各部存放有干燥剂筒处应保持干燥，发现干燥剂变色立即更换或烘干再用。

4. 分光光度计长期工作或搬动后，要检查波长精度等，以确保测定结果的精确。

5. 在使用过程中应注意随时关闭好遮盖光路的闸门（打开比色池暗盒盖）以保护光电池。

6. 分光光度计连续使用时间不宜过长，更不允许仪器处于工作状态而测定人员离开工作岗位。最好是工作2h左右让仪器间歇半小时左右再工作。

7. 比色皿内溶液以满至皿架上光窗（皿高的4/5）为宜，不可过满以防液体溢出，使分光光度计受损。测定时应用绸布或擦镜纸将比色皿外壁擦净，尤其是透光面必须保持十分洁净，取放时切勿用手捏透光面。用毕后，比色皿应立即取出（避免长时间留放在池架内），并用自来水及蒸馏水洗净，倒立晾干。比色皿不得用毛刷刷洗，必要时可用有机溶剂等洗涤。

【思考题】

1. 同组比色皿透光性的差异对比色测定有何影响？

2. 检查分光光度计的性能指标（波长精度、稳定性、灵敏度、重现性、线性）有什么实际意义？

实验三十九　工作曲线法测定水中的铁

【实验目的】

1. 掌握用工作曲线法进行定量测定的方法。

2. 了解邻二氮菲测定 Fe（Ⅱ）的原理和方法。

3. 了解比色皿（吸收池）一致性的检验与校正方法。

【实验原理】

邻二氮菲（1,10-邻二氮杂菲）是一种有机配合剂。它与 Fe^{2+} 能形成红色配离子，反应如下：

3 N N + Fe^{2+} → [N N Fe/3]$_3^{2+}$

生成的配离子在 510nm 附近有一吸收峰，摩尔吸光系数达 1.1×10^4，反应灵敏，适用于微量铁的测定。在 pH3～9 范围内，反应能迅速完成，且显色稳定，在含铁 0.5×10^{-6}～8×10^{-6}范围内，浓度与吸光度符合 Beer 定律。若用精密分光光度计测定，可用吸光系数计算法。用 721 型分光光度计测定，则设备较简便，可用工作曲线法，也可用标准对比法进行测定。

被测溶液用 pH4.5～5 的缓冲液保持其酸度，并用盐酸羟胺还原其中的 Fe^{3+}，同时防止 Fe^{2+} 被空气氧化。

【仪器和试剂】

仪器　721 型（或 722S 型等）可见分光光度计，比色皿（1cm），所需玻璃仪器。

试剂　$(NH_4)_2SO_4\cdot FeSO_4\cdot 6H_2O$（AR），邻二氮菲溶液（0.15%，新鲜配制），盐酸羟胺溶液（2%，新鲜配制），HCl 溶液（0.1mol/L），醋酸钠（AR），冰醋酸（AR）。

【实验步骤】

1. 试液配制

（1）标准铁溶液的制备：取 $(NH_4)_2SO_4\cdot FeSO_4\cdot 6H_2O$ 约 0.35g，精密称定，在 1L 量瓶中用 HCl 溶液溶解并稀释至刻度。计算此标准溶液每 ml 中的准确含铁量。

（2）醋酸盐缓冲溶液的配制：取醋酸钠 136g 与冰醋酸 120ml，加水至 500ml，摇匀。

2. 比色皿一致性的检验

(1)透光度一致性的核对与校正:将同样厚度的四个比色皿分别编号标记,都装空白溶液,在所用波长(510nm)处测定各比色皿的透光率,结果应相同。若有显著差异,应将比色皿重新洗涤后再装空白溶液测试,经洗涤可使透光率差异减小时,可通过多次洗涤使透光率一致。若经几次洗涤,各比色皿的透光率差异基本无变化,则可用下法校正,以透光率最大的比色皿为100%透光,测定其余各比色皿的透光率,分别换算成吸光度作为各比色皿的校正值。测定溶液时,以上述100%透光的比色皿作空白,用其他各比色皿装溶液,测得值以吸光度计算,减去所用比色皿的校正值。具体方法可参见表11-3。

表11-3　溶液吸光度测量值的校正

比色皿标号	用空白溶液测定校正值		有色溶液测量值的校正		
	测得透光率(*T*%)	校正值(吸光度)	测得值 *T*%	测得值 *A*	校正后测得值
1	99	0.0044	62.5	0.2041	0.200
2	100	—	100.0	0.0	空白
3	98	0.0088	39.0	0.4089	0.400
4	95	0.0223	23.8	0.6234	0.601

(2)厚度核对:核对比色皿的厚度前,需先进行透光一致性的检验。核对厚度时用同一个溶液(吸光度在0.5~0.7间为宜)分别盛于各比色皿中,在同一条件下测定其吸光度。测得值应相同(若有透光校正值应扣除)。若各比色皿测得值间有超出允许误差的差值,则说明厚度有差别,测得值大的厚度大。若不能更换选配,必要时也可用校正值,即以其中一个为标准,将其测得值与其他比色皿的测得值之比值作为换算成同一厚度时用的因数。

3. 工作曲线的制备　分别精密吸取标准铁溶液0、1、2、3、4、5ml于50ml量瓶中,依次加入醋酸盐缓冲溶液5ml,盐酸羟胺5ml,邻二氮菲溶液5ml,用水稀释至刻度,摇匀,放置10min,以不加标准溶液的一份作空白,用1cm比色皿在分光光度计上测定每份溶液的吸光度。测定前,先用中等浓度的一份在490~510nm间测定5~10个点,选吸光度最大处的波长为测定波长。将测得各溶液的吸光度为纵坐标,浓度(或含铁量)为横坐标,绘制成工作曲线,若线性好则用最小二乘法回归成线性方程。

4. 水样的测定　以自来水、井水或河水为试样,吸取澄清水样5.00ml(或适量),置50ml量瓶中。按工作曲线制备项下方法测定吸光度,从工作曲线上查得或用线性方程求得水中总的铁含量。

【思考题】

1. 邻二氮菲亚铁配离子的λ_{max}应为510nm。本次实验中用721型分光光度计测得的最大吸收波长是多少?若有差别,试作解释。

2. 本次实验所得浓度与吸光度间的线性关系如何?分析其原因。

3. 显色反应的操作中加入的各标准溶液与样品溶液有不同的含酸量,对显色有无影响?

4. 根据实验数据计算邻二氮菲亚铁配离子在最大吸收波长处的摩尔吸光系数,若与文献值(1.1×10^4)的差别较大,试作解释。

5. 比色皿(吸收池)的透光度和厚度常不能绝对相同,试考虑在什么情况下必须检验校正,什么情况下可以忽略不计。

6. 透光度完全一致的甲乙两比色皿,盛同一浓度的吸光溶液,测得吸光度为:$A_甲 = 0.587$,$A_乙 = 0.573$。用乙比色皿测另一浓度的溶液吸收度为0.437,试换算成以甲比色皿厚度为准的吸光度(0.448)。

实验四十　维生素 B_{12} 吸收光谱的绘制及其注射液的鉴别和测定

【实验目的】

1. 掌握751G型(或752型等)紫外-可见分光光度计的使用方法。
2. 掌握维生素 B_{12} 注射液的鉴别和含量测定的原理和方法。
3. 熟悉绘制吸收曲线的一般方法。

【实验原理】

利用分光光度计能连续变换波长的性能,可以测绘有紫外-可见吸收溶液的吸收光谱(曲线)。虽然由于仪器所能提供的单色光不够纯,得到的吸收曲线不够精密准确,但亦足以反映溶液吸收最强的光带波段,可用作吸收光度法选择波长的依据。

维生素 B_{12} 是含钴的有机药物,为深红色结晶,本实验用维生素 B_{12} 的水溶液,浓度约100μg/ml,水为空白,绘制紫外-可见光区吸收曲线。维生素 B_{12} 注射液用于治疗贫血等疾病。注射液的标示含量有每毫升含维生素 B_{12} 50、100或500μg等规格。

维生素 B_{12} 吸收光谱上有三个吸收峰:278nm ± 1nm、361nm ± 1nm与550nm ± 1nm,求出其相应的吸光系数,用它们的比值来进行鉴别。在361nm的吸收峰干扰因素少,吸收又最强,《中国药典》(2010年版)规定以361nm ± 1nm处吸收峰的比吸光系数 $E_{1cm}^{1\%}$ 值(207)为测定注射液含量的依据。

【仪器和试剂】

仪器　751G型(或752型、WFZ800-D型、UV2300型等)紫外-可见分光光度计,石英吸收池(1cm),所需玻璃仪器。

试剂　维生素 B_{12}(原料药),维生素 B_{12} 注射液(500μg/ml)。

【实验步骤】

1. 吸收曲线的绘制　取维生素 B_{12} 适量,配制成浓度约为100μg/ml的水溶液。将此被测溶液与水(空白)分别盛装于1cm厚的吸收池中,安置于仪器的吸收池架上。按仪器使用方法进行操作。从波长200nm开始,每隔20nm测量一次,每次用空白调节100%透光后测定被测溶液的吸光度。在有吸收峰或吸收谷的波段,再以5nm(或更小)的间隔测定一些点。必要时重复一次。记录不同波长处的测得值。

以波长为横坐标,吸光度为纵坐标,将测得值逐点描绘在坐标纸上并连成平滑曲线,即得吸收曲线。从曲线上可查见溶液吸收最强的光带波长。

2. 注射液的鉴别　取维生素 B_{12} 注射液样品,按照其标示含量,精密吸取一定量,用水适量稀释,使稀释液每毫升维生素 B_{12} 含量约为25μg。置石英吸收池中,以水为空白,分别在278nm ± 1nm、361nm ± 1nm与550nm ± 1nm波长处,测定吸光度,由测得数值求:

(1) $E_{1cm}^{1\%}$361和 $E_{1cm}^{1\%}$278的比值;(2) $E_{1cm}^{1\%}$361和 $E_{1cm}^{1\%}$550的比值

与规定值比较，得出结论。（361nm 波长处的吸光度与 278nm 波长处的吸光度的比值应为 1.70～1.88；361nm 波长处的吸光度与 550nm 波长处的吸光度的比值应为3.15～3.45）。

3. 定量测定 设鉴别项下在 361nm ±1nm 波长测得的吸光度为 $A_{样}$，试液中维生素 B_{12}的浓度 c(μg/ml)则可按下式计算：

$$c_{B_{12}}(\mu g/ml) = A_{样} \times 48.31$$

以上计算式可由下法导出：

根据朗伯-比尔定律：$A = Ecl$

$$c_{B_{12}}(g/100ml) = \frac{A_{样}}{E_{1cm}^{1\%} \times 1} = \frac{A_{样}}{207}$$

将浓度单位换算成 μg/ml 得：

$$c_{B_{12}}(\mu g/ml) = \frac{A_{样}}{207} \times \frac{10^6}{100} = A_{样} \times 48.31$$

【注意事项】

1. 绘制吸收曲线时，应注意必须使曲线光滑，尤其在吸收峰处，可考虑多测几个波长点。

2. 本实验采用吸光系数法定量，仪器的波长精度对测定结果影响较大。由于仪器的波长精度可能存在误差，因此测定前，应先在仪器上找出 278nm ±1nm、361nm ±1nm 与 550nm ±1nm 三个最大吸收峰的确切波长位置。

3. 本实验用吸光系数法测定维生素 B_{12}注射液的浓度，实际工作中，如有合适的标准对照品，多用工作曲线法定量。

【思考题】

1. 单色光不纯对于测得的吸收曲线有何影响？

2. 利用邻组同学的实验结果，比较同一溶液在不同仪器上测得的吸收曲线的形状、吸收峰波长以及相同浓度的吸光度等有无不同，试作解释。

3. 比较用吸光系数和工作曲线定量方法，你认为哪种方法更好？为什么？

4. 本次实验在 278nm ±1nm、361nm ±1nm 与 550nm ±1nm 处求得的吸光系数，能否作为维生素 B_{12}的普适常数？为什么？

实验四十一 双波长分光光度法测定复方磺胺甲噁唑片中磺胺甲噁唑的含量

【实验目的】

1. 掌握等吸收双波长消去法测定多组分含量的原理及方法。

2. 熟悉用单波长分光光度计（单光束或双光束）进行双波长法测定的方法。

【实验原理】

对二元组分混合物中某一组分的测定，若干扰组分在某两个波长处具有相同的吸光度，且被测组分在这两个波长处的吸光度差别显著，则可采用“等吸收双波长消去法”消除干扰组分的吸收，直接测定混合物在此两波长处的吸光度差值 ΔA。在一定条件下，ΔA 与被测组分的浓度成正比，与干扰组分浓度无关。其数学式表达如下：

$$\Delta A^{a+b} = A_1^{a+b} - A_2^{a+b} = A_1^{a} - A_2^{a} + A_1^{b} - A_2^{b}$$

$$= c_a(E_1^a - E_2^a) \cdot l + c_b(E_1^b - E_2^b) \cdot l$$

由于 $E_1^b = E_2^b$

所以 $\Delta A^{a+b} = c_a(E_1^a - E_2^a) \cdot l = \Delta E^a \cdot c_a \cdot l$

此处设 b 为干扰物，在所选波长 λ_1 和 λ_2 处的吸光度相等。

本实验以复方磺胺甲噁唑片为例。复方磺胺甲噁唑片每片含磺胺甲噁唑（SMZ）0.4g 及甲氧苄啶（TMP）0.08g。SMZ 和 TMP 在 0.4% 氢氧化钠溶液中的紫外吸收光谱图如图 11-1 所示。由图可见，磺胺甲噁唑的吸收峰（~257nm）与甲氧苄啶的吸收谷波长很相近，而在甲氧苄啶光谱上与 257nm 处吸光度相等的波长约在 304nm 处，此处磺胺甲噁唑的吸光度较低，因此，可通过实验用甲氧苄啶溶液选定 λ_1、λ_2（257、304nm 左右）两个波长，再用已知浓度的磺胺甲噁唑溶液测定浓度与 $\Delta A(A_1 - A_2)$ 的比例常数 ΔE，即可测定磺胺甲噁唑的含量。

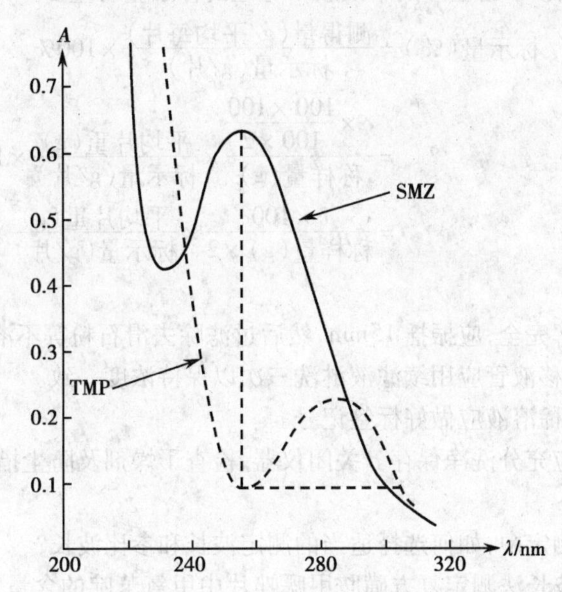

图 11-1　SMZ 和 TMP 在 0.4% 氢氧化钠溶液中的紫外吸收光谱

【仪器和试剂】

仪器　751G 型（或 752 型、WFZ800-D 型、UV2300 型等）紫外-可见分光光度计，石英吸收池（1cm），所需玻璃仪器。

试剂　磺胺甲噁唑对照品，甲氧苄啶对照品，复方磺胺甲噁唑片，无水乙醇（AR），NaOH 溶液（0.4%）。

【实验步骤】

1. 对照品溶液的配制　精密称取 105℃干燥至恒重的甲氧苄啶对照品约 10mg，用乙醇溶解并稀释至 100ml，量取 2.00ml 置 100ml 量瓶中，用 NaOH 溶液稀释至刻度，摇匀。取在 105℃干燥至恒重的磺胺甲噁唑对照品约 50mg，精密称定，同法配制溶液。

2. 磺胺甲噁唑测定波长的选定和 ΔE 的测定　以相应溶剂为空白，以 257nm 为测定波长 λ_1，再在 304nm 附近几个不同波长处测定甲氧苄啶对照品溶液的吸光度，找出吸光度与 λ_1 处相等时波长 λ_2 为参比波长。即：$\Delta A = A_{\lambda 2} - A_{\lambda 1} = 0$。若用双波长仪器，则只需将样品溶液置光路中，固定一个单色器的波长于 λ_1 处，用另一单色器作波长扫描即可找到 λ_2。同法，在 λ_1 和 λ_2 处分别测定磺胺甲噁唑对照品溶液的 A_1 和 A_2，用所得的吸光度和溶液的浓度计算 ΔE：

$$\Delta E=\frac{A_1-A_2}{c}=\frac{\Delta A}{c}$$

3. 复方磺胺甲噁唑片剂中磺胺甲噁唑的测定　取复方磺胺甲噁唑片 10 片，精密称定，研细，精密称取适量（约相当于磺胺甲噁唑 50mg 与甲氧苄啶 10mg），置 100ml 量瓶中，加乙醇适量，振摇 15min 使药物溶解，加乙醇稀释至刻度，摇匀，滤过，精密吸取续滤液 2ml 置 100ml 量瓶中，用 NaOH 溶液稀释至刻度；在 λ_1 与 λ_2 波长处测定供试品的吸光度 A_1 和 A_2 值，以它们的差值 ΔA 计算供试品浓度。

$$c=\frac{\Delta A}{\Delta E}(\text{g}/100\text{ml})$$

再换算成复方磺胺甲噁唑片剂中磺胺甲噁唑的标示量含量。

$$\begin{aligned}\text{标示量}(\%)&=\frac{\text{测得量}(\text{g}/\text{平均每片})}{\text{标示量}(\text{g}/\text{片})}\times100\%\\&=\frac{c\times\frac{100\times100}{100\times2}}{\text{称样量}(\text{g})}\times\frac{\text{平均片重}(\text{g})}{\text{标示量}(\text{g}/\text{片})}\times100\%\\&=\frac{c\times100}{\text{称样量}(\text{g})\times2}\times\frac{\text{平均片重}(\text{g})}{\text{标示量}(\text{g}/\text{片})}\times100\%\end{aligned}$$

【注意事项】

1. 为使药物溶解完全，应振摇 15min，然后过滤除去滑石粉等不溶物，否则影响测定。
2. 取续滤液时，移液管应用续滤液淋洗三次以保持浓度一致。
3. 配制好的浓、稀溶液应做好标签记号。
4. 吸收池用毕应充分洗净保存。关闭仪器，检查干燥剂及防尘措施。

【思考题】

1. 在双波长法测定中，如何选择适当的测定波长和参比波长？
2. 能否采用双波长法测定复方磺胺甲噁唑片中甲氧苄啶的含量？如果可行，试设计复方磺胺甲噁唑片中甲氧苄啶含量测定的方法。
3. 本法的主要误差来源何在？
4. 在选择实验条件时，是否应考虑赋形剂等辅料的影响？如何进行？
5. 如果只测定磺胺甲噁唑，甲氧苄啶对照品溶液的浓度是否需准确配制？

实验四十二　导数光谱法测定安钠咖注射液中咖啡因

【实验目的】

1. 掌握导数光谱法测定二元混合物中组分含量的原理和方法。
2. 学习导数光谱的手工绘制方法。

【实验原理】

一阶导数光谱是 $(\Delta A/\Delta\lambda)$-λ 谱图，$\Delta\lambda$ 一般在 1~4nm 之间。当二元组分的各自零阶光谱完全重叠时，可选择一组分的 $(\Delta A/\Delta\lambda)=0$（一阶导数等于 0）处对应的波长作为另一组分的测定波长，即该组分零阶光谱的峰位。由于吸光度具有加和性，其导数同样具有加和性，所以在此波长下测定混合物的吸光度导数值（$\Delta A/\Delta\lambda$），也就是另一组分的吸光度导数值。而吸光度导数值与浓度成正比：

$$\frac{\Delta A}{\Delta\lambda}=\frac{\Delta E}{\Delta\lambda}\cdot c\cdot l$$

所以可以用直接比较法或工作曲线法测定混合物中某一组分含量。

【仪器和试剂】

仪器　751G 型（或 752 型、WFZ800-D 型、UV2300 型等）紫外-可见分光光度计，石英吸收池（1cm），所需玻璃仪器。

试剂　咖啡因对照品，苯甲酸钠对照品，安钠咖注射液（每 1ml 中含无水咖啡因 0.12g，苯甲酸钠 0.13g）。

【实验步骤】

1. 试液配制

（1）咖啡因对照品溶液：精密称取咖啡因对照品约 0.1g，置 100ml 量瓶中，用水溶解并稀释至刻度，摇匀；精密吸取此溶液 10ml 置 100ml 量瓶中，用水稀释至刻度，摇匀；再精密吸取此溶液 3、4、5、6、7ml 分别置 50ml 量瓶中，用水稀释至刻度，摇匀。

（2）苯甲酸钠对照品溶液：精密称取苯甲酸钠约 0.1g，置 100ml 量瓶中，用水溶解并稀释至刻度，摇匀；精密吸取此溶液 5ml 置 50ml 量瓶中，用水稀释至刻度，摇匀。

（3）安钠咖注射液：精密吸取安钠咖注射液 2.5ml，置 250ml 量瓶中，加水稀释至刻度，摇匀；精密吸取 5ml，置 500ml 量瓶中，加水稀释至刻度，摇匀，待测。

2. 测定

（1）苯甲酸钠一阶导数光谱的绘制：取苯甲酸钠对照品溶液，置 1cm 吸收池中，以水为空白，在 250～320nm 波长范围，每隔 2nm 测定一次吸光度，以相邻波长的 ΔA 对波长平均值作图，得一阶导数光谱（$\Delta\lambda$ 以 2nm 为单位）。并找出（$\Delta A/\Delta\lambda$）＝0 所对应的波长（本实验为 267nm）。

（2）咖啡因一阶导数工作曲线的绘制：取上述咖啡因标准系列溶液，用 1cm 吸收池，以水为空白，在上述苯甲酸钠（$\Delta A/\Delta\lambda$）＝0 所对应的两个波长处，分别测定各溶液的吸光度后，再计算出导数值 $\Delta A/\Delta\lambda$（以 $\Delta\lambda$＝2nm 为单位），并绘制（$\Delta A/\Delta\lambda$）－c 工作曲线。

（3）安钠咖注射液中咖啡因测定：将上述配制好的安钠咖待测液置 1cm 吸收池中，以水为空白，在上述两波长下测定吸光度值，计算导数值 $\Delta A/\Delta\lambda$（以 $\Delta\lambda$＝2nm 为单位），并从工作曲线上求出待测液中咖啡因的浓度。再按稀释倍数换算为原制剂的浓度并计算标示量百分含量。

3. 说明　UV2300 型等微机控制的紫外-可见分光光度计可自动绘制导数光谱，找出干扰组分的导数光谱值为零的波长。再在此波长处测定待测组分的工作曲线和试样的导数值。

【注意事项】

1. 配制标准系列溶液时，应按规范操作。所用吸量管、量瓶必要时应进行体积校正。
2. 工作曲线手工绘制时注意准确性，否则样品浓度测量不准。

【思考题】

1. 导数光谱法在定量测定中有何优点？
2. 能否采用双波长法或系数倍率法对咖啡因和苯甲酸钠进行测定？如果可行，如何确定测定条件？

实验四十三 褶合光谱法定性鉴别间苯二酚和苯酚

【实验目的】

1. 掌握褶合光谱法的基本原理。
2. 了解褶合光谱仪的操作方法。
3. 了解褶合光谱法进行定性鉴别的方法。
4. 了解数学变换方法的特点和适用条件。

【实验原理】

褶合光谱法应用于定性鉴别的特殊功能在于它能揭示整个紫外-可见光区内物质对光吸收特性的细微变化。两个结构相似物质的吸收光谱貌似相同，但当它们以上千种褶合光谱的形式进行配对比较时，其细微差异就有可能被检查出来，再运用光谱空间理论提出的量化判据—相关系数判别分析法，比较待鉴别样品和标准对照品褶合光谱是否一致，若相关系数为1，该两矢量的夹角为零，相互重合，则可能为同一物质。考虑到对照品由于测试条件的变化以及褶合过程中可能出现虚假信号而产生的自身变异，设计了对照标准的自我训练系统，将不同测试条件下获得的同一标准物质的吸光特性经过统计学处理，以置信度99.9%的相关系数值域为标准，作为定性鉴别的量化依据，凡落在这一范围以外者可判为非同一物质，反之，则可能为同一物质。褶合光谱仪运用计算机信息处理技术，直接提供对照品与待鉴别样品的三维褶合光谱的差谱图显示定性鉴别结果。

【仪器和试剂】

仪器 UV/Vis-WC1 型褶合光谱仪，所需玻璃仪器。

试剂 间苯二酚(AR)，苯酚(AR)。

【实验步骤】

1. 间苯二酚对照溶液的配制 取间苯二酚约0.25g，用水溶解后配制成100ml溶液。分别取上述溶液0.9、1.0、1.1ml，用水稀释至100ml。

2. 采样 分别取上述3个不同浓度的标准溶液，以水为空白，在200~300nm范围内，间隔1nm，各重复测定3次(每次测定时均重复装样)，得9个光谱。

3. 自我训练 启动UV/Vis-WC1褶合光谱仪定性鉴别功能系统，对间苯二酚对照样品进行自我训练：任意选择上述9个光谱中的6个构成数据文件1，另3个构成数据文件2，作匹配比较，绘制三维褶合光谱差谱，如果得到同一性认定结论，(差谱点 $<0.1\%$)则被认为自我训练完成。

4. 样品溶液的配制 取苯酚样品约0.2g，用水溶解后配制成100ml溶液。取1ml稀释至100ml。

5. 样品的定性鉴别 以水为空白，在200~300nm范围内，间隔1nm，重复测定上述样品溶液3次(每次测定时均重复装样)，得3个光谱，并将其构成数据文件与自我训练数据文件进行比较，应得出非同一性的鉴别结论，说明该样品不是间苯二酚。若得出同一性结论，则该样品可能为间苯二酚。

【注意事项】

1. 采用褶合光谱仪的定性功能系统对药物进行鉴别分析时，进行自我训练以建立标准图谱群的样本数，理论上要求越多越好，而实验上希望越少越方便。在上述实验中，若自我训练得到非同一性认定结论(差谱点 $>0.1\%$)，则表明自我训练的样本数尚不能代表当前条件下的对照品自身变异的全部,需要增加对照样本数,进行再训练,直至自我训练的最终完成。

2. 由于UV/Vis-WC1褶合光谱仪中作为采样器的分光光度系统的性能只能达到国内外市场上中档紫外-可见分光光度计的性能,不具备作褶合光谱标准图谱库的条件,本仪器只能采用被测样品与对照样品两两匹配比较法进行鉴别。如果采样器的性能能达到一流水平,并为国际权威机构认可,并有被认可的实验室和标准品,建立褶合光谱标准图谱库的工作是有重大意义的。

【思考题】

1. 褶合光谱法作定性鉴别的依据是什么?

2. 褶合光谱法有哪些基本特征?

3. 如果用其他仪器的标准库做定性判断,其准确度是否会受影响?

(朱臻宇)

第十二章　荧光分析法实验

实验四十四　硫酸奎宁的激发光谱和发射光谱的测定

【实验目的】

1. 掌握激发光谱和发射光谱的概念及其测定方法。
2. 熟悉荧光分光光度计的基本原理和实验技术。
3. 了解荧光分光光度计的使用方法。

【实验原理】

任何荧光物质都具有两种特征光谱:激发光谱和发射光谱。物质的激发光谱和发射光谱是定性分析的依据,也是定量测定时选择激发波长 λ_{ex} 和发射波长 λ_{em} 的依据。在荧光分析法中,一般最大激发波长 λ_{ex} 和最大发射波长 λ_{em} 是最灵敏的光谱条件。

硫酸奎宁分子具有喹啉环结构,其结构如下:

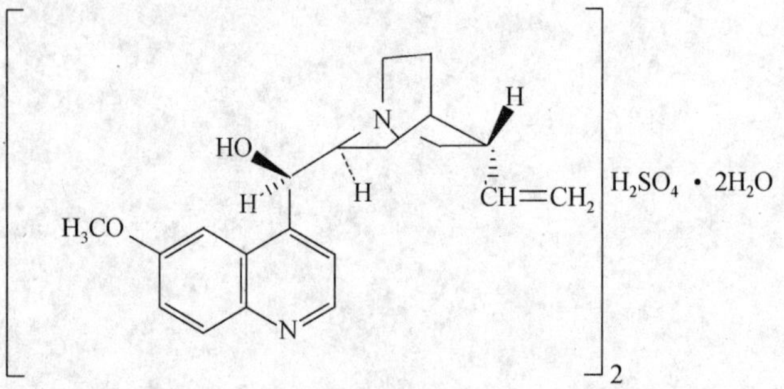

因此,硫酸奎宁可产生较强的荧光,而且稳定性好,可以用荧光分光光度计测定其激发光谱和发射光谱。另外,在荧光分析法中,常采用其一定浓度的标准溶液来校准仪器在紫外-可见光范围内的灵敏度。

【仪器和试剂】

仪器　F-2500 型(或其他型号)荧光分光光度计。

试剂　硫酸奎宁标准溶液(0.1μg/ml)。

【实验步骤】

1. 按仪器使用方法中的操作步骤开启主机和计算机,使仪器进行预热和自检。
2. 将硫酸奎宁标准溶液置于石英吸收池中。
3. 测定激发光谱

(1)开机:开主机开关,氙灯(Xe lamp)和运行(run)指示灯即亮;打开计算机,进入 Windows 系统;在桌面上双击 FL Solution 图标,进入应用软件的主窗口;计算机通过自检后出现操作窗口。

(2)实验参数设定:依次进入如下操作:Edit→Method→genera→wavelength scan→Instrument→scan model→Excitation→data model→Fluorescence；将最大发射波长（EM WL）固定在430nm，起始波长（EX Start WL）设为250nm，激发终止波长（EX End WL）设为400nm；并根据实验需要设定好相关参数：如扫描速度（Scan speed）、激发狭缝宽度（EX Slit）、发射狭缝宽度（EM Slit）、灯电压（PMT Voltage）、响应时间（Response）等。设定完成并确定后，已设定的相关参数会显示在监测窗口中。

（3）测定：点击工具栏Measure启动图谱扫描，即可获得溶液的激发光谱和最大激发波长λ_{ex}^{max}。在file菜单中将得到保存的激发光谱。

4. 测定发射光谱　依次进入如下操作，Method→genera→wavelength scan→Instrument→scan model→Emission→data model→Fluorescence；将激发波长固定在360nm，其他条件不变，在400～600nm区间进行发射波长扫描，获得溶液的发射光谱和最大发射波长λ_{em}^{max}。

5. 关机　从主页的File菜单选择退出Exit（X），将弹出一个对话框。如果选择第一条，即先退出测定程序，不关闭氙灯（还要继续测定）；如果选择第二条，即先关闭氙灯，此时主机氙灯指示灯灭，运行指示灯亮。等待约10min左右再关闭主机电源。目的是保护氙灯。

【注意事项】

1. 实验前要对照仪器认真学习F-2500型（或其他型号）荧光分光光度计的操作说明和使用方法。

2. 开机时，先开主机开关点燃氙灯，再开计算机。

3. 关机时，选择先关氙灯，再关计算机。约10min后关主机总开关。

【思考题】

1. 荧光分光光度计为什么要设置两个单色器？两个单色器的位置如何放置？

2. 试比较激发光谱和发射光谱，说明其区别及两者之间的关系。

3. 荧光分析法为什么比紫外可见分光光度法有更高的灵敏度？

实验四十五　荧光法测定硫酸奎尼丁

【实验目的】

1. 掌握用荧光法进行定量分析的主要步骤。

2. 进一步熟悉荧光分光光度计的使用方法。

【实验原理】

硫酸奎尼丁属生物碱类抗心率失常药，分子结构如图所示。由于其分子中具有喹啉环结构（奎尼丁为奎宁的右旋体），故能产生较强的荧光，可用直接荧光法测定其荧光强度，由校正曲线法或回归方程求出试样中奎尼丁的含量。

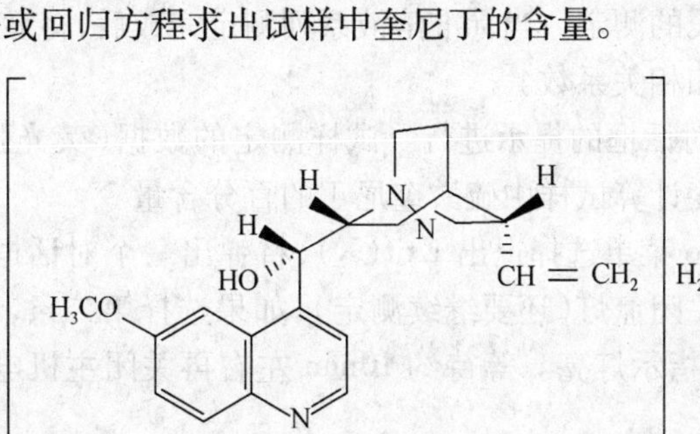

【仪器和试剂】

仪器 F-2500型(或其他型号)荧光分光光度计,移液管(1ml,5ml),刻度吸量管(5ml),量瓶(50ml)。

试剂 H_2SO_4 溶液(0.05mol/L),硫酸奎尼丁(原料药),硫酸奎尼丁对照品。

【实验步骤】

1. 硫酸奎尼丁标准贮备液的制备 精密称取硫酸奎尼丁对照品约50mg,置50ml量瓶中,用 H_2SO_4 溶液溶解并稀释至刻度,摇匀;精密吸取5ml,置50ml量瓶中,用 H_2SO_4 溶液稀释至刻度,摇匀,制得硫酸奎尼丁标准贮备液。

2. 标准溶液的配制 精密吸取硫酸奎尼丁标准贮备液1、2、3、4及5ml,分别置50ml量瓶中,用 H_2SO_4 溶液稀释至刻度,摇匀,制得对照品标准系列溶液。

3. 试样溶液的配制 精密称取硫酸奎尼丁试样约50mg,置50ml量瓶中,用 H_2SO_4 溶液溶解并稀释至刻度,摇匀;精密吸取1ml于50ml量瓶中,用 H_2SO_4 溶液稀释至刻度,摇匀,制得待测试样溶液。

4. 测定

(1)开机:开主机开关,氙灯(Xe lamp)和运行(run)指示灯即亮;打开计算机,进入Windows系统;在桌面上双击FL Solution图标,进入应用软件的主窗口;计算机通过自检后出现操作窗口。

(2)实验参数设定:点击工具栏Method,进入分析方法编辑窗口。在general菜单中选择光强度测定(Photometry);在定量(Quantitation)菜单的定量类型中选波长(Wavelength),并输入浓度单位、浓度的有效数字位数、最低浓度和最高浓度等参数;在Instrument菜单的数据模式(data model)中选择Fluorescence;在波长模式(Wavelength model)中,输入最大激发波长365nm及最大发射波长430nm;并根据实验要求输入相应的狭缝宽度等参数。点击Standard菜单,在弹出窗口的第一个选项中输入将要建立的标准溶液系列个数,在相应表格的浓度(Concentration)栏中,依次输入标准系列溶液的浓度值;点击Monitor,在弹出窗口中可改变校正曲线纵坐标的范围。设定完毕并确认后,将显示如下的监测窗口:窗口分成四块,左上角为标准系列溶液的测定数据表格,右上角为将要生成的工作曲线,左下角为试样测定数据,右下角为工作曲线的回归方程和相关系数。

(3)工作曲线测定:将空白硫酸溶液放入吸收池,点击自动调零快捷按钮,仪器自动进行空白试验校正(自动扣除空白)。按顺序放入标准溶液,点击工具栏Measure,按弹出对话框的提示完成工作曲线的测定。当标准溶液系列测定完成后,将显示出工作曲线,并给出工作曲线的回归方程和相关系数。

(4)试样测定:按弹出对话框的提示进行。试样测定的数据(荧光强度和浓度)将显示在数据表格里。根据浓度计算试样中硫酸奎尼丁的百分含量。

5. 关机 从主页的File菜单选择退出Exit(X),将弹出一个对话框。如果选择第一条,即先退出测定程序,不关闭氙灯(还要继续测定);如果选择第二条,即先关闭氙灯,此时主机氙灯指示灯灭,运行指示灯亮。等待约10min左右再关闭主机电源。目的是保护氙灯。

【注意事项】

1. 在溶液的配制过程中要注意容量仪器的规范操作和使用。

2. 测定顺序为由低浓度到高浓度，以减少测量误差。

3. 进行工作曲线测定和试样测定时，应保持仪器参数设置一致。

【思考题】

1. 测量试样溶液、标准溶液时，为什么要同时测定硫酸的空白溶液？

2. 如何选择激发光波长（λ_{ex}）和发射光波长（λ_{em}）？采用不同的 λ_{ex} 或 λ_{em} 对测定结果有何影响？

实验四十六　荧光法测定维生素 B_2 含量

【实验目的】

1. 掌握用工作曲线法进行荧光定量分析。

2. 熟悉荧光分光光度计的使用方法。

【实验原理】

维生素 B_2 水溶液在紫外光下产生黄绿色荧光，在酸性条件下荧光较强，在碱性溶液中随碱性增加荧光减弱甚至消失。稀溶液（0.1～2.0μg/ml）中荧光强度与维生素 B_2 的浓度成正比，其激发波长为467nm，发射波长为525nm。

【仪器和试剂】

仪器　日立 F-2500 型荧光分光光度计。

试剂　维生素 B_2 标准贮备液，维生素 B_2 标准溶液。0.03mol/L 的 HAc 溶液，未知浓度的维生素 B_2 溶液。

【实验步骤】

1. 10mg/L 维生素 B_2 标准储备液的配制　精密称量 10.0mg 的维生素 B_2 标准品，以 0.03mol/L 的 HAc 溶液稀释至 1000ml 即可。

2. 标准系列溶液的配制　取此储备液 0.2、0.4、0.6、0.8、1.0ml 分别置于 10ml 的量瓶中，用水稀至刻度。

3. 样品储备溶液的配制　取维生素 B_2 片（5mg/片）共 20 片，精密称量总重，置于研钵中，研细，从中取出适量（约相当于维生素 B_2 10mg），精密称定。以 0.03mol/L 的 HAc 溶解，并稀释至 1000ml，超声助溶 10min，将此溶液过滤，弃去初滤液，接续滤液，放置待用。

4. 测定

（1）波长的选择：选 2 号标准系列溶液：测定其最大激发波长，记录激发光谱、选定最大激发波长。记录发射光谱、选定最大发射波长。

（2）绘制工作曲线：设定最大激发波长（λ_{ex} = 470nm）和最大发射波长（λ_{em} = 525nm），按顺序测定 H_2O（空白）以及标准溶液的荧光强度 F_0、F_1、F_2、…、F_5，以荧光强度为纵坐标，以浓度值为横坐标绘制工作曲线或求出回归方程。

（3）样品测定：避光操作，取样品储备液 0.5ml，置于 10ml 的量瓶中，以 H_2O 稀至刻度。测定此溶液的荧光值，用回归方程或在工作曲线上求得其浓度，并求算出维生素 B_2 片剂的标示量含量。

【注意事项】

1. 荧光分析法的灵敏度非常高，一定要认真仔细的操作，才可得到准确的结果。

2. 维生素 B_2 在光线照射下会转化为光黄素，所以测定时应注意避光。

【思考题】

1. 影响荧光强度的主要因素有哪些？
2. 维生素 B_2 的测定中应控制哪些实验条件？

（郁韵秋）

第十三章　红外吸收光谱法实验

实验四十七　傅里叶变换红外光谱仪的性能检查

【实验目的】

1. 掌握傅里叶变换红外光谱仪的性能指标和检查方法。

2. 了解傅里叶变换红外光谱仪的工作原理及操作方法。

【实验原理】

红外光谱仪的性能指标通常有分辨率、波数的准确度与重复性、透光率或吸光度的准确度与重复性等,涉及到红外光谱中峰位、峰强及峰形等的准确描述。

1. 分辨率　红外光谱仪恰能分开两个相邻吸收带的相对波数差($\Delta\sigma/\sigma$)或波长差($\Delta\lambda/\lambda$)。通常多采用波数差($\Delta\sigma/\sigma$)来表示仪器的分辨率。它直接影响所获得吸收峰的强度与宽度的真实性。

2. 波数准确度　波数准确度是指红外光谱仪所测得的波数与真实值之间的误差。

3. 波数重现性　波数重现性指多次重复测定同一样品,所得同一吸收峰波数的最大值与最小值之差。

4. 透光度或吸光度准确度　透光度或吸光度准确度指在同一波数(或波长)下红外光谱仪所测得吸收峰的透光度或吸光度与真实值之间的误差。

5. 透光度或吸光度重复性　透光度或吸光度重复性指同一波数(或波长)下,多次重复测定同一样品,所得吸收峰的透光度或吸光度的最大值与最小值之差。本实验通过测定聚苯乙烯标准物质的红外吸收光谱,检查红外光谱仪器的分辨率和波数准确度等性能。

【仪器和试剂】

仪器　傅里叶变换红外光谱仪。

试剂　聚苯乙烯红外波长标准物质 GBW(E)130181。

【实验步骤】

1. 仪器操作条件　扫描次数:32;分辨率:4cm^{-1};检测器:DTGS KBr;光源:IR;单色器:迈克尔逊干涉仪;分光束:KBr;光谱范围:400~4000cm^{-1}。

2. 仪器操作(或按照说明书操作)

(1)开机:缓慢打开吹扫气,先将气流速度设置为1.18L/min。开始吹扫后,再把气流逐渐提高到4.7~9.4L/min,以保证气流能够通过所有的分支线接到样品室和其他附件上。打开光谱仪电源,预热60min。接通数据系统,检查仪器运行状况。

(2)测试采集本底光谱:本底光谱图的峰值应在40%~70%τ之间,改变增益设置可以改变信号幅度。采集并存贮本底光谱。本底采集完成后返回命令提示。

(3)聚苯乙烯红外波长标准物质的红外光谱图:快速打开样品室。将已准备好的聚苯乙烯薄膜样品迅速置入样品架,并立即关上样品室盖。先检查单次扫描的样品透射比光谱,确认样品是否放置合适。然后采集聚苯乙烯样品的透射比光谱。数据采集完成后,在光谱的"标题"中,输入有关光谱的所有信息,激活吸收峰波数标注功能,标注聚苯乙烯红外波长标准物质的红外光谱图的各吸收峰,保存并打印,即可得到 400 ~ 4000cm^{-1}范围内的聚苯乙烯红外光谱图(图 13-1)。

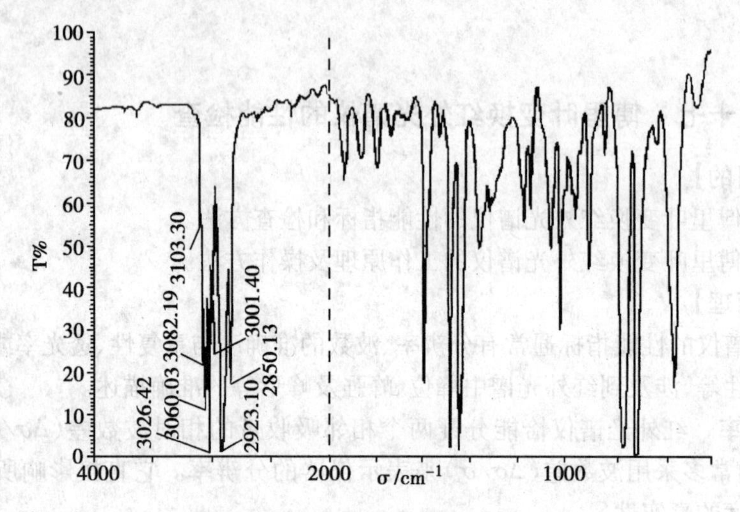

图 13-1 聚苯乙烯红外光谱图

(4)关机:实验结束后,退出操作界面和系统,关闭打印机,切断数据系统电源,切断光谱仪主机及稳压电源开关,拉下总电源,覆盖好仪器。

3. 分辨率检查 用聚苯乙烯薄膜(厚度约为 0.04mm)为试样,仪器应该在 3110 ~ 2850cm^{-1}范围内清晰地分辨出 7 个碳氢键伸缩振动峰,其中 5 个不饱和碳氢伸缩峰,2 个饱和碳氢伸缩峰(图 13-2)。从波峰 2850cm^{-1}至波谷 2870cm^{-1}之间的分辨深度不小于 18% 透光率,波峰 1583cm^{-1}至波谷 1589cm^{-1}之间的分辨深度不小于 12% 透光率。仪器的标准分辨率应不低于 2cm^{-1}。

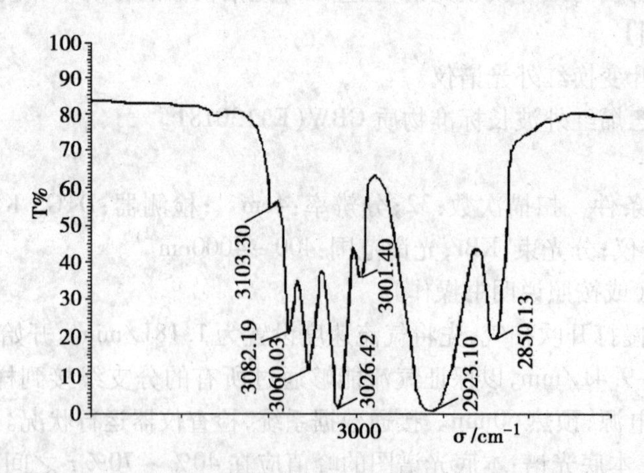

图 13-2 聚苯乙烯薄膜在 3110 ~ 2850cm^{-1}范围内的吸收峰

4. 波数准确度与重复性检查 常用聚苯乙烯薄膜(厚度约为 0.04mm)的吸收带作参考波数,以常用的扫描速度从高波数向低波数对同一张聚苯乙烯膜进行反复全波段扫描。一般扫描 3 ~ 5 次,记录表 13-1 所对应的各吸收带的波数值。在 3000cm^{-1}附近的波

表 13-1　聚苯乙烯红外波长标准物质的主要红外吸收峰

序号	1	2	3	4	5	6
$\sigma(cm^{-1})$	3082.19	3060.03	3026.42	3001.40	2850.13	1609.35
序号	7	8	9	10	11	12
$\sigma(cm^{-1})$	1583.64	1154.64	1069.20	1028.35	906.82	842.08

注：该数据摘自美国 NIST 公布的 SRM1921 标准值

数误差应不大于 ±5cm^{-1}，在 1000cm^{-1}附近的波数误差应不大于 ±1cm^{-1}。

5. 透光度准确度与重复性检查

(1)在波数 1000cm^{-1}处分别校准仪器的透射比 0% 与 100%，分别用 10% 与 50% 标准扇形板测量仪器透射比。不能定波数扫描的仪器，可在 1100～900cm^{-1}波段内扫描，量取透射比的平均值作为扇形板的测得值。重复测量 3～5 次。

(2)在仪器的起始波数处分别校准仪器的透射比 0% 与 100%，以适当的扫描速度对聚苯乙烯标准片进行全波段扫描，记录表 13-1 所列的各吸收带的值，重复测量3～5 次。

【数据处理】

1. 绘制 400～4000cm^{-1}范围内的聚苯乙烯红外光谱图。

2. 检查聚苯乙烯薄膜从峰 2850cm^{-1} 至谷 2870cm^{-1} 之间以及峰 1583cm^{-1} 至谷 1589cm^{-1}之间的分辨率。

3. 结果计算

(1)波数准确度($\Delta_{\bar{\sigma}}$)：

$$\Delta_{\bar{\sigma}} = \frac{1}{n}\sum(\sigma_i - \sigma_\tau)$$

式中，σ_i为波数测得值；σ_τ为参考波数值；n 为测量次数。

(2)波数重复性(R_σ)：

$$R_\sigma = \sigma_{max} - \sigma_{min}$$

式中，σ_{max}为波数测得值的最大值；σ_{min}为波数测得值的最小值。

(3)透光度准确度($\Delta_{\bar{\tau}}$)：

$$\Delta_{\bar{\tau}} = \frac{1}{n}\sum(\tau_i - \tau_\gamma)$$

式中，τ_i为透射比测得值；τ_r为透射比真实值；n 为测量次数。

(4)透光度重复性(R_τ)

$$R_\tau = \tau_{max} - \tau_{min}$$

式中，τ_{max}为透射比测得值的最大值；τ_{min}为透射比测得值的最小值。

【注意事项】

1. 使用聚苯乙烯红外波长标准物质时，应注意不要用手触摸透明玻璃，以免影响透光率。

2. 用清洁、干燥气体吹扫仪器，可消除空气中物质如水蒸气和 CO_2的影响。任何情况下，吹扫气体压力值都不应超过 0.2MPa 的极限。

3. 检查仪器分辨率高于 1cm^{-1}时，应采用一氧化碳气体。

【思考题】

1. 化合物的红外吸收光谱是如何产生的?

2. 聚苯乙烯红外波长标准物质的傅里叶变换红外光谱和色散型红外光谱有无区别?在 400 ~ 4000cm^{-1}间的分辨率是否相同?

3. 试解析聚苯乙烯的主要吸收峰归属。

实验四十八 乙酰水杨酸红外吸收光谱的测定

【实验目的】

1. 学习用溴化钾压片法制作固体试样的方法。

2. 了解傅里叶变换红外光谱仪的使用方法。

3. 了解红外光谱鉴定药物的一般过程。

【实验原理】

红外吸收光谱是由分子的振动-转动能级跃迁产生的光谱,化合物中每个基团都有几种振动形式,在中红外区相应产生几个吸收峰,因而特征性强。除个别化合物外,每个化合物都有其特征红外光谱。本实验选择固体样品绘制红外光谱,然后进行光谱解析,查对标准 Sadtler 红外光谱图进行核对。

【仪器和试剂】

仪器 傅里叶变换红外光谱仪,玛瑙研钵,压片机,红外干燥灯。

试剂 乙酰水杨酸(原料药),KBr(光谱纯)。

【实验步骤】

1. 压片法 称取干燥的乙酰水杨酸试样约 1mg,置于洁净玛瑙研钵中,加入干燥的 KBr 粉末(200 目)约 200mg,在红外灯照射下,研磨混匀,然后转移至专用红外压片模具(Φ13mm)或微量样品具中铺匀,合上模具置油压机上,先抽气约 2min 以除去混在粉末中的湿气和空气,再边抽气边加压至 1.5 ~ 1.8MPa 约 2 ~ 5min。除去真空,取出压成透明薄片的样品,装入样品架,按照仪器说明书操作,绘制乙酰水杨酸红外光谱图。

2. 糊状法 取少量干燥的乙酰水杨酸试样,置于玛瑙研钵中研细,加入几滴液体石蜡继续研磨至呈均匀糊状,将糊状物涂于可拆液体池的窗片上或空白 KBr 片上,绘制乙酰水杨酸红外光谱图。

3. 关机 实验结束后,退出操作界面和系统,关闭打印机,切断数据系统电源,切断光谱仪主机及稳压电源开关,拉下总电源,覆盖好仪器。

【数据处理】

1. 根据红外光谱图,找出特征吸收峰的振动形式,并由相关峰推测该化合物含有什么基团。

2. 从乙酰水杨酸红外光谱图上找出样品分子中主要基团的吸收峰。

【注意事项】

1. 压片制样时,物料必须磨细并混合均匀,加入到模具中需均匀平整。制得的晶片,若局部发白,表示晶片厚薄不均匀。

2. KBr 极易受潮,样品研磨应在低湿度环境中或在红外灯下进行。

3. 制样过程中,加压抽气时间不宜太长。真空要缓缓除去,以免样片破裂。

4. 固体颗粒受光照射时有散射现象。散射程度与颗粒的粒径、折射率、入射光波长有关。颗粒越大，散射越严重。但颗粒太细，晶体可能发生改变。故颗粒应该适中，一般颗粒粒度以 2μm 为宜。

5. 样品中不应混有水分，否则会干扰样品中羟基峰的观察。

【思考题】

1. 比较红外分光光度计与紫外分光光度计部件上的差别。
2. 压片法制样应注意什么？
3. 测定红外吸收光谱时对样品有何要求？
4. 解析乙酰水杨酸的红外光谱图。

（李云兰）

第十四章 原子吸收分光光度法实验

实验四十九　火焰原子吸收法测定自来水中钙和镁的含量

【实验目的】

1. 掌握原子吸收分光光度法测定样品的原理。
2. 熟悉工作曲线法的基本原理和方法。
3. 了解原子吸收分光光度计的性能和操作方法。

【实验原理】

在使用锐线光源的条件下，基态原子蒸气对共振线的吸收符合朗伯-比尔定律：

$$A = \lg(I_0/I) = KLN_0$$

当试样原子化的火焰温度低于3000K时，对大多数元素来说，原子蒸气中基态原子的数目实际上接近原子总数。在固定的实验条件下，待测元素的原子总数与该元素在试样中的浓度c成正比。因此上式可表示为：

$$A = K'c$$

此式是原子吸收定量分析的依据。对组成简单的试样，采用标准曲线法进行定量分析较为方便。

本实验采用火焰原子吸收法测定自来水中钙、镁离子的含量。在固定的实验条件下，钙、镁原子蒸气浓度与溶液中钙、镁浓度成正比。根据工作曲线法即可求出水样中钙、镁的含量。采用该法测定钙、镁的灵敏度较高，钙为0.05μg/ml，镁为0.005μg/ml。

【仪器和试剂】

仪器　原子吸收分光光度计（配备乙炔-空气燃烧器），钙、镁元素空心阴极灯。仪器操作条件（参考）：

元素	波长 nm	灯电流 mA	高压 V	通带宽度 nm	空气流量 L/min	乙炔流量 L/min	燃烧器高度 mm
镁	285.2	1.3	400	0.4	6.5	1.5	6
钙	422.7	1.5	425	0.4	6.5	1.7	6

试剂　氧化镁（AR），无水碳酸钙（AR），氯化锶（光谱纯），盐酸溶液（1mol/L）。

【实验步骤】

1. 溶液的制备

（1）镁标准贮备液（1mg/ml）：准确称取于800℃灼烧至恒重的氧化镁0.4146g于100ml烧杯中，滴加盐酸溶液至完全溶解，移入250ml量瓶中，用水稀释至刻度，摇匀备用。

(2)镁标准溶液[①](0.1mg/ml):准确吸取上述镁标准贮备液10ml于100ml量瓶中,用水稀释至刻度,摇匀备用。

(3)钙标准贮备液(1mg/ml):准确称取在110℃下烘干2h的无水碳酸钙0.6250g于100ml烧杯中,用少量纯水润湿,滴加盐酸溶液直至完全溶解,移入250ml量瓶中,用水稀释到刻度,摇匀备用。

(4)钙标准溶液[①](0.1mg/ml):准确吸取上述钙标准贮备液10ml于100ml量瓶中,用水稀释至刻度,摇匀备用。

(5)氯化锶溶液(0.2g/L):称取氯化锶约10g,加水溶解后,移入100ml量瓶中,用水稀释至刻度,摇匀后,转入塑料瓶中备用。

(6)铝标准溶液[①](0.1mg/ml):取氧化铝0.039g,用盐酸溶解后,移入100ml量瓶中,用水稀释至刻度,摇匀备用。

2. 仪器工作条件的选择(或按照仪器说明书操作) 按变动一个因素,固定其他因素来选择仪器最佳工作条件的方法,确定实验的最佳工作条件。

(1)在喷入同一浓度的标准溶液时,改变乙炔流量,找出最佳的乙炔流量。

(2)在喷入同一浓度的标准溶液时,改变燃烧器高度,找出最佳的燃烧器高度。

3. 工作曲线的绘制 取10个50ml量瓶,按下表依次准确配制,并用水稀释至刻度。

镁标准溶液浓度依次为0,0.10,0.20,0.30,0.40,0.50μg/ml。钙标准溶液浓度依次为0,1.0,2.0,4.0,6.0μg/ml。按选定的工作条件,由低浓度至高浓度依次测定各标准溶液的吸光度,用吸光度(已扣除空白溶液吸光度)为纵坐标,对应的标准溶液浓度为横坐标作图,即得工作曲线。

编 号	1	2	3	4	5	6	7	8	9	10
$SrCl_2$(ml)	1.0	1.0	1.0	1.0	1.0	1.0	1.0	1.0	1.0	1.0
标准Mg溶液(ml)	0	0.05	0.1	0.15	0.2					
标准Ca溶液(ml)						0	0.5	1.0	2.0	3.0
吸光度值(*A*)										

4. 干扰及消除 取4个25ml量瓶,按下表依次准确配制,并用水稀释至刻度。在上述测定条件下,分别测定溶液的吸光度。讨论测定结果。

编 号	1	2	3	4
Mg标准液(ml)	0.05	0.05	0.05	0.05
Al标准液(ml)	0	1.0		1.0
$SrCl_2$(ml)	0	0	0.5	0.5
吸光度值(*A*)				

5. 试样溶液的测定 取4个25ml量瓶,按下表依次准确配制,并用水稀释至刻度。在上述测定条件下,分别测定溶液的吸光度。从工作曲线上求出钙、镁的浓度,计算自来

① 也可选用国家标准单元素光谱溶液[GBW(E)],用蒸馏水稀释。

水中钙、镁含量(μg/ml)。

编　号	1	2	3	4
$SrCl_2$(ml)	0.5	0.5	0.5	0.5
自来水(ml)	1.0	1.0	4.0	4.0
吸光度值(A)				

【注意事项】

1. 单光束仪器一般预热 10~30min。

2. 点燃火焰时,应先开空气,后开乙炔。熄灭火焰时,先关乙炔后关空气,并检查乙炔钢瓶总开关关闭后压力表指针是否回到零,否则表示未关紧。

3. 在进行喷雾时,要保证助燃气和燃气压力不变,否则影响吸收值的准确性。

4. 因待测元素含量很低,测定中要防止污染、挥发和吸附损失。

5. 试样中共存的铝、钛、铁、硅酸根、硫酸根对测定有抑制作用而干扰测定,加入释放剂氯化锶或氯化镧可消除干扰。

6. 为减小测定误差,试样的吸光度应处于工作曲线的中部,否则,可通过改变取样体积加以调整。

【思考题】

1. 原子吸收分光光度法测定不同元素时,对光源有什么要求?

2. 若试样成分比较复杂,应如何进行测定?

3. 试述工作曲线法的特点及适用范围。

4. 如何消除原子吸收分析中的化学干扰?

实验五十　肝素钠中杂质钾盐的限量检查

【实验目的】

1. 熟悉用原子吸收分光光度法进行杂质检查的方法。

2. 熟悉原子吸收分光光度计的操作方法。

【实验原理】

药物中可能存在的杂质允许有一定限量,通常不要求测定其准确含量,只需进行限量检查,即检查药物中某项杂质是否超过其限量规定。用原子吸收法进行杂质限量检查时,可取一定量被检杂质的标准溶液与一定量供试品,在相同条件下进行处理和测定,通过比较对照溶液和供试品溶液的吸光度,以确定杂质含量是否超过限量。由于原子吸收法对钾具有较高的检测灵敏度,本实验采用该法进行肝素钠中杂质钾盐的检查。

【仪器和试剂】

仪器　原子吸收分光光度计,空气压缩机,乙炔钢瓶,量瓶(100ml,50ml),移液管等。

试剂　肝素钠试样,KCl(AR)。

【实验步骤】

1. KCl 标准溶液的配制　精密称取在150℃干燥1h的氯化钾0.1910g,置1000ml的量瓶中,加水溶解并稀释至刻度,摇匀。

2. 仪器工作条件　钾空心阴极灯工作电流:10mA;狭缝宽度:0.7nm;波长:766.5nm;

燃烧器高度:仪器自动调节;乙炔气流量:2.2L/min。

3. 试样中杂质的测定　取肝素钠试样0.10g,置100ml量瓶中,加水溶解并稀释至刻度,摇匀,作为供试品溶液(B)。另量取标准氯化钾溶液5.0ml置50ml量瓶中,加(B)溶液稀释至刻度,摇匀,作为对照溶液(A)。在766.5nm的波长处分别测定,对照溶液的测得值为a,在相同测定条件下供试品溶液的测得值为b,药典规定b值应小于(a－b)。

【注意事项】

1. 原子吸收分光光度法是一种极灵敏的分析方法,所使用的试剂纯度应符合要求,玻璃仪器应严格洗涤并用重蒸馏的去离子水充分冲洗,保证洁净。

2. 每测定一份溶液后,均用去离子水喷入火焰,充分冲洗灯头并调零。

3. 采用此法进行检查时,应严格遵循"平行原则",即标准溶液与供试品溶液应在完全相同的条件下进行测定,只有在平行操作条件下比较测定结果,才能得出正确结论。

4. 若检查合格,仅说明钾盐含量在质量标准的允许范围内,并不说明供试品中不含该项杂质。

【思考题】

1. 本实验中杂质钾盐的限量是多少?

2. 原子吸收分光光度计与紫外-可见分光光度计中的单色器的作用有何不同?

（彭　彦）

第十五章 核磁共振波谱法实验

实验五十一　核磁共振波谱仪的性能检查

【实验目的】

1. 了解核磁共振波谱仪的基本性能。

2. 了解核磁共振波谱仪的主要性能指标及其测试方法。

【实验原理】

核磁共振波谱仪的主要性能指标包括峰形、灵敏度、分辨率。峰形是考察仪器磁场高阶均匀度。灵敏度是仪器能够检测微弱信号的能力，用信噪比 S/N 表示。分辨率表示核磁共振波谱仪将相距很近的峰区分开来的能力。

【仪器和试剂】

仪器　Bruker ARX-300 型（或其他型号）超导核磁共振仪。

试剂　三氯甲烷丙酮-d^6（10%，V/V）；乙基苯三氯甲烷溶液（0.1%，V/V）；二氯苯的氘代丙酮溶液（15%）。

【实验步骤】

1. 峰形测定　绘制三氯甲烷丙酮-d_6溶液图谱见图 15-1。分别测量三氯甲烷^{1}H 共振峰高 0.55% 和 0.11% 处的峰宽，其比值应小于或等于规定的值 8/14；峰的形状应左右对称。

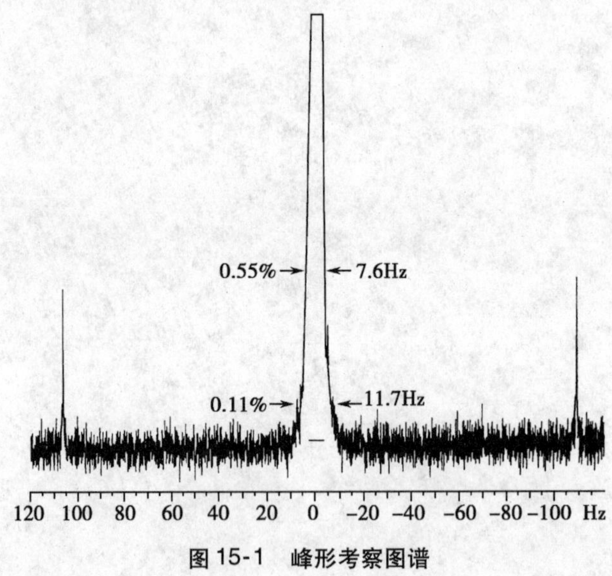

图 15-1　峰形考察图谱

2. 灵敏度测定　绘制乙基苯三氯甲烷溶液图谱见图 15-2。选取 2.8ppm 至 7.0ppm 中一段（2ppm）噪音放大。结果判别：以亚甲基四重峰的强度确定信噪比，四重峰中间两峰的裂分应低于峰高的 15%。

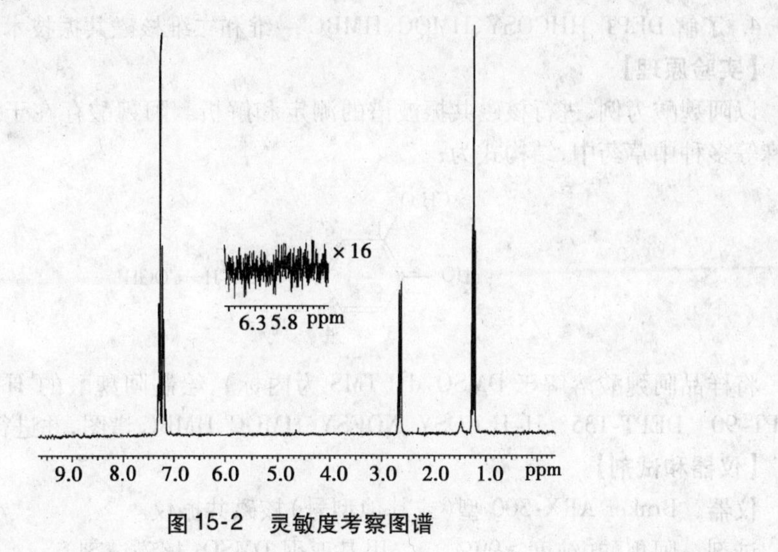

图 15-2　灵敏度考察图谱

本仪器出厂标示值为 100∶1,测试值为 112∶1。

3. 分辨率测定　绘制 ODCB(二氯苯的氘代丙酮溶液)图谱见图 15-3。结果判别:测量从左数第 2 个峰的半高宽,应不大于规定的值 0.2Hz,如果第 1 个峰与第 2 个峰没有完全分开,则用其他较小的信号测量分辨率。

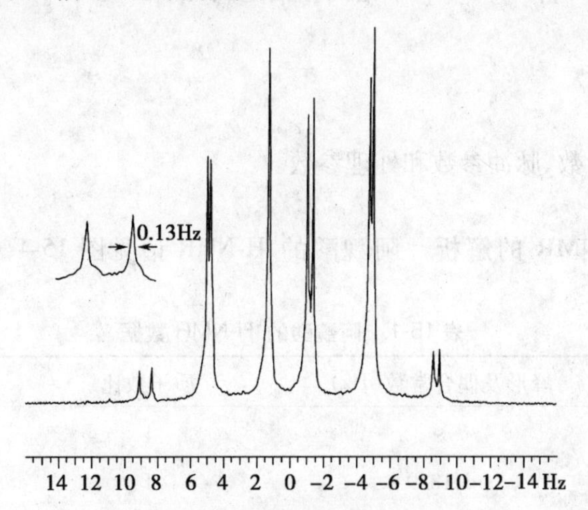

图 15-3　分辨率考察图谱

【思考题】

1. 核磁共振波谱仪的灵敏度和分辨率的表示方法是什么?
2. 400Mz、600Mz 核磁共振仪的分辨率和灵敏度各为多少?

实验五十二　有机化合物的核磁共振图谱测定和解析

【实验目的】

1. 掌握核磁共振氢谱和碳谱的解析方法。
2. 熟悉化学位移、积分氢数及偶合常数的测量。

3. 了解有机化合物核磁共振谱图的绘制方法。

4. 了解 DEPT、HHCOSY、HMQC、HMBC 一维和二维核磁共振技术。

【实验原理】

以阿魏酸为例，进行核磁共振波谱的测定和解析。阿魏酸存在于阿魏、川芎、当归和升麻等多种中草药中，结构式为：

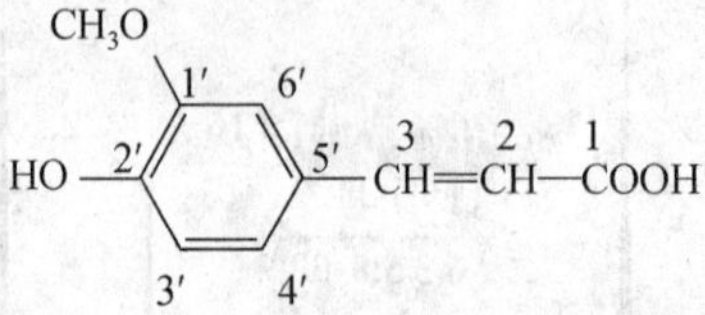

CH_3O
1′ 6′
HO 2′ 5′ 3 2 1
CH═CH—COOH
3′ 4′

将样品阿魏酸溶解于 DMSO-d^6（TMS 为内标），绘制阿魏酸的^1H-NMR 和^{13}C-NMR、DEPT-90°、DEPT-135°、H-H COSY、NOESY、HMQC、HMBC 谱图，并进行解析。

【仪器和试剂】

仪器 Bruker ARX-300 型（或其他型号）核磁共振仪。

试剂 阿魏酸（纯度≥99%）、二甲基亚砜 DMSO（核磁试剂）。

【实验步骤】

1. 试样的制备 阿魏酸以二甲基亚砜溶解后，装于样品管中供测定。

2. 测试条件 ^1H-NMR 和^{13}C-NMR 的工作频率分别为：300.13Hz 和 75.47Hz；^1H-NMR 谱的扫描范围 16ppm，^{13}C-NMR 谱的扫描范围 200ppm。

3. 测定步骤

（1）放置样品管。

（2）匀场。

（3）设定采样参数、脉冲参数和处理参数。

（4）谱图处理。

4. 阿魏酸^1H-NMR 的解析 阿魏酸的^1H-NMR 谱见图 15-4，其相关数据列于表 15-1。

表 15-1 阿魏酸的^1H-NMR 数据

δ(ppm)	峰形及偶合常数(Hz)	质子数比	质子归属
12.13	s	1	1-COOH
6.35	d,18.9	1	2-H
7.48	d,18.9	1	3-H
6.78	d,8.1	1	3’-H
7.07	d d,8.1,1.8	1	4’-H
7.28	d,1.8	1	6’-H
3.81	s	3	$-OCH_3$
9.56	s	1	-OH

注：d 表示双峰，dd 表示双二重峰，s 表示单峰。

（1）自旋系统和峰分裂：阿魏酸分子中存在三个独立的自旋系统，各部分之间可以认为不存在偶合作用。各部分的自旋系统类型及分裂情况见表 15-2。

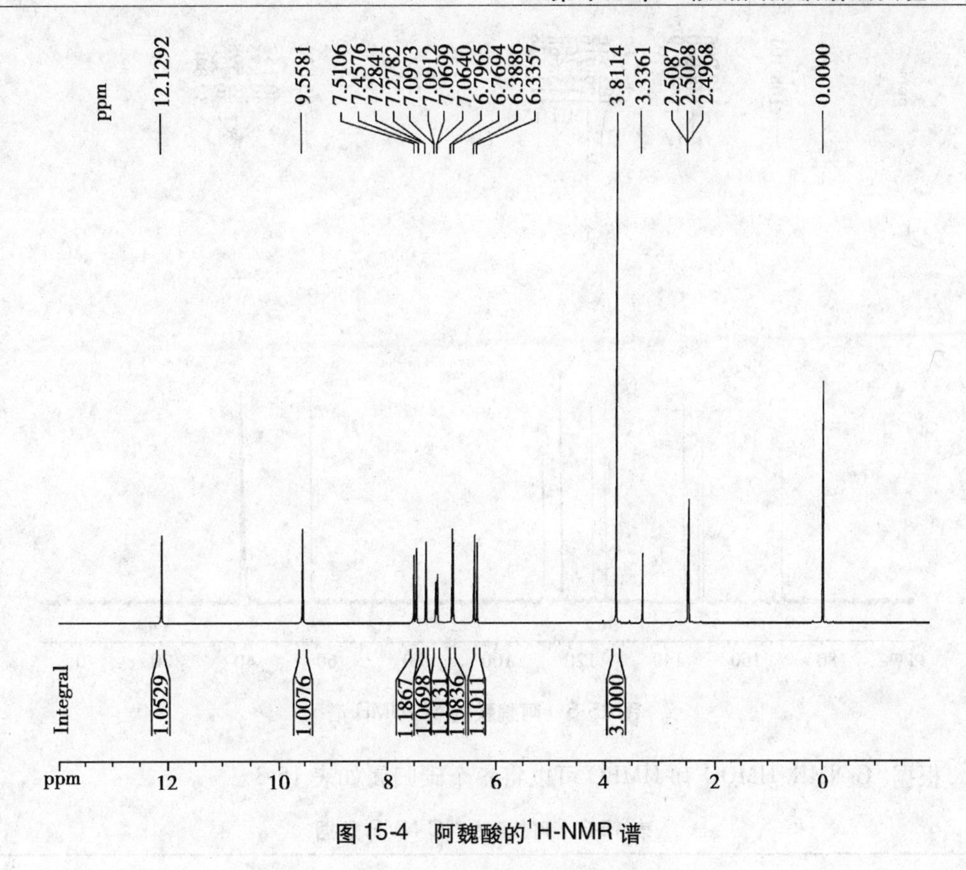

图 15-4　阿魏酸的^{1}H-NMR 谱

表 15-2　阿魏酸的 NMR 自旋类型及峰分裂情况

基团	自旋类型	峰形
—CH ═ CH—	AX	d
	AMX	d,d,dd
—OCH_3	A_3	s

1)2 位烯氢与 3 位烯氢发生偶合,每个氢都呈现双峰,且偶合常数为:$^3J_{H\text{-}H}$(6.3886 - 6.3357)×300 = 18.9Hz,从偶合常数也可以看出,这两个烯氢为反式偶合的关系。

2)3'氢与 4'氢发生邻位偶合,而 4'氢又与 6'氢发生间位偶合,所以 3'-H 呈 d 峰,$^3J_{H\text{-}H}$ = (6.7965 - 6.7694) × 300 = 8.1Hz,4'-H 呈 dd 峰,偶合常数分别为 8.1Hz 和 1.8Hz,6'-H 呈现 d 峰,偶合常数为 1.8Hz。

3)甲氧基呈现单峰,不和任何氢发生偶合关系。

(2)化学位移:各氢的化学位移值见表 15-1,2-H 和 3-H 的化学位移值相差较大,是因为这两个烯氢处于苯环和羰基的大共轭系统中,2-H 处于负电区,而 3-H 处于正电区,同时 3-H 也处于苯环的去屏蔽区。—COOH 和—OH 两个活泼氢的化学位移分别为 12.13 和 9.56ppm,这和测定条件例如温度、浓度以及所用溶剂等有关。

5. 阿魏酸的^{13}C-NMR 的解析　阿魏酸的^{13}C-NMR 谱见图 15-5,其相关数据列于表 15-3。

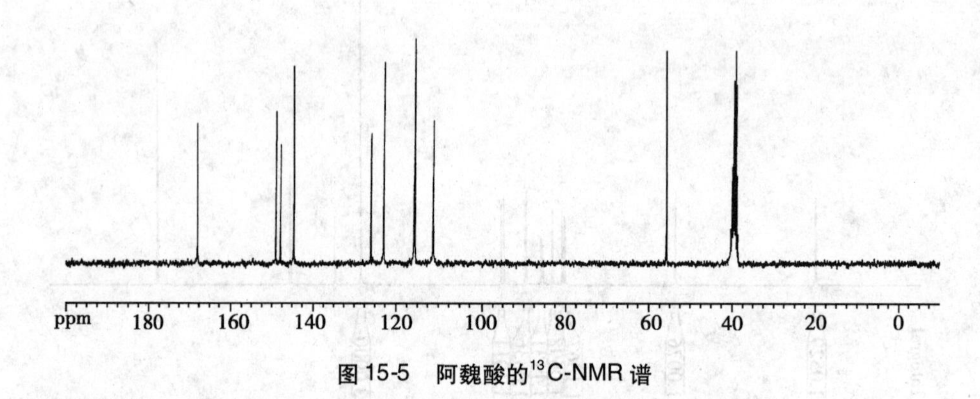

图 15-5 阿魏酸的^{13}C-NMR 谱

根据^{13}C-NMR、HMQC 和 HMBC 可以将各个碳归属如表 15-3。

表 15-3 阿魏酸的^{13}C-NMR 数据

δ(ppm)	C 归属
168.1	COOH
149.2	2'-C
148.1	1'-C
144.6	3-C
125.9	5'-C
122.9	6'-C
115.8	2-C
115.7	3'-C
111.3	6'-C
55.8	OCH_3

阿魏酸的碳信号可以分为三组：

第一组δ168.1 为α,β-不饱和酸的羰基碳信号。在常见基团中，羰基的碳原子由于其共振位置在最低场，因此很易被识别。羰基的碳原子共振之所以在最低场，从共振式可以看出羰基的碳原子缺少电子，故共振在最低场。如羰基与杂原子或不饱和基团相连，羰基的碳原子的电子短缺得以缓解，因此共振移向高场方向。由于上述原因酮、醛共振位置在最低场，一般$\delta > 195$ppm；酰氯、酰胺、酯、酸酐等相对酮、醛共振位置明显地移向高场方向，一般$\delta < 185$ppm。α,β-不饱和酮、醛的δ也减少，但不饱和键的高场位移作用较杂原

子弱。

第二组 δ111.3～149.2 为烯碳和苯环上的碳信号。取代烯烃的碳信号一般为 100～150ppm。苯环的 δ 为 128.5ppm。若苯环上的氢被其他基团所取代，苯环上的 δ 将发生变化。影响 δ 值的因素很多，如取代基电负性、重原子效应、中介效应和电场效应等。

第三组 δ55.8 为连氧碳信号。连氧碳信号的化学位移值一般在 50～90ppm。

6. 阿魏酸的 DEPT 谱解析 阿魏酸的 DEPT 谱见图 15-6。

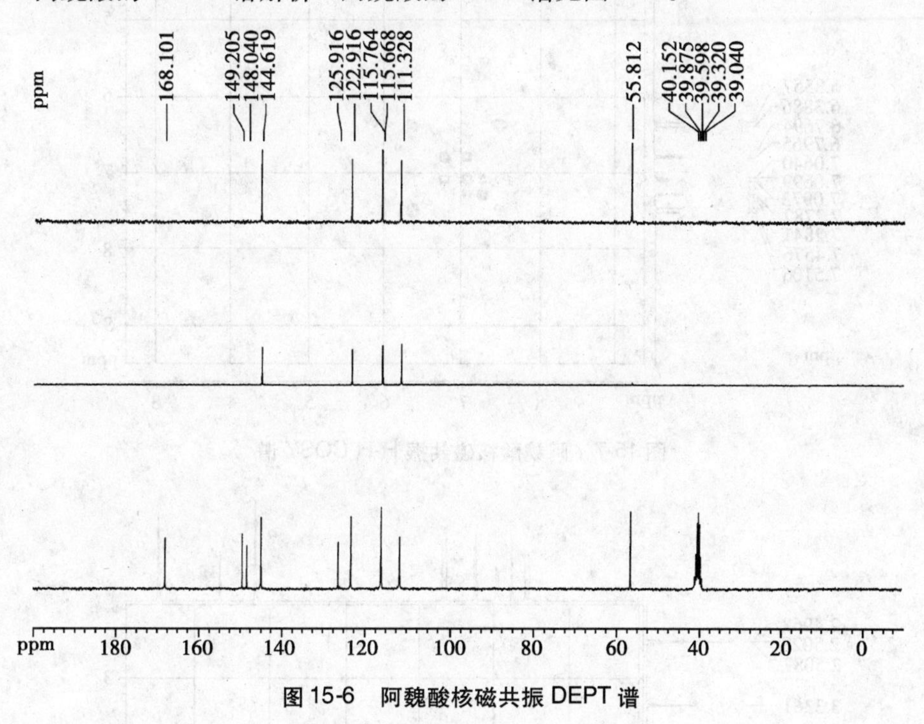

图 15-6 阿魏酸核磁共振 DEPT 谱

DEPT(distortionless enhancement by polarization transfer)直译为"不失真的极化转移增强"。DEPT-135°中 CH_3 和 CH 的谱线向上，CH 谱线向下，季碳消失。DEPT-90°中只出现 CH 谱线且向上。从 DEPT-90°中可以看出，δ144.6，122.9，115.8，115.7，111.3 为 CH，DEPT-135°减去 DEPT-90°可知 δ55.8 为 CH_3，结合碳谱可知 δ168.1，149.2，148.0，125.9 为季碳。

7. 阿魏酸的 H-H COSY 谱解析 阿魏酸的 H-H COSY 谱见图 15-7。

COSY 是 correlated spectroscopy 的缩写。H-H COSY 是同核相关谱，反映的是 ^3J 偶合关系，即相邻两个碳上的氢的相关情况，但有时也会出现少数远程偶合的相关峰。另一方面，当 ^3J 值较小时(如两面角接近 90°，^3J 值很小)，也可能没有相应的相关峰。

在阿魏酸的 H-H COSY 谱中，2-H 和 3-H 有相关，即 δ6.35 和 δ7.48 的两个氢有相关，这两个氢呈反式偶合关系，两面角接近 180°，故相关较明显；3'-H 和 4'-H 有相关，即 δ6.78 和 δ7.07 的两个氢相关，这两个氢处于苯环的邻位，偶合常数较大；4'-H 和 6'-H 有相关，但相关信号比较弱。

8. 阿魏酸的 NOESY 谱解析 阿魏酸的 NOESY 谱见图 15-8。

NOESY 是 nuclear overhauser effect spectroscopy 的缩写，即具有 NOE 效应的二维谱。

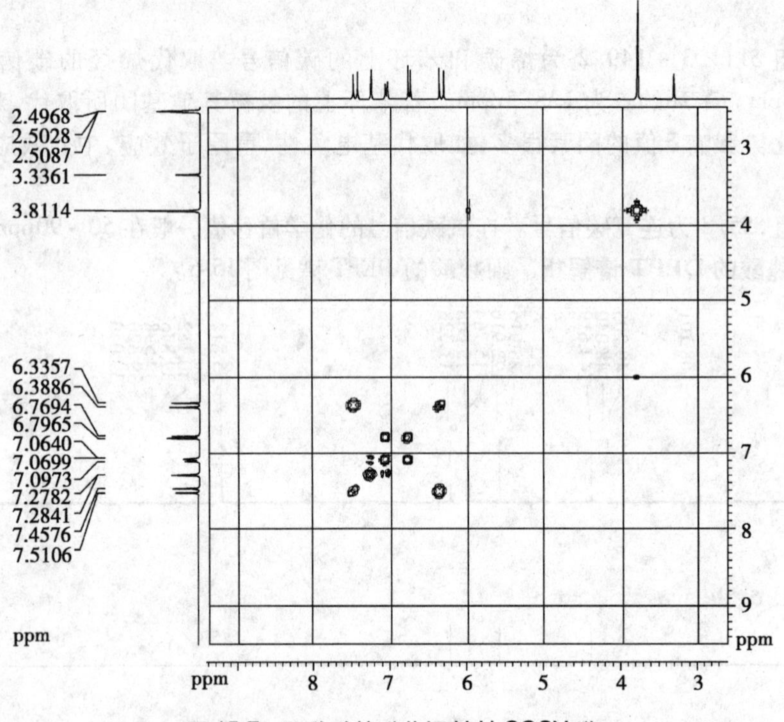

图 15-7 阿魏酸核磁共振 H-H COSY 谱

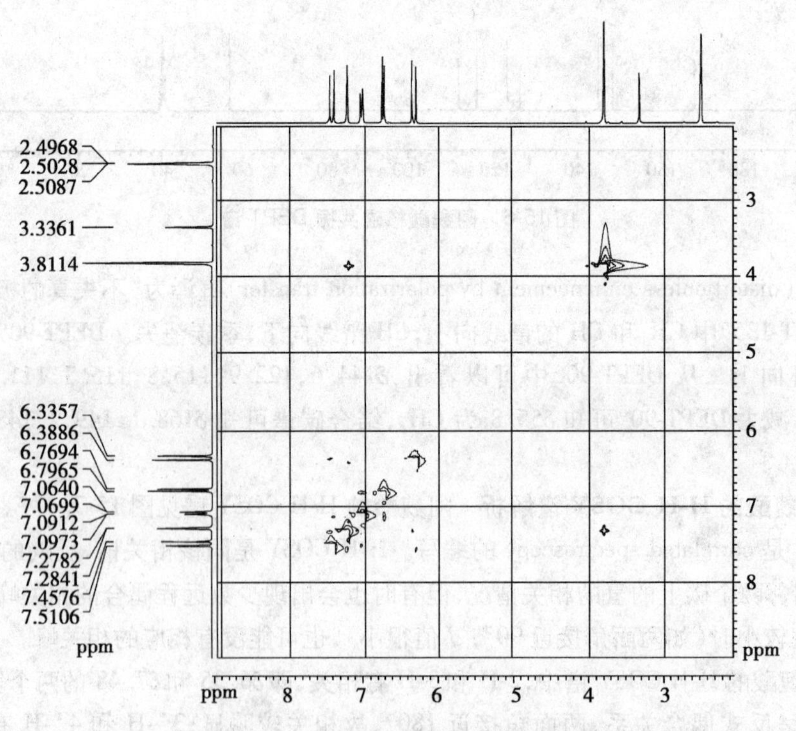

图 15-8 阿魏酸核磁共振 NOESY 谱

在 NOESY 谱中,空间位置相近的两个氢出现相关峰,而和相隔的键数无关。在阿魏酸的 NOESY 谱中,甲氧基和 6’-H 相关,2-H 和 4’-H 相关,3’-H 和 4’-H 相关,说明这些氢在空间位置上相近,通过 NOESY 实验可以确定羟基和甲氧基在苯环上的连接位置。

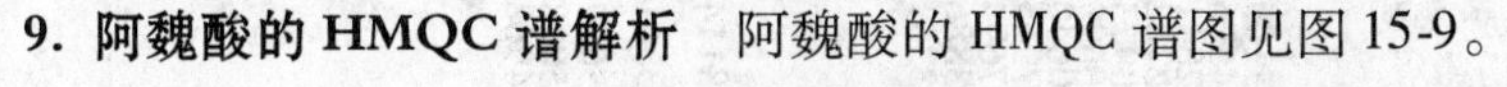

9. 阿魏酸的 HMQC 谱解析　阿魏酸的 HMQC 谱图见图 15-9。

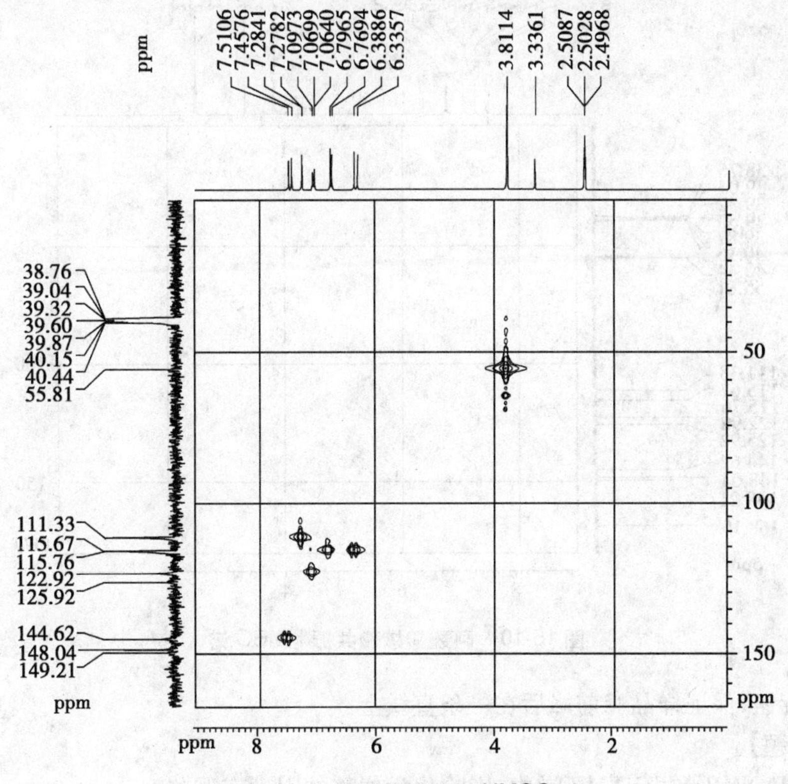

图 15-9　阿魏酸核磁共振 HMQC 谱

HMQC 是 heternuclear multiple-quantum correlation（异核多量子相关谱）的缩写。HMQC 实验是通过检测^{1}H 信号而达到间接检测^{13}C 信号的一种方法。在 HMQC 谱中给出的是和氢直接相连碳的相关信息，这样就可把和氢相连的碳归属了。在阿魏酸的 HMQC 谱中，甲氧基上的氢和 55.81 的碳相关，2-H 和 δ115.8 的碳相关，3-H 和 δ144.6 的碳相关，3'-H 和 δ115.7 的碳相关，4'-H 和 δ122.9 的碳相关，6'-H 和 δ111.3 的碳相关。

10. 阿魏酸 HMBC 谱解析　阿魏酸的 HMBC 谱见图 15-10。

HMBC 是 heternuclear multiple-bond correlation（异核多重键相关谱）的缩写。虽然 HMQC 实验很好，但是它无法判定季碳的化学位移。HMBC 实验正好解决了这一不足，在 HMBC 谱中看到的是相隔两个键或三个键的 C-H 相关信息，所以在 HMBC 谱中可以看到一个^{1}H 峰和多个碳峰相关，在阿魏酸的 HMBC 谱中 3-H 和 6'-C, 4'-H 和 6'-C, 3-H 和 4'-C, 6'-H 和 4'-C, 3'-H 和 5'-C, 2-H 和 5'-C, 6'-H 和 3-C, 4'-H 和 3-C, 6'-H 和 2'-C, 3'-H 和 1'-C, 3-H 和 1-C, 2-H 和 1-C 相关。通过 HMBC 实验可以确定 1'-C, 2'-C, 5'-C 和 COOH 的化学位移。

【注意事项】

1. 由于温度变化会引起磁场漂移，因此记录样品谱图前须反复检查 TMS 零点。

2. 调节好磁场均匀性（匀场）是提高仪器分辨率、获得满意谱图的关键。为此，实验中应注意以下几点：①应保证样品管以适当转速平稳旋转。转速太高，样品管旋转时会上下颤动；转速太低，则影响样品所感受磁场的平均化；②匀场旋钮要交替、有序调节；③调

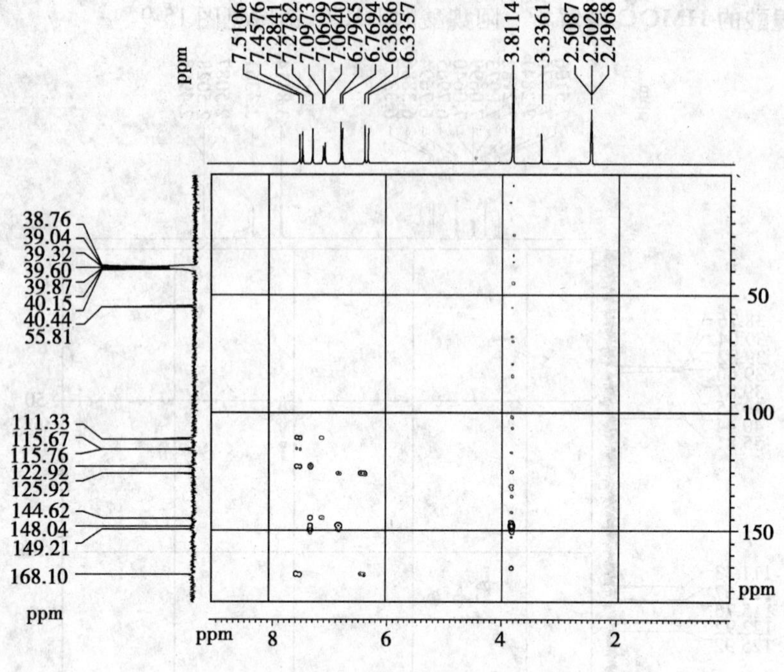

图 15-10　阿魏酸核磁共振 HMBC 谱

节好相位旋钮,保证样品峰前峰后在一条直线上。

【思考题】

1. 在^{1}H-NMR 和^{13}C-NMR 谱中,影响化学位移的因素有哪些?

2. 为什么 DEPT 谱可以区分 CH_3、CH_2和 CH?

3. ^{1}H-NMR 谱图的峰高是否能作为质子比的可靠量度?积分高度与结构有何关系?

（袁　波　沙　沂）

第十六章 质谱法实验

实验五十三　正二十四烷的质谱分析

【实验目的】

1. 掌握双聚焦质谱仪基本构造。

2. 掌握电子轰击源的工作原理。

3. 了解质谱图的构成及正构烷烃质谱图的主要特点，说明各碎片离子峰的来源。

【实验原理】

质谱，就是在高真空状态下，应用多种离子化技术，将物质分子转化为气态离子并按质荷比（m/z）大小进行分离并记录其信息，从而进行物质结构分析的方法。根据质谱图提供的信息，可以进行有机化合物及无机化合物的定性和定量分析、化合物的结构分析、样品中各同位素比的测定及固体表面结构和组成分析等。

高分辨质谱可直接确定分子式，并可用于混合物的含量测定。此外质谱还可用来研究有机化学反应的反应机理等。

【仪器和试剂】

仪器　双聚焦质谱仪（装配电子轰击源）。

试剂　正二十四烷（色谱纯，白色片状结晶，相对分子质量 338）。

【实验步骤】

1. 装入样品　将 2～4μg 正二十四烷固体样品放入直接探头进样杆的样品杯中，将样品杯牢固装在杯子支架上，然后将进样杆推入真空锁阀第一个“停止”处，此时进样杆上的卡口已进入真空锁阀边缘的槽里。抽净空气再慢慢打开球阀并注意离子源真空度的读数小于 10^{-4}mbar，再旋转真空锁阀边缘槽上的轴，使卡口对准闭锁柄的导入管，再缓缓平稳推动进样杆至第二个“停止”处，使探头顶端到位与电离室入口密封，开动真空系统使电离室的真空度达 10^{-6}Torr。

2. 设定样品加热温度　将探头控温电缆线接至探头末端的五蕊插座上，再调节探头加热温度指示到所需的 250℃位置。

3. 扫描条件的设置　将扫描控制单元的主扫描速度调节为 20s 扫速下获线性扫描所需的质量范围 400amu，记录 0～400amu 的质谱图。

4. 电子轰击源工作条件的设定　发射电流 500μA，电子能量 70eV，离子源温度 200℃。

5. 质谱图的获取　接通直接探头进样的电加热电源，升高探头温度，在监示器监测样品升温蒸发情况。当达到样品蒸发分布图的最强处，启动主扫描按钮，记录仪能自动启动并记录质谱图。

6. 实验数据及处理

（1）由获得的质谱图找出其中的分子离子峰和基峰；

(2)确定相对强度大于50%的离子峰的结构式。

【注意事项】

1. 离子源真空度的读数小于10^{-4}mbar,电离室的真空度达10^{-6}Torr。

2. 电子轰击源工作条件设定是保证实验成败的关键。

【思考题】

根据相对强度大于50%的离子峰的结构式,指出这些相邻离子峰的质量数相差多少?其碎片离子峰的通式是什么?

(黄丽英)

第十七章 平面色谱法实验

实验五十四 薄层色谱法测定硅胶(黏合板)的活度

【实验目的】

1. 掌握硅胶黏合薄层板的铺制方法。
2. 掌握用薄层色谱法测定硅胶活度的方法。
3. 熟悉薄层色谱法的一般操作方法。

【实验原理】

硅胶黏合薄层板活度的测定，一般采用 Stahl 活度测定方法，以二甲黄、靛酚蓝和苏丹红各 40mg，溶于 100ml 挥发性溶剂中，点于硅胶黏合薄层板上，用石油醚展开时，斑点应在原点($R_f=0$)；如展开剂改用环己烷-丙酮(2.7∶1)展开，则分成三个斑点，其 R_f 值分别为：二甲黄 0.58，苏丹红 0.19，靛酚蓝 0.08。经本法测定合格的硅胶板，其活度与柱色谱所测定的活度Ⅱ～Ⅲ级相当。

$$R_f=\frac{\text{原点中心至斑点中心的距离}}{\text{原点中心至溶剂前沿的距离}}$$

【仪器和试剂】

仪器 层析缸(10cm×10cm)，玻璃板(10cm×5cm)，平头微量注射器(或点样毛细管)，乳钵，牛角匙等。

试剂 二甲黄，苏丹红，靛酚蓝，石油醚，环己烷-丙酮(2.7∶1)，硅胶 G，羧甲基纤维素钠。

【实验步骤】

1. 硅胶黏合薄层板的制备 称取羧甲基纤维素钠(CMC-Na)0.70g，加入 100ml 蒸馏水，加热溶解，混匀，放置 1 周以上待澄清备用。取上述羧甲基纤维素钠上清液 30ml(或适量)，置乳钵中。另取 10g 硅胶，分次加入乳钵中，待充分研磨均匀后，取糊状的吸附剂适量倒入清洁的玻璃板上，可晃动或转动玻璃板，使其均匀流布于整块玻璃板上。将其水平放置晾干，再在 110℃活化 1h，置干燥器中备用。

2. 点样、展开 在距薄层板端 1.0cm 处，用铅笔轻轻划一起始线。取上述三种染料溶液各 5μl，点样于硅胶薄层板的起始线上，点距约 1.0cm，斑点直径不超过 3mm，置于盛有展开剂石油醚(沸点 30～60℃)的层析缸中，板的一端浸入展开剂深度约 0.5cm，密闭，待展开剂上升到离起始线 10cm 处，取出，标记溶剂前沿，三种染料应不移动。取出薄层板，待石油醚挥发后，再按同法以环己烷-丙酮(2.7∶1)为展开剂，展开距离约为 10cm，取出，标记溶剂前沿，待展开剂挥发后，观察各染料的斑点位置，测量 R_f 值，判断其活度。

【注意事项】

1. 在乳钵中混合硅胶 G 和羧甲基纤维素钠黏合剂时，需充分研磨均匀，并朝同一方向研磨,注意去除表面气泡。

2. 活化后的薄层板应储存于干燥器中,以免吸收湿气而降低活性。

3. 点样时,点样工具应保持垂直方向,小心接触薄层板面进行点样,勿损坏薄层表面。

4. 展开剂不要加得过多,起始线切勿浸入展开剂中。

【思考题】

1. 薄层板为什么需要活化?硅胶的活度与其含水量有何关系?

2. 薄层板的活性、流动相的极性与 R_f值有什么关系?

3. 本实验在相同的色谱条件下,为什么靛酚蓝、苏丹红与二甲黄的 R_f值依次增大?试解释 R_f值与物质的极性的关系。

实验五十五 复方磺胺甲噁唑片中磺胺甲噁唑和甲氧苄啶的薄层色谱分离和鉴定

【实验目的】

1. 掌握薄层色谱法的 R_f值及分离度的计算方法。

2. 熟悉硅胶黏合薄层板的铺制方法及薄层色谱的操作技术。

3. 了解薄层色谱法在药物复方制剂的分离、鉴定中的应用。

【实验原理】

薄层色谱法设备简单,操作简便快捷,灵敏度高,因此广泛应用于药物鉴别。一般采用对照品比较法,即将试样与对照品在同一薄层板上点样展开后,要求试样斑点的 R_f值应与对照品斑点一致。

复方磺胺甲噁唑片含磺胺甲噁唑(SMZ)和甲氧苄啶(TMP)两种成分,可在硅胶 GF_{254}荧光板上,用三氯甲烷-甲醇-二甲基甲酰胺(20:20:1)为展开剂,利用硅胶对 TMP 和 SMZ 具有不同的吸附能力,流动相对两者具有不同的溶解能力而达到混合组分的分离。样品中 TMP 和 SMZ 在荧光板上产生的暗斑,与同板上对照品的暗斑比较 R_f值,用以进行药物的鉴定,并按下式计算两组分的分离度 R。

$$R = \frac{\text{相邻色斑中心间的距离}}{(W_1 + W_2)/2}$$

W_1和 W_2分别为两色斑的纵向直径。

【仪器和试剂】

仪器 双槽层析缸(10cm×10cm),玻璃板(10cm×5cm),紫外分析仪(254nm),平头微量注射器(或点样毛细管),乳钵,牛角匙等。

试剂 SMZ 对照品,TMP 对照品,复方磺胺甲噁唑片(市售),三氯甲烷-甲醇-二甲基甲酰胺(20:20:1),硅胶 GF_{254},羧甲基纤维素钠(CMC-Na)溶液为(0.70%,W/V)。

【实验步骤】

1. 硅胶黏合薄层板的制备 硅胶 GF_{254}和 0.70% 羧甲基纤维素钠水溶液以 1:3 的比例混合均匀,铺板,室温下晾干,110℃活化 1h,置干燥器中备用。

2. 溶液配制

(1)对照品溶液:取 SMZ 对照品 0.2g、TMP 对照品 40mg,各加甲醇 10ml 溶解,作为对照品溶液。

(2)试样溶液:取本品细粉适量(约相当于SMZ 0.2g),加甲醇10ml,振摇,过滤,取续滤液作为试样溶液。

3. 点样和展开　在距薄层板端1.5cm处,用铅笔轻轻划一起始线。用点样毛细管分别点SMZ、TMP对照品溶液及试样溶液各5μl,斑点直径不超过3mm。待溶剂挥发后,将薄层板置于盛有20ml(或适量)展开剂的双槽层析缸中预饱和10~15min,再将点有样品的一端浸入展开剂约0.3~0.5cm,展开。待展开剂移行约8cm处,取出薄层板,立即用铅笔标记溶剂前沿,放入通风橱待展开剂挥散后,在紫外分析仪(254nm)中观察,标出各斑点的位置、形状,并按比例描画图谱,计算R_f值和R值。

【注意事项】

1. 薄层板使用前应检查其均匀度(通过透射光和反射光检视),并在紫外分析仪中观察薄层荧光是否被掩盖(即由于研磨不均匀使板上出现部分暗斑),若有掩盖现象,将会影响斑点的观察,则制板失败,此板弃用。
2. 点样量不宜太多,否则会因拖尾影响分离度。
3. 层析缸必须密闭,否则溶剂易挥发,从而改变展开剂比例,影响分离度。
4. 展开剂不可直接倒入水槽,须统一回收处理。

【思考题】

1. 薄层色谱的显示定位方法有几种?
2. 荧光薄层检测斑点的原理是什么?
3. 层析缸和薄层板若不预先用展开剂蒸气饱和,会产生什么现象?为什么?

实验五十六　薄层扫描测定黄柏中盐酸小檗碱的含量

【实验目的】

1. 掌握薄层扫描定量的原理和方法。
2. 熟悉双波长薄层扫描仪的使用方法。
3. 了解中药有效成分的薄层分离定量方法。

【实验原理】

薄层扫描法是指用一定波长、一定强度的光照射在薄层板上,对薄层色谱中可吸收紫外-可见光的斑点,或经激发后能发射出荧光的斑点进行扫描,用仪器测量照射前后光束强度的变化。在扫描曲线上的每个峰对应于薄层上的相应斑点,峰高或峰面积与组分的量有一定的关系,比较对照品与样品的峰高或峰面积,可测得组分含量。

黄柏为芸香科植物黄皮树(川黄柏)或黄檗(关黄柏)的干燥树皮,其主要化学成分为小檗碱、黄檗碱等生物碱。本实验采用外标两点法测定黄柏中盐酸小檗碱的含量,用两种浓度或一种浓度两种点样量的对照品溶液与试样溶液在同一薄层板上展开,根据斑点峰面积积分值和对照品量求得样品中待测组分的含量。

【仪器和试剂】

仪器　双波长薄层扫描仪(日本岛津CS-9301PC)、层析缸(20cm×20cm),点样毛细管,玻璃板(10cm×20cm),喷雾器,移液管、量瓶等。

试剂　盐酸小檗碱对照品、黄柏、甲醇、乙酸乙酯-丁酮-甲酸-水(10:6:1:1)、硅胶G、0.7%羧甲基纤维素钠等。

【实验步骤】

1. 黏合薄层板的铺制 硅胶 G 和 0.70% 羧甲基纤维素钠水溶液以 1∶3 的比例混合均匀，铺板，室温下晾干，110℃活化 1h，置干燥器中备用。

2. 溶液配制

(1)对照品溶液：取盐酸小檗碱对照品 10mg，精密称定，精密加入甲醇 10ml，制成每 1ml 含 1.0mg 的溶液，作为对照品储备液。

分别精密吸取对照品储备液 1.0，2.0，3.0，4.0，5.0ml，至 10ml 量瓶中，用甲醇稀释至刻度，摇匀，作为系列浓度的盐酸小檗碱对照品溶液。

(2)试样溶液：取黄柏药材粉末约 0.5g，精密称定，置具塞锥形瓶中，精密加入甲醇 15ml，称定重量，超声提取 40min，放冷，再称定重量，用甲醇补足减失的重量，摇匀，滤过，取续滤液作为试样溶液，待测。

3. 薄层层析

(1)标准曲线的绘制：分别精密吸取不同浓度的盐酸小檗碱对照品溶液 2μl，分别点于同一薄层板上，以乙酸乙酯-丁酮-甲酸-水(10∶6∶1∶1)为展开剂，置展开缸内预平衡 15min 后，上行展开，当展开剂前沿展至距原点约 10cm 时取出，晾干。

(2)试样测定：用微量点样器精密吸取试样溶液 2μl 及 0.1mg/ml 和 0.3mg/ml 对照品溶液各 2μl，交叉点于同一薄层板上，同法展开，取出晾干。

4. 薄层扫描 将薄层板置于薄层扫描仪的样品室，采用反射法锯齿扫描方式，$\lambda_{参比}=550nm$，$\lambda_{测量}=425nm$，分别对以上薄层板上每个斑点进行扫描，测量样品浓度与对照品的峰面积的积分值。

5. 结果处理

(1)计算盐酸小檗碱的 R_f 值。

(2)根据标准曲线的扫描峰面积积分值数据，求出盐酸小檗碱的回归方程和相关系数。

(3)用外标两点法计算黄柏中盐酸小檗碱的含量。

【注意事项】

1. 薄层扫描用的玻璃板必须光滑平整，涂层必须均匀，无污染和缺损。

2. 影响薄层扫描的因素很多，如薄层的均匀度、薄层厚度、展开距离、点样方式、样点大小、显色是否均匀、显色后溶剂是否挥发干净以及是否按薄层扫描仪的要求使用等，均能影响测定结果，操作时应特别注意。

【思考题】

1. 薄层定量的方法有哪几种？

2. 薄层扫描的定量原理是什么？

3. 薄层扫描有几种测光方式？各在什么情况下使用？

实验五十七 氨基酸的纸色谱法分离和鉴定

【实验目的】

1. 掌握分配色谱法的分离原理。

2. 熟悉纸色谱法的基本操作方法。

【实验原理】

纸色谱属于分配色谱。滤纸被看作是一种惰性载体，固定相为吸附于惰性载体纸纤维上的水（约20%～25%），其中6%左右的水通过氢键与纤维素上的羟基结合成复合物；流动相为有机溶剂。被分离的物质在固定相和流动相之间利用分配系数的不同而达到分离。

本实验以正丁醇-冰醋酸-水（4∶1∶1）为流动相，利用纸色谱上行法展开分离蛋氨酸［$CH_3SCH_2CH_2CH(NH_2)COOH$］和甘氨酸（$NH_2CH_2COOH$）。这两种氨基酸由于结构上的差异，在水中和有机溶剂中的溶解度不同，其分配系数也不同而达到分离。展开后，氨基酸在60℃下与茚三酮发生显色反应，色谱纸上出现红紫色斑点。

【仪器和试剂】

仪器　层析缸，中速色谱纸，点样毛细管（或微量注射器），喷雾器，烘箱（或电炉）。

试剂　正丁醇-冰醋酸-水（4∶1∶1），茚三酮（0.15g茚三酮+30ml冰醋酸+50ml丙酮使溶解），甘氨酸及蛋氨酸对照品，甘氨酸、蛋氨酸试样混合液。

【实验步骤】

1. 溶液配制

（1）对照品溶液：称取甘氨酸及蛋氨酸对照品适量，分别用水溶解并配成每1ml中含0.4mg的溶液，作为对照品溶液。

（2）试样溶液：取甘氨酸与蛋氨酸混合物细粉适量（约相当于甘氨酸及蛋氨酸各4mg），加水10ml溶解，振摇，过滤，取续滤液作为试样溶液。

2. 点样　取中速色谱纸（20cm×6cm）一张，在距底边2.0cm处用铅笔轻划一起始线，分别取上述对照品溶液和试样溶液各5μl，点样于起始线上，点距约1.0cm，斑点直径约2mm，晾干（或用冷风吹干）。

3. 展开　在干燥的层析缸中加入35ml（或适量）的展开剂，把点样后的色谱纸垂直悬挂于层析缸内，盖上缸盖，饱和10min。然后使纸底边浸入展开剂内约0.3～0.5cm，展开。

4. 显色　待溶剂前沿展开至约15cm，取出色谱纸，立即用铅笔标记溶剂前沿。晾干后，喷茚三酮显色剂，再置滤纸于60℃烘箱内显色5min（或在电炉上方小心加热），即可显出红紫色斑点。

5. 定性分析　用铅笔将各斑点的轮廓画出，找出各斑点的中心点，分别计算试样混合液中各组分及对照品斑点R_f值，对试样组分进行定性鉴定。

【注意事项】

1. 每次点样后，一定要吹干才能再点第二次。斑点的直径约为2mm。

2. 显色剂茚三酮对体液如汗液等均能显色，在拿取色谱纸时，应注意拿滤纸的顶端或边缘，以保证色谱纸上无杂斑（如手纹印等）。

3. 茚三酮显色剂应新鲜配制，或置冰箱中冷藏备用。

4. 喷显色剂要均匀、适量，不可过分集中，使局部太湿。

【思考题】

1. 影响R_f值的因素有哪些？

2. 在色谱实验中为何常采用对照品对照？

3. 由实验结果，试解释两种氨基酸的R_f值大小顺序。

4. 若有下列3种酸在正丁醇-甲酸-水（10∶4∶1）的溶剂系统中展开，推断三者的R_f值从小到大的顺序。

$$\begin{array}{l}COOH\\|\\COOH\end{array}\qquad H_2C\begin{array}{l}COOH\\COOH\end{array}\qquad \begin{array}{l}H_2C-COOH\\|\\H_2C-COOH\end{array}$$

乙二酸　　丙二酸　　丁二酸

实验五十八　四逆汤中乌头碱的限量检查

【实验目的】

1. 掌握乌头碱的限量检测方法。

2. 熟悉用薄层色谱法进行中药的杂质限量检查。

【实验原理】

四逆汤中所含的乌头碱属酯型生物碱，毒性大，因此应对其进行限量检测。常用的检查方法有薄层色谱法和比色法。用薄层色谱法进行检测时，可取一定量乌头碱对照溶液与一定量试样，在相同条件下于同一薄层板上进行色谱分离和显色，通过比较对照溶液和试样溶液中乌头碱斑点的颜色，以确定乌头碱含量是否超过限量。

【仪器和试剂】

仪器　层析缸，硅胶G薄层板，点样毛细管（或微量注射器），喷雾器。

试剂　三氯甲烷-乙酸乙酯-浓氨试液（5∶5∶1），稀碘化铋钾试液，乙醚（AR），无水乙醇（AR），浓氨试液（AR），乌头碱对照品，次乌头碱对照品，四逆汤（市售）。

【实验步骤】

1. 溶液配制

（1）对照品溶液：精密称取乌头碱和次乌头碱对照品适量，加无水乙醇制成每1ml各含2.0mg与1.0mg的混合溶液，作为对照品溶液。

（2）试样溶液：取四逆汤70ml，加浓氨试液调节pH至10，用乙醚振摇提取3次，每次100ml，合并乙醚液，回收溶剂至干，残渣用无水乙醇溶解使成2.0ml，作为试样溶液。

2. 点样、展开、显色　吸取试样溶液6μl、对照品溶液5μl，分别点于同一硅胶G薄层板上，以三氯甲烷-乙酸乙酯-浓氨试液（5∶5∶1）的下层溶液为展开剂，展开，取出，晾干，喷以稀碘化铋钾试液。供试品色谱中，在与对照品色谱相应的位置上，出现的斑点应小于对照品的斑点或不出现斑点。

【注意事项】

1. 每次点样后，一定要吹干才能再点第二次。斑点的直径约为2mm。

2. 喷显色剂要均匀、适量。

【思考题】

1. 除薄层色谱法外，还可用什么方法进行酯型生物碱的限量检查？

2. 乌头碱在本品中的限量是多少？

（熊志立）

第十八章 气相色谱法实验

实验五十九　填充色谱柱的制备

【实验目的】

1. 学习固定液的静态涂布方法。

2. 学习填充柱的制备操作和色谱柱的老化方法。

【实验原理】

填充柱制备简单,可供选择的载体、固定液及吸附剂的种类较多,可通过选择合适的固定相来提高分离度;并且填充柱载样量较大,可用于痕量组分检测和制备色谱,是 GC 中应用较普遍的一种色谱柱。其中,由于固定液种类繁多,故气-液填充柱的应用更为广泛。一根良好的气-液填充柱的柱效不仅与选择适合的固定液与载体有重要关系,而且与固定液涂渍在载体表面是否均匀,以及固定相填装是否均匀、紧密等有密切关系。

本实验采用静态涂布法涂渍固定液并进行柱的填装,填装完毕后不能马上使用,需要进行老化处理,以除去残余溶剂和低沸点杂质,使固定液液膜牢固、均匀地分布在载体表面。

【仪器和试剂】

仪器　真空泵,滤瓶,红外灯,不锈钢空柱管,漏斗,蒸发皿等。

试剂　固定液:邻苯二甲酸二壬酯(DNP);6201 红色硅藻土载体(60～80 目);乙醚(AR),乙醇(AR),HCl 溶液(6mol/L),NaOH 溶液(10%,*W/V*)等。

【实验步骤】

1. 载体的预处理　称取 100g 6201 载体,置于 400ml 烧杯中,加入 HCl 溶液浸泡20～30min,以除去载体表面的铁等金属氧化物。然后用水清洗至中性,抽滤后转移至蒸发皿中,烘干(105℃,4～6h),过筛(60～80 目),置干燥器内保存备用。若为已经预处理的市售商品载体,则本步骤可省略,过筛后便可使用。但在涂渍前,需在 105℃ 烘箱内烘 4～6h,以除去载体吸附的水分。

2. 不锈钢空柱管的清洗　将不锈钢空柱管充满水,测量其容积作为载体取量的依据。然后按下述浸泡方法洗涤,以除去内壁污物:NaOH 溶液浸泡 5～6min→水抽洗至中性→烘干备用(必要时使用 NaOH 溶液反复抽洗数次)。

3. 固定液的涂渍　本实验选用的固定液与载体的配比为 1∶10。称取固定液 DNP 5g 于 150ml 蒸发皿中,加适量乙醚溶解(乙醚的加入量应能浸没载体,并保持有 3～5mm 的液层),迅速加入经预处理过的 6201 载体 50g,混匀,置通风橱内使乙醚自然挥发,并不时加以轻缓搅拌。待乙醚挥干后(必要时可移至红外灯下烘 20～30min),将已涂渍 DNP 的载体放入烘箱中缓缓升温至 110℃ 并保持 3～4h(静态老化),以除去水分、残余溶剂和其他易挥发的杂质,并使固定液液膜牢固、均匀地附于载体表面。取出,放冷,置干燥器中备用。

4. 柱的填装 取清洗好的空柱管一根，在柱出口端塞入少许玻璃棉，并用数层纱布包住，与真空泵相连。进口端接漏斗。启动真空泵，边抽气边通过漏斗缓缓加入已涂渍好的载体，并用小木棒轻轻敲打柱管的各部位，使载体均匀而紧密地装填在柱管内，直到载体不再下沉为止。填充完毕后，在进口端也塞垫一层玻璃棉，并将柱两端用螺帽封闭，同时在进口端标上进气方向的字样或箭头。

5. 色谱柱的动态老化 将填充好的色谱柱进气端与色谱仪的载气口相连接，色谱柱的出气端直接通大气，不接检测器，以免检测器受杂质污染。开启载气，使其流量为5～10ml/min，将柱出口堵住，转子流量计应下降为零。否则，将中性肥皂水抹于各气路连接处，如发现有气泡，表明气路连接处漏气，应重新连接，直至不出现气泡为止。检查完毕后，擦干肥皂水，逐步升高柱温至120℃，老化处理4～8h。然后连接检测器，直至基线平直为止。至此，色谱柱已可供分析用。

【注意事项】

1. 所选溶剂应与固定液互溶，加入载体后不应出现分层现象。且沸点适当，挥发性好。本实验采用乙醚作为溶剂，应在通风橱内操作。

2. 某些室温下为固态的固定液或高分子固定液在用溶剂溶解时应进行回流，然后冷却，加入载体，再次回流。

3. 固定相在柱内的任何部位应填充得均匀、紧密。但也不能填充得太紧，否则柱阻力太大，使用不便且影响色谱柱的分离效能。

4. 涂渍固定液时，勿剧烈搅拌和摩擦容器壁，防止载体碎裂，影响柱效。

5. 色谱柱的老化时间因载体和固定液种类及质量而异，2～72h不等。老化温度一般选择为实际工作温度以下30℃，建议用低速率程序升温至最高老化温度，然后在此温度保持一定的时间。

6. 固态固定相（如硅胶、氧化铝及GDX等）过筛后即可填充，填充方法同液态固定相，填充后再根据各吸附剂的性质进行活化。

【思考题】

1. 固定相填充不均匀或在柱内留有间隙，对分离有何影响？

2. 固定液的涂渍量及均匀程度对色谱分离有何影响？

3. 试讨论静态老化和动态老化的作用？

实验六十 气相色谱仪的性能检查

【实验目的】

1. 掌握气相色谱仪的一般操作。

2. 熟悉气相色谱仪气路的检漏方法及温控系统恒温精度的检测方法。

3. 熟悉检测器的灵敏度及检测限的测定方法及定性、定量误差等性能的检测与计算方法。

【实验原理】

气相色谱仪的主要部件包括：载气源、进样部分、色谱柱、柱温箱、检测器和数据处理系统等。要使色谱仪保持良好的工作状态，就要求气路系统密闭良好，载气流速及流量稳定；温控系统恒温精度高；检测器的灵敏度高、噪音低等。本实验主要介绍气相色谱仪气路的检漏方法及温控系统恒温精度的检查方法，氢焰离子化检测器(hydrogen flame ionization detector，FID)的灵敏度及检测限的测定方法，以及定性、定量误差等性能的检查与计算方法。

氢焰离子化检测器是一种高灵敏度检测器，对有机物的检测可达10^{-12}g/s。其灵敏度S可按下式计算：

$$S=\frac{A}{1000m}(\mathrm{mV \cdot s/g})$$

式中，A为色谱峰面积(μV·s)，将A除以1000即可换算为mV·s，m为进样量(g)。

对于FID，灵敏度越高噪音越大，故单用灵敏度不能全面衡量检测器性能的好坏，更好地评价检测器性能的指标为检测限(敏感度)D。其计算式为：

$$D=2N/S \quad (\mathrm{g/s})$$

式中，N为噪音；S为灵敏度。检测限越小，检测器的性能越好。

【仪器和试剂】

仪器 气相色谱仪(102G型、岛津GC-14C型或其他型号)，微量注射器(10μl)。

试剂 联苯(1μg/ml)的正己烷或环己烷溶液，0.05%苯-甲苯(1:1)的二硫化碳溶液，高纯氮、氢。

【实验步骤】

1. 气路系统密闭性检查

(1)气源-色谱柱之间密闭性检查：用垫有橡胶垫的螺母封死气化室出口，将气源钢瓶(N_2)输出压力调至392.3～588.4kPa(4～6kg/cm^2)左右，打开仪器的稳压阀，使柱前压力达245.2～343.2kPa(2.5～3.5kg/cm^2)，观察载气的转子流量计。若转子流量计应下降为零，表示气密性良好。否则，用中性肥皂水逐一检查这段管道的所有接头处，查出漏气点并排除；卡死进入主机的载气管道，关闭气源等待30min，如柱前压力表表压降低值小于4.9kPa(0.05kg/cm^2)，则符合要求，若压力降得太多，则说明从仪器入气口到气化室之间的管道有漏气点，查出将其排除。

(2)气化室-检测器出口之间密封性检查：接好色谱柱，开启载气源，输出压力调至245.2～441.3kPa(2.5～4.5kg/cm^2)之间，调节稳压阀使转子流量计达到最高。堵死仪器外侧的载气出口，若转子能降落到底部无读数(小于4.9kPa视为无读数)，说明该路不漏气；否则有漏气点，查出并排除。

(3)氢气和空气气路密封性的检查：①氢气：拧开离子头螺帽，用镊子夹住洁净的硅橡胶，小心堵住离子头喷嘴。按"气化室-检测器出口之间密封性检查"方法检查，至氢气转子流量计转子沉于底部无读数，表示氢气气路密封性良好。或将氢气流量加大至实验流量值的2～3倍，用中性肥皂水检漏；②空气：将空气流量调至最大，用中性肥皂水检漏，至各连接处无气泡发生，表示空气气路密封性良好。

2. 恒温精度检查 在整个仪器工作温度范围内，选择室温30℃和最高工作温度的90%两个温度点进行。将0.1℃分格的标准水银温度计插入柱温箱中，当柱温箱温度稳定后，每隔10min记录一次温度，1h内所记录的读数的最大值与最小值之差为恒温精度(《中国药典》(2010年版)规定：柱温箱控温精度应在±1℃，且温度波动小于0.1℃/h)。

3. 检测器灵敏度及检测限测定

(1)实验条件：色谱柱：SE-30(5%)，2m×3mm I. D；柱温：140℃；气化室温度：150℃；

检测室温度：150℃。载气：N_2，60ml/min；H_2：50ml/min；空气：500ml/min。

（2）进样：取联苯的正己烷或环己烷溶液（1μg/ml），进样5μl，记录色谱图。

（3）计算：将有关数据代入灵敏度及检测限计算公式，计算FID的灵敏度及检测限。要求：$S \geqslant 1.4 \times 10^{-2}$（mV·s/g），$D = 2N/S$，（$N = 0.01$mV）

4. 定性与定量重复性检查

（1）实验条件：柱温：80℃；气化室温度：120℃；检测室温度：120℃。载气：N_2，40ml/min；H_2：50ml/min；空气：500ml/min。

（2）进样：取0.05%苯-甲苯（1∶1）的二硫化碳溶液，进样2～5μl，连续进样5次，按下式计算定性与定量的重复性。

$$Q(\%) = \frac{|\bar{x} - x_i|}{\bar{x}} \times 100\%$$

式中，Q为最大相对偏差；$\bar{x}$为5次进样测得的平均值；x_i为与$\bar{x}$偏离最大的某测量值；$\bar{x} - x_i$为最大偏差。

定性：x为苯与甲苯保留时间之差$t_{R_2} - t_{R_1}$。

定量：x为苯与甲苯的峰高比h_1/h_2。

（3）记录与数据处理示例如下：

1苯 2甲苯	t_{R_1} (min)	t_{R_2} (min)	$t_{R_2} - t_{R_1}$ (min)	h_1 (mV)	h_2 (mV)	h_1/h_2
1	2.02	3.48	1.46	12.72	6.83	1.86
2	2.02	3.49	1.47	12.65	6.80	1.86
3	2.02	3.51	1.49	12.65	6.80	1.86
4	2.03	3.51	1.48	12.68	6.78	1.87
5	2.03	3.52	1.49	12.82	6.84	1.87
$\bar{x}$	2.02	3.50	1.48	12.70	6.82	1.86

1）定性重复性：

$$Q(\%) = \frac{|1.48 - 1.46|}{1.48} \times 100\% = 1.4\%$$

2）定量重复性：

$$Q(\%) = \frac{|1.86 - 1.87|}{1.86} \times 100\% = 0.54\%$$

【注意事项】

1. 进行气路密封性检查时，切忌用强碱性肥皂水检漏，以免管路受损。

2. 开机时，要先通载气后通电，关机时要先断电源后停气。

3. FID为高灵敏度检测器，必须用高纯度的载气（一般用99.9% N_2）、空气和氢气，不点火严禁通H_2，通H_2后应及时点火。空气中可能含有有机气体，故气体输入前应严格净化。

4. 定量吸取试样，注射器中不应有气泡。每次插入和拔出注射器的速度应保持一致。注射器使用前应先用被测溶液润洗5次，实验结束后用乙醇清洗干净。

5. 可以根据样品的性质确定柱温、气化室和检测器的温度。一般气化室的温度比样品组分中最高的沸点要高。检测器的温度要高于柱温。

【思考题】

1. 选择柱温的原则是什么？为什么检测器温度必须大于柱温？
2. 如何检查气相色谱气路系统是否漏气？
3. 为什么用检测限 D 衡量检测器的性能比用灵敏度好？

实验六十一 常用气相色谱定性参数的测定

【实验目的】

1. 掌握常用气相色谱定性参数的测定方法。
2. 进一步掌握气相色谱仪的使用。

【实验原理】

在一定色谱条件下，同一种物质的保留值是相同的。因此可以利用同一物质保留值相同的原理对物质进行定性分析。常用于 GC 定性鉴别的参数主要有绝对保留值（保留时间、保留体积）、相对保留值 $r_{i,s}$ 和保留指数 I（Kovats 指数）等。其中，绝对保留值受实验条件的影响较大，只有当实验条件（如柱温、柱压、载气流速、进样量、色谱柱性质及柱填充情况等）严格控制不变时，其值才能保持恒定，因此采用绝对保留值进行定性鉴别的可信度较低。不过，调整保留时间 t'_R 反映了组分与固定相之间的作用，与组分的性质密切相关，仍常作为色谱定性参数；而相对保留值 $r_{i,s}$、保留指数 I 均是衡量组分相对保留能力的参数，它们仅与组分的性质、固定相的性质及柱温有关，而与其他实验条件无关。特别是保留指数的有效数字为 3～4 位，相对误差 <1%，因此已成为重要的色谱定性指标，可通过 I_x 测定初步推断未知物的分子结构。常用色谱定性参数的计算公式如下：

（1）调整保留时间：$t'_R = t_R - t_0$

（2）相对保留值：$r_{i,s} = t'_{R(i)}/t'_{R(s)}$

其中 i 和 s 表示待测组分和参考物质。

（3）保留指数：$$I_x = 100\left[z + n\frac{\lg t'_{R(x)} - \lg t'_{R(z)}}{\lg t'_{R(z+n)} - \lg t'_{R(z)}}\right]$$

式中，z 和 $z+n$ 表示正构烷烃的碳数，$n=1,2\cdots i$，通常 $n=1$。

【仪器和试剂】

仪器　气相色谱仪（102G 型，岛津 GC-14C 型或其他型号），微量注射器（10μl）。

试剂　正戊烷、正庚烷、正辛烷及未知正构饱和烷烃（均为 AR）。

【实验步骤】

1. 样品制备　取一洁净干燥的青霉素小瓶，准确称其重量，加入约 10 滴的正戊烷，再准确称其重量，记录加入正戊烷的量；同法再分别加约 10 滴的正庚烷、正辛烷及未知样品，并记录正庚烷、正辛烷及样品的重量。盖上胶盖，混匀，备用。

2. 实验条件　固定相：15% DNP（邻苯二甲酸二壬酯）；载体：102 白色载体；柱长：2m；柱温：80℃；气化室温度：130℃；检测器：热导检测器（thermal conductivity detector，TCD）；载气：H_2；流速 30～40ml/min；进样量：2μl。

3. 样品测定　在上述实验条件下，进样 2μl（进样 3 次取平均值），不需排除微量注射器中的空气泡。记录色谱图,各组分按沸点高低流出。

4. 计算 计算各组分的调整保留时间,以正戊烷为参比的相对保留值和未知物的保留指数,根据 I 值确定未知物为何物。

记录格式:

组分	空气	正戊烷	正庚烷	正辛烷	未知物
bp(℃)		36.2	98	114	
t_R(min)					
t'_R(min)	/				
$r_{i,正戊烷}$	/	1.00			
I_x	/	500	700	800	

【注意事项】

1. 测定过程中应保持实验条件恒定,进样量在线性范围内。

2. 气相色谱法适合于对已知范围的多组分样品进行定性分析。本实验仅对 C_4 ~ C_8 正构饱和烷烃混合物定性,故可直接根据已知物的保留指数 I 对未知物进行定性鉴别。若对未知范围样品进行定性鉴别,一般应先查阅有关色谱手册,根据手册规定的实验条件及参考物质(测定 $r_{i,s}$时)进行实验,然后再将测定值(t'_R、$r_{i,s}$或 I)与手册值进行对照定性。亦可采用已知物对照与手册值对照相结合的方法定性。

3. TCD 的温度不应低于柱温,通常应高于柱温 20 ~ 50℃。

【思考题】

1. GC 的定性原理是什么?

2. 为什么用相对保留值 $r_{i,s}$和保留指数 I 定性比用绝对保留值定性可信度高?

3. 若实验条件不稳定或色谱柱超载对本实验结果有何影响?

实验六十二 归一化法测定烷烃混合物含量

【实验目的】

1. 掌握用归一化法进行定量分析的原理和方法。

2. 掌握用 GC 法测定烷烃混合物含量的方法。

【实验原理】

归一化法是色谱法对混合物中多组分进行含量测定时常用的定量方法之一。该法简便、准确,定量结果在一定范围内(柱不超载)与进样量的重复性无关,操作条件的变化对结果影响较小。使用归一化法的前提条件是:在一个分析周期内试样中的所有组分均能流出色谱柱,且检测器对它们均能产生可检测的信号。

如果试样中所有组分都能产生信号(产生相应的色谱峰),则测量的全部峰值经校正因子校准并归一后,可用归一化公式计算各组分的百分含量:

$$c_i(\%)=\frac{A_i f_i}{A_1 f_1+A_2 f_2+\cdots+A_n f_n}\times 100\%$$

式中,f_i为某组分的相对校正因子。若试样中各组分 f 相近,可将其消去,采用不加校正因子的峰面积归一化法进行计算:

$$c_i(\%) = \frac{A_i}{A_1 + A_2 + \cdots + A_n} \times 100\%$$

【仪器和试剂】

仪器　气相色谱仪(102G 型,岛津 GC-14C 型或其他型号),微量注射器(10μl)。

试剂　正戊烷、正庚烷、正辛烷及未知正构饱和烷烃(均为 AR)。

【实验步骤】

1. 样品制备　取一洁净干燥的青霉素小瓶,准确称其重量,加入约 10 滴的正戊烷,再准确称其重量,记录加入正戊烷的量;同法再分别加约 10 滴的正庚烷、正辛烷及未知样品,并记录正庚烷、正辛烷及样品的重量。盖上胶盖,混匀,备用。

2. 实验条件　固定相:15% DNP(邻苯二甲酸二壬酯);载体:102 白色载体;柱长:2m;柱温:80℃;气化室温度:130℃;检测器:TCD;载气:H_2;流速 30 ~ 40ml/min;进样量:2μl。

3. 样品测定　在上述实验条件下,进样 2μl(进样 3 次取平均值),记录色谱图。

4. 结果计算　试样中各正构烷烃的校正因子相近,可采用不加校正因子的峰面积归一化法计算样品中各组分的百分含量。若采用加校正因子的峰面积归一化法,需要先按下式计算各组分的相对校正因子:

$$f_i = \frac{m_i/A_i}{m_s/A_s}$$

式中,下标 s 表示参考物质(本实验采用正庚烷)。然后按归一化方法计算样品中各组分的百分含量。

【注意事项】

1. 进样后可根据混合气中各组分出峰高低情况调整进样量,使最高色谱峰高度约占记录仪满量程的 80% 左右。

2. 测量校正因子时,所用试剂要纯。

【思考题】

1. 简述色谱归一化法定量分析的特点和局限性?

2. 归一化法是否适用于药物中微量杂质的测定?为什么?

实验六十三　苯系物的分离鉴定及色谱系统适用性试验

【实验目的】

1. 掌握用已知物对照法定性的原理与方法。

2. 熟悉色谱系统适用性试验的方法,掌握各参数的计算方法。

【实验原理】

在气相色谱中,已知物对照法是一种常用的定性鉴别方法。它是在相同的试验条件下,分别测出已知对照物与试样的色谱图,将待鉴定组分的保留值与对照品的保留值进行比较定性;或将适量已知物加入试样中,对比加入前后的色谱图,若加入后待鉴别组分的色谱峰相对增高,则可初步判别两者为同一物质。该法适用于鉴别范围已知的未知物。

采用色谱法鉴别药物或测定药物含量时,须对仪器进行色谱系统适用性试验,即用规定的对照品对仪器进行试验和调整,使其达到药品标准规定的理论板数、分离度、重复性和拖尾因子。其中,分离度和重复性尤为重要。若不符合要求,则应通过改变色谱柱的某些条件(如柱长,载体性能,色谱柱填充等)或改变分离条件(如柱温,载气流速,固定液用量,进样量等)来加以改进,使其达到相关规定。

色谱系统适用性试验各参数定义如下:

(1)理论板数 n: $n=5.54\times\left(\frac{t_R}{W_{1/2}}\right)^2$

(2)分离度 R: $R=\frac{2(t_{R_2}-t_{R_1})}{W_2+W_1}$

《中国药典》规定,采用色谱法进行定量分析时,为了获得较好的精密度与准确度,应使待测组分峰与相邻成分峰的分离度 R 大于1.5。

(3)重复性:取对照溶液连续进样5次,其峰面积测量值的相对标准偏差应不大于2.0%。

(4)拖尾因子 T: $T=W_{0.05h}/2d_1$

式中,$W_{0.05h}$为5%峰高处的峰宽,d_1为峰顶点至峰前沿之间的距离。

中国药典规定,若以峰高法定量时,T 应在0.95~1.05间。峰面积法测定时,若拖尾严重,将影响峰面积的准确测量。若未达到要求,应进行有关试验条件的调整。必要时,应对拖尾因子作出规定。

【仪器和试剂】

仪器　气相色谱仪(102G型、岛津GC-14C型或其他型号),微量注射器(1μl)。

试剂　苯、甲苯、二甲苯(均为AR),苯、甲苯、二甲苯三组分混合试液。

【实验步骤】

1. 实验条件　色谱柱:2m×4mm 15% DNP柱;载体:上试102白色载体(80~120目);柱温:100℃;检测器:FID温度150℃;气化室温度:150℃;载气:N_2　30ml/min;H_2 40ml/min;空气　500ml/min;进样量:0.5μl。

2. 分离与鉴定　在上述实验条件下,分别取苯、甲苯、二甲苯(对照液)及混合试液各0.5μl进样(5次进样取平均值),记录各组分峰的保留时间,与对照组分的保留时间比较,鉴定样品色谱图中各峰的归属。

3. 参数计算　测量试样色谱图中各组分的峰高 h、峰宽 W、半峰宽 $W_{1/2}$、$W_{0.05h}$和 d_1值。计算:

(1)色谱柱的理论板数 n(以苯峰计);

(2)苯与甲苯、甲苯与二甲苯的分离度 R;

(3)各组分峰面积测量值的重复性;

(4)各组分峰的拖尾因子 T。

【注意事项】

1. 采用已知物的绝对保留值对照定性时,需保持试验条件的恒定。

2. 由于所用色谱柱不一定适合对照物与待鉴定组分的分离,有可能产生两种不同成分而峰位相近或相同的现象,所以有时需再选1~2根与原色谱柱极性差别较大的色谱柱进行试验,若对照物与待鉴定组分的峰位仍然相同,一般可认定两者为同一物质。

3. 1μl微量注射器是无死角注射器,进样时注射器应与进样口垂直,一手捏住针头协助迅速刺穿硅橡胶垫圈,另一手平稳敏捷地推进针筒,使针头尽可能插得深一些,然后轻推针芯,轻巧迅速地将样品注入,完成后迅速拔针(气体样品除外)。整个动作应平稳、连贯、迅速。切勿用力过猛,以免把针头及针芯顶弯。

4. 注射器易碎,使用时应多加小心。应轻拿轻放,不要来回空抽(特别是不要在将干未干的情况下来回拉动),否则,会损坏其气密性,降低其准确度。

5. 注射器吸取试样后,需用乙醇反复多次洗针,以免针孔被样品残渣堵塞。洗针及吸取样品时不要把针芯拉出针筒外,否则会损坏微量注射器。

【思考题】

1. 色谱系统适用性试验的目的和内容是什么？试根据本实验4个参数的测定结果对本色谱系统作出评价。

2. 对于一根已填充好的色谱柱来说,基于不同组分色谱峰计算的理论板数是相同的吗？应如何保持和提高柱效？

3. 若组分间的分离度未达到要求,如何调整试验条件加以改善？

4. 不对称峰出现的原因是什么？如何使色谱峰的拖尾因子符合要求？

5. 如何确保保留值定性鉴别结果的可靠性？

实验六十四 内标法测定酊剂中乙醇含量

【实验目的】

1. 掌握内标法进行定量分析的原理及计算方法。

2. 掌握酊剂中乙醇含量的气相色谱测定方法。

【实验原理】

在药物的GC分析中,许多药物的校正因子未知,此时可采用无需校正因子的内标工作曲线法或内标对比法定量。由于上述方法是测量仪器的相对响应值(峰面积或峰高之比),故实验条件波动对结果影响不大,定量结果与进样量重复性无关,同时也不必知道样品中内标物的确切量,只需在各份样品中等量加入即可。

本实验采用内标对比法测定酊剂中的乙醇含量,该法是在校正因子未知时内标法的一种应用。先配制已知浓度的对照溶液并加入一定量的内标物,再按相同量将内标物加入到试样中。分别进样,由下式可求出试样中待测组分的含量 $c_i(V/V)$:

$$c_{i_{试样}}=\frac{(A_i/A_s)_{试样}}{(A_i/A_s)_{标准}}\times c_{i_{标准}}$$

式中,A_i,A_s分别为被测组分和内标物的峰面积。

【仪器和试剂】

仪器　气相色谱仪(102G型、岛津GC-14C型或其他型号),微量注射器(1μl),移液管(5ml、10ml),量瓶(100ml)。

试剂　无水乙醇(AR),无水丙醇(AR,内标物),酊剂(大黄酊)样品。

【实验步骤】

1. 实验条件　色谱柱:10% PEG-20M(2m×3mm I. D);载体:上试102白色载体;柱温:90℃;气化室温度:140℃;检测器(FID)温度:120℃;载气:N_2:9.8×10^4Pa;H_2:5.88×10^4Pa;空气:4.90×10^4Pa;进样量:0.5μl。

2. 溶液配制

(1)对照溶液配制:精密量取无水乙醇5ml及无水丙醇5ml,置100ml量瓶中,加水稀释至刻度,摇匀。

(2)样品溶液配制:精密量取酊剂样品 10ml 及无水丙醇 5ml,置 100ml 量瓶中,加水稀释至刻度,摇匀。

3. 测定　在上述色谱条件下,取对照溶液与样品溶液,分别进样 0.5μl,记录色谱图。

4. 实验数据处理　将色谱图上有关数据记录之后填入下表,并代入公式求样品中乙醇的百分含量(*V/V*)。

	组分名称	bp(℃)	t_R	A	A_i/A_s	
对照溶液	乙醇	78				
	丙醇	97				$c_{i试样}$%
试样溶液	乙醇	78				
	丙醇	97				

$$c_{i_{试样}}(\%)=\frac{(A_i/A_s)_{试样}\times 10}{(A_i/A_s)_{标准}}\times 5.00\%$$

式中,A_i、A_s分别为乙醇和丙醇的峰面积;10 为稀释倍数;5.00% 为对照溶液中乙醇的百分含量(*V/V*)。

【注意事项】

1. 采用内标对比法定量时,应先考察内标工作曲线(以对照溶液中组分与内标峰的响应值之比作纵坐标,以对照溶液浓度为横坐标作图)的线性关系及范围,若已知工作曲线通过原点且测定浓度在其线性范围内时,再采用内标对比法定量;同时,用于对比的对照溶液浓度应与样品液中待测组分浓度尽量接近,这样可提高测定准确度。

2. FID 主要用于含碳有机物的检测,但对非烃类、惰性气体或火焰中难电离或不电离的物质,响应较低或无响应。FID 属于质量型检测器,其响应值(峰高 *h*)取决于单位时间内引入检测器的组分质量。当进样量一定时,峰面积与载气流速无关,但峰高与载气流速成正比,因此一般采用峰面积定量。当用峰高定量时,须保持载气流速稳定。但在内标法中由于所测参数为组分峰响应值之比(即相对响应值),所以用峰高定量时载气流速变化对测定结果的影响较小。

【思考题】

1. FID 是何种类型检测器?它的主要特点是什么?本实验为何要选择 FID?
2. 色谱内标法有哪些优点?在什么情况下采用内标法较方便?
3. 在什么情况下可采用内标对比法?内标法定量时,若实验中的进样量稍有误差,是否影响定量结果?
4. 实验中载气流速稍有变化,对测定结果有何影响?
5. 内标物应符合哪些基本要求?

实验六十五　程序升温毛细管气相色谱法测定药物中有机溶剂残留量

【实验目的】

1. 掌握药物中有机溶剂残留量的测定方法。
2. 了解毛细管气相色谱仪的结构和操作,以及毛细管气相色谱法的特点。
3. 了解程序升温色谱法的操作特点。
4. 进一步熟悉和巩固内标对比法。

【实验原理】

药物中的残留溶剂系指在原料药或辅料的生产中、以及在药物制剂制备过程中使用或产生而又未能完全去除的有机溶剂。其中很多有机溶剂对人体有一定危害。为保障药物的质量和用药安全，需要对药物中的残留溶剂进行研究和控制。

目前，GC 常用于药物中残留溶剂的测定。若样品中残留溶剂种类较多，且沸点相差较大，可采用程序升温技术。程序升温技术是指在一个分析周期内，色谱柱的温度按照设定的程序连续随时间变化，使不同沸点的组分在合适温度下得到分离。程序升温可以是线性的，也可以是非线性的。

化学药物氯苄律定在合成过程中，使用了甲醇、乙醇、丙酮、硝基甲烷等有机溶剂，可能在产品中有所残留。本实验采用毛细管色谱技术并结合程序升温操作，利用 PEG-20M 交联石英毛细管柱，用内标对比法定量，可直接对此四种残留溶剂进行测定。

【仪器和试剂】

仪器　岛津 GC-14A 型（或其他型号）气相色谱仪，微量注射器（10μl）；移液管（1ml，2ml）；量瓶（100ml，25ml）。

试剂　甲醇、无水乙醇、丙酮、硝基甲烷、正丙醇（内标）均为 AR 级，氯苄律定（原料药）。

【实验步骤】

1. 溶液配制

（1）内标溶液：精密量取正丙醇 1ml，置 100ml 量瓶中，用水稀释至刻度，摇匀；精密量取 2ml，置 25ml 量瓶中，用水稀释至刻度，摇匀。

（2）标准贮备液：精密量取甲醇、无水乙醇、丙酮、硝基甲烷各 1ml，置同一 100ml 量瓶中，同法配制。

（3）标准溶液：精密量取标准贮备液和内标溶液各 2ml，置同一 25ml 量瓶中，用水稀释至刻度，摇匀。此溶液中丙酮、甲醇、乙醇的浓度均为 0.05056mg/ml，硝基甲烷的浓度为 0.07288mg/ml。

（4）供试品溶液：取氯苄律定约 0.09g，精密称定，置 25ml 量瓶中，准确加入内标溶液 2ml，用水溶解并稀释至刻度，摇匀。供试品溶液浓度约为 3.6mg/ml。

2. 实验条件　色谱柱：PEG-20M 石英毛细管柱，30m × 0.25mm，I. D × 0.25μm；程序升温：50℃，2.5min；17℃/min；120℃，2min；气化室温度：160℃；检测器：FID；温度：200℃；载气：N_2，75kPa；H_2：60kPa；空气：50kPa；Range：1；ATT：3；分流比：1∶50。

3. 测定　在上述色谱条件下，精密量取标准溶液与供试品溶液各 2μl，分别进样，记录色谱图。

4. 计算　根据标准溶液及供试品溶液中各待测组分与内标峰面积之比，用下式计算试样中各残留溶剂的百分含量。

$$w(\%)_{试样} = \frac{(A_i/A_s)_{试样}}{(A_i/A_s)_{标准}} \times c_{i_{标准}}/3.6 \times 100\%$$

式中，A_i 为被测组分峰面积；A_s 为内标峰面积；c_i 为标准溶液浓度（mg/ml）；$w(\%)$ 为被测组分的百分含量；3.6（mg/ml）为供试品溶液浓度。

【注意事项】

1. 在一个温度程序执行完成后，需等待色谱仪回到初始状态并稳定后，才能进行下一次进样。

2. 在程序升温分析中应使用高纯度载气，以防止微量有机杂质和微量氧引起基线漂移或因氧化而改变固定液的保留特性。

3. 在安装毛细管柱时，应避免碰、摔、折，以免损坏毛细管柱。

4. 实验中出峰顺序依次为丙酮、甲醇、乙醇、正丙醇、硝基甲烷。可先配制单一成分的溶液，在实验条件下进样，根据保留时间（或保留温度 T_R）定性确定。

【思考题】

1. 与填充柱色谱法相比，毛细管柱气相色谱法有何特点？

2. 为什么毛细管柱的分离效能要高于填充柱？

3. 利用毛细管色谱法分析时，为什么要采用分流进样？

4. 什么是程序升温？程序升温法适合于哪些类型样品的分析？本实验为何要采用程序升温方式？

（聂　磊）

第十九章　高效液相色谱法实验

实验六十六　高效液相色谱仪的性能检查和色谱参数的测定

【实验目的】

1. 熟悉高效液相色谱仪性能检查和色谱参数测定的方法。

2. 了解高效液相色谱仪的一般使用方法。

【实验原理】

1. 高效液相色谱仪的性能指标　各种型号的高效液相色谱仪的技术参数均有一定的要求，因此需对其性能指标进行检查。

高效液相色谱仪的主要性能指标包括：

(1)流量精度：仪器流量的重复性。以重复测定流量的相对标准差表示。

(2)噪音：由于各种未知的偶然因数所引起的基线起伏。噪音的大小用基线带宽(峰-峰值)来衡量，通常以毫伏或安培为单位。

(3)漂移：基线朝一定方向的缓慢变化。用单位时间内基线水平的变化来表示。

(4)定性重复性：在同一实验条件下，组分保留时间的重复性。通常以被分离组分的保留时间之差(Δt_R)的相对标准差来表示，$RSD \leqslant 1\%$ 认为合格。

(5)定量重复性：在同一实验条件下，色谱峰面积(或峰高)的重复性。通常以被分离组分的峰面积比的相对标准差来表示，$RSD \leqslant 2\%$ 认为合格。

2. 色谱参数　与气相色谱法相似，高效液相色谱参数包括定性参数、定量参数、柱效参数和分离参数等。本实验主要测定下列色谱参数：

理论板数：

$$n = 5.54\left(\frac{t_R}{W_{1/2}}\right)^2$$

理论板高：

$$H = \frac{L}{n}$$

有效板数：

$$n_{eff} = 5.54\left(\frac{t'_R}{W_{1/2}}\right)^2$$

保留因子：

$$k = \frac{t'_R}{t_0} = \frac{t_R - t_0}{t_0} = K\frac{V_s}{V_m}$$

分配系数比(分离因子)：

$$\alpha = \frac{K_2}{K_1} = \frac{k_2}{k_1}$$

分离度：

$$R=\frac{2(t_{R2}-t_{R1})}{W_1+W_2}=\frac{1.177(t_{R2}-t_{R1})}{W_{1/2}^{(1)}+W_{1/2}^{(2)}}$$

上述各式中 t_R 为保留时间，$W_{1/2}$ 为半峰宽，L 为柱长，t'_R 为调整保留时间，t_0 为死时间，K 为分配系数，V_s 为柱内固定相体积，V_m 为柱内流动相体积，W 为峰宽。

【仪器和试剂】

仪器　高效液相色谱仪，ODS 色谱柱，量瓶（10ml）等。

试剂　甲苯（AR），萘（AR），苯磺酸钠（AR），甲醇（色谱纯），重蒸馏水等。

【实验步骤】

1. 观察流动相流路，检查流动相是否够用，废液出口是否接好。

2. 流量精度的测定

（1）在指示流量 1.0ml/min、2.0ml/min、3.0ml/min 三点测定流量。用 10ml 量瓶在流动相出口处接收流出液。准确记录流出 10ml 所需的时间，换算成流速（ml/min），重复测定 5 次。按下表记录。

（2）给出结论：（合格或不合格）

指示流量	1.0ml/min		2.0ml/min		3.0ml/min	
测得流量	t/10ml	ml/min	t/10ml	ml/min	t/10ml	ml/min
1						
2						
3						
4						
5						
平均值						
SD						
RSD（%）						

3. 基线稳定性（噪音和漂移）的测定

（1）色谱条件：色谱柱：ODS 柱（150mm×4.6mm，5μm）；流动相：甲醇-水（80∶20）；流速：0.8ml/min；检测器：UV254nm。

（2）待仪器稳定后，将检测器灵敏度放在较高挡（至能测出噪音），记录基线 1h。测定基线波动的峰对谷（负峰）的最大宽度为噪音。基线带中心的结尾位置与起始位置之差为漂移。

4. 重复性的测定

（1）色谱条件：同 3（1）。

（2）试样：甲苯（1μg/μl）-萘（0.05μg/μl）及苯磺酸钠（0.02μg/μl，用于测定死时间 t_0）的乙醇（或流动相）溶液。

（3）待仪器基线稳定后，进样 20μl，记录色谱图，测定 t_0、甲苯和萘的 t_R、$W_{1/2}$、A 等。重复测定 5 次。

按下表记录有关数据。

	1	2	3	4	5	平均值	SD	RSD(%)
t_0								
t_R(甲苯)								
t_R(萘)								
Δt_R								
$A_{甲苯}$或($h_{甲苯}$)								
$A_{萘}$或($h_{萘}$)								
$W_{1/2}$(甲苯)								
$W_{1/2}$(萘)								
$A_{甲苯}/A_{萘}$ (或$h_{甲苯}/h_{萘}$)								

(4)以保留时间和峰面积分别计算仪器的定性、定量重复性。

(5)给出结论。

5. 色谱参数的测定　用上述测得数据计算理论板数、理论板高、有效板数、保留因子、分配系数比和分离度。

【注意事项】

1. 计算板数和分离度时,应注意 t_R 和 $W_{1/2}$ 单位一致。

2. 输液泵使用注意事项

(1)防止任何固体微粒进入泵体。

(2)流动相不应含任何腐蚀性物质,含有缓冲盐的流动相不应长时间保留在泵内。

(3)工作时要留心防止溶剂瓶内的流动相被用完。

(4)输液泵工作压力不要超过规定的最高压力。

(5)流动相应该先脱气。

3. 色谱柱使用注意事项

(1)避免压力和温度的急剧变化及任何机械震动。

(2)一般说来色谱柱不能反冲,否则会迅速降低柱效。

(3)选择使用适宜的流动相(尤其是适当的 pH),以避免固定相被破坏。有时可以在进样器前连接一预柱以保护色谱柱。

(4)保存色谱柱时应将柱内充满适宜的溶剂,如反相色谱柱常用含少量水的乙腈或甲醇,柱头要拧紧,防止溶剂挥发干燥。绝对禁止将缓冲溶液留在柱内静置过夜或更长时间。

【思考题】

1. 为什么要对 HPLC 仪器的性能指标进行检测?

2. 分配系数比(分离因子)的意义是什么? 其主要影响因素有哪些?

3. 什么是分离度? 如何提高分离度?

实验六十七　高效液相色谱-蒸发光散射法的色谱条件优化

【实验目的】

1. 了解蒸发光散射检测器的检测原理及适用范围。

2. 学习蒸发光散射检测器(ELSD)的使用方法。

【实验原理】

蒸发光散射检测器(ELSD)是20世纪90年代出现的通用型检测器,它适用于分析不含发色团,无紫外吸收或紫外末端吸收的试样以及挥发性低于流动相的组分。ELSD的响应不依赖于试样的光学特性,对各种物质有几乎相同的响应,主要用于检测糖类、高级脂肪酸、磷脂、维生素、氨基酸、甘油三酯及甾体等试样。

蒸发光散射检测器的检测过程可以分为雾化、分流、蒸发、聚焦和检测几个过程。其检测原理可概括为:将色谱柱流出液引入雾化器,与雾化气体(高纯氮气或空气)混合后喷雾形成由均匀分布的微小雾滴,经过加热的漂移管,蒸发除去流动相,而试样组分形成气溶胶进入检测器。用强光或激光照射气溶胶,产生光散射,用光电二极管检测散射光而得到试样的信息。

根据检测过程和原理可知,应用ELSD时除了需要优化流动相的组成外,还需要进行雾化气体流量、流动相流速、漂移管温度及撞击器位置几项参数的优化。

【仪器和试剂】

仪器　高效液相色谱仪,蒸发光散射检测器(ELSD2000)。

试剂　月桂氮革酮,甲醇(色谱纯)。

【实验步骤】

1. 色谱条件　色谱柱:ODS柱(150mm×4.6mm);流动相:甲醇;流速:0.5ml/min;漂移管温度:50℃;气体流速:0.8L/min。

2. 对照品溶液的配制　精密称取月桂氮革酮对照品约25mg,置50ml量瓶中,加甲醇溶解并稀释至刻度,摇匀,作为储备液。吸取储备液0.4ml,置于10ml量瓶中,用甲醇稀释至刻度,摇匀即得。

3. 色谱条件的优化

(1)撞击器开或关对测定的影响:撞击器的位置有撞击关(IMPACTOR OFF)和撞击开(IMPACTOR ON)两种方式,实验中采取何种方式取决于流动相的组成、流速及试样的挥发性。将撞击器分别置于开/关的位置(IMPACTOR ON或IMPACTOR OFF),进样20μl,记录并且比较色谱图。

(2)雾化气体流量的改变对测定的影响:雾化器中的气体流量影响液滴的大小,气体流量越大形成的液滴越小,蒸发速度越快。由于小颗粒散射光少,大颗粒散射光多,因此通过实验选择最佳气体流量可提高分析灵敏度。最佳气体流量是在可接受的低噪音条件下产生最大峰面积时的最低流量。改变雾化气体的流量,分别进样20μl,记录并且比较色谱图。

(3)漂移管温度的改变对测定的影响:气溶胶在漂移管中蒸发,漂移管的温度选择范围为25~120℃。漂移管的最佳蒸发温度取决于流动相的组成和流速以及试样的挥发性。流动相中有机溶剂比例越高,所需漂移管温度越低。流动相流速越高,要求漂移管温度越高。最佳漂移管温度是产生可接受的低噪音基线时的最低温度。撞击器"关"的模式一般比撞击器"开"的模式需要的漂移管温度高。改变漂移管的温度,分别进样20μl,记录并比较色谱图。

从信噪比、色谱峰的峰面积,以及柱效等几个方面来综合评价并选定最佳实验条件。

【附录】

撞击器"关"或"开"模式下漂移管温度的初始选择参见表19-1和表19-2。

表19-1　撞击器"关"模式时的初始ELSD操作条件

溶剂种类	漂移管温度(℃)	气体流量(L/min)
丙酮	30	0.6
乙腈	70	1.7
三氯甲烷	40	1.5
庚烷	50	1.5
己烷	40	1.6
异丙醇	55	1.7
甲醇	60	1.6
二氯甲烷	50	1.6
四氢呋喃(稳定的)	60	1.7
四氢呋喃(不稳定的)	40	1.6
水	115	3.2
甲醇:水(90:10)	75	2.0
乙腈:水(75:25)	80	2.0

表19-2　撞击器"开"模式下ELSD初始操作条件

分析物	流动相组成	漂移管温度(℃)	气体流量(L/min)
非挥发性	高水相流动相及急变梯度	40	1.5
半挥发性	有机或水相	25	1.5

【注意事项】

1. 应开启雾化气体后再打开ELSD 2000电源。

2. 雾化气体未进入或漂移管未达到设定的蒸发温度时，不能启动泵引入流动相。

【思考题】

1. 为什么在雾化气体未进入或漂移管未达到设定的蒸发温度时，不能启动泵引入流动相?

2. 蒸发光散射检测器适用于哪些结构化合物的分析?

实验六十八　内标对比法测定对乙酰氨基酚

【实验目的】

1. 掌握内标对比法的实验步骤和结果计算方法。

2. 熟悉高效液相色谱仪的使用方法。

【实验原理】

内标对比法是内标法的一种，是高效液相色谱法中最常用的定量分析方法之一。方法是，分别配制含有等量内标物的对照品溶液和试样溶液，经 HPLC 分析后，测得上述两溶液中待测组分(i)和内标物(is)的峰面积，按下式计算试样溶液中待测组分的浓度：

$$c_{\text{i试样}} = c_{\text{i对照}} \times \frac{(A_i/A_{is})_{\text{试样}}}{(A_i/A_{is})_{\text{对照}}}$$

对乙酰氨基酚稀碱溶液在(257 ± 1)nm 波长处有最大吸收，可用于定量测定。但本品在生产过程中可能引入对氨基酚等中间体，这些杂质在上述波长处也有吸收。为避免杂质干扰，本实验采用 HPLC 内标对比法测定对乙酰氨基酚含量。

【仪器和试剂】

仪器　高效液相色谱仪，ODS 色谱柱，量瓶，移液管等。

试剂　对乙酰氨基酚对照品，非那西丁(原料药)，对乙酰氨基酚(原料药)，甲醇(色谱纯)，重蒸馏水等。

【实验步骤】

1. 色谱条件　色谱柱：ODS 柱(150mm × 4.6mm，5μm)；流动相：甲醇-水(60∶40)；流速：0.6ml/min；检测波长：257nm；柱温：室温；内标物：非那西丁。

2. 内标溶液的配制　称取非那西丁约 0.25g，置 50ml 量瓶中，加甲醇适量使溶解，并稀释至刻度，摇匀即得。

3. 对照品溶液的配制　精密称取对乙酰氨基酚对照品约 50mg，置 100ml 量瓶中，加甲醇适量使溶解，再精密加入内标溶液 10ml，用甲醇稀释至刻度，摇匀；精密量取 1ml，置 50ml 量瓶中，用流动相稀释至刻度，摇匀即得。

4. 试样溶液的配制　精密称取本品约 50mg，置 100ml 量瓶中，加甲醇适量使溶解，再精密加入内标溶液 10ml，用甲醇稀释至刻度，摇匀；精密量取 1ml，置 50ml 量瓶中，用流动相稀释至刻度，摇匀即得。

5. 进样分析　用微量注射器吸取对照品溶液，进样 20μl，记录色谱图，重复 3 次。以同样方法分析试样溶液。按下表记录峰面积。

	对照品溶液			试样溶液		
	A_i	A_{is}	A_i/A_{is}	A_i	A_{is}	A_i/A_{is}
1						
2						
3						
平均值						

6. 结果计算　按下试计算对乙酰氨基酚的百分含量。

$$w(\%) = \frac{(A_i/A_{is})_{\text{试样}}}{(A_i/A_{is})_{\text{对照}}} \times \frac{m_{\text{i对照}}}{m_{\text{试样}}} \times 100\%$$

式中 $m_{\text{i对照}}$ 是对照溶液中组分 i 的量。

【注意事项】

1. 实验中可通过选择适当长度的色谱柱，调整流动相中甲醇和水的比例或流速，使对乙酰氨基酚与内标物的分离度达到定量分析的要求。

2. 内标对比法是内标校正曲线法的应用。若已知校正曲线通过原点，并在一定范围内呈线性，则可用内标对比法测定。该法只需配制一种与待测组分浓度接近的对照品溶液，并在对照品溶液与试样溶液中加入等量内标物（可不必知道内标物的准确加入量），即可在相同条件下进行测定。

【思考题】

1. 此实验中试样溶液和对照品溶液中的内标物浓度是否必须相同？为什么？

2. 内标对比法有何优点？

3. 如何选择内标物质以及内标物的加入量？

4. 配制试样溶液时，为什么要使其浓度与对照品溶液的浓度相接近？

5. 内标法绘制校正曲线时，如果$(A_i/A_{is})-c_i$直线不通过原点，能否用内标对比法进行定量？

实验六十九　校正因子法测定复方炔诺酮片中炔诺酮和炔雌醇

【实验目的】

1. 掌握校正因子的测定方法。

2. 掌握校正因子法的实验步骤和计算方法。

3. 了解高效液相色谱法在药物制剂含量测定中的应用。

【实验原理】

复方炔诺酮片是一种复方避孕药，《中国药典》（2010 年版）规定其含炔诺酮含量应为0.54～0.66mg/片，炔雌醇含量应为31.5～38.5μg/片。

炔诺酮分子中存在 C=C—C=O 共轭系统，炔雌醇分子中有苯环的结构，因此有紫外特性吸收，可用紫外检测器进行检测。两者结构如下：

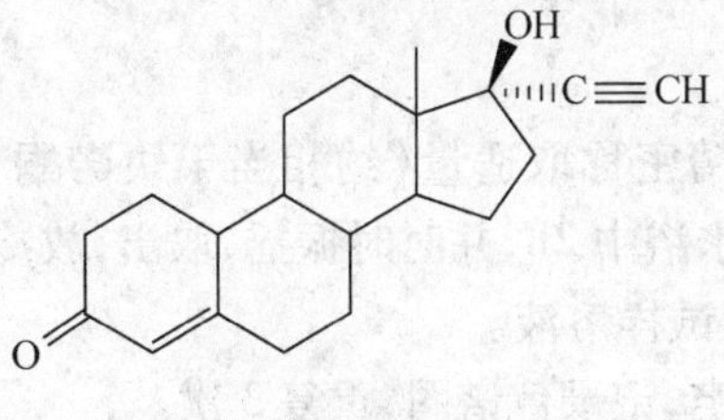

OH　C≡CH　O

炔诺酮

OH　C≡CH　HO

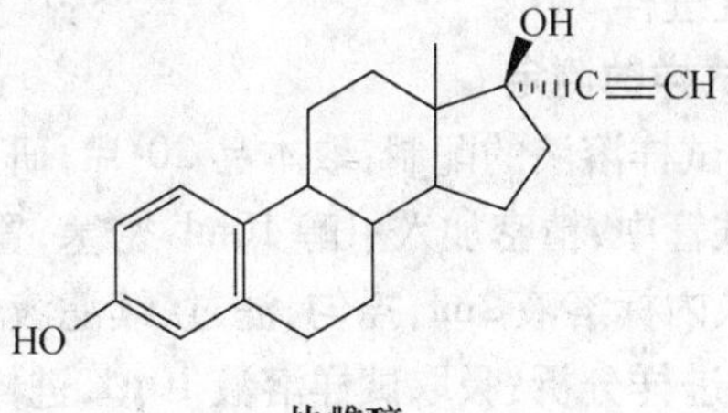

炔雌醇

将含有 m_{is}(g)内标物质的内标溶液加入至含有 m(g)试样的试样溶液中，混合后进样分析，测量待测组分 i 的峰面积 A_i和内标物峰面积 A_{is}。按下式计算试样中所含 i 组分的量 m_i：

$$m_i = m_{is} \times \frac{A_i f_i}{A_{is} f_{is}}$$

式中，f_i和f_{is}分别为组分 i 和内标物质的校正因子。如果校正因子是以内标物质作为基准物质而测得，则$f_{is}=1$。也可用试样溶液中内标物浓度 c_{is} 代替 m_{is} 求出待测组分浓度 c_i。

高效液相色谱法的校正因子很难由手册中查到，常常需要自己测定。测定校正因子时，配制含有 m_{is}(g)内标物质（基准物质）和 m_i(g)待测物质对照品的溶液，在与测定试样完全相同的实验条件下，进样 5～10 次，分别测定 A_{is}和 A_i。用下式计算校正因子：

$$f_i = \frac{(m_i/A_i)_{对照}}{(m_{is}/A_{is})_{对照}} = \frac{(m_i A_{is})_{对照}}{(m_{is} A_i)_{对照}}$$

式中，m_{is}和 m_i也可用校正因子测定用的对照溶液中内标物质（基准物质）和对照品 i 的浓度 c_{is}和 c_i代替。

小剂量口服固体制剂常需检查每片（个）制剂的含量偏离标示量的程度，因而需要测定药物制剂标示量的相对含量，用下式表示：

$$标示量的相对含量(\%)=\frac{实际测得每片中待测组分的量}{标示量}\times 100\%$$

【仪器和试剂】

仪器　高效液相色谱仪，ODS 色谱柱，量瓶，移液管等。

试剂　炔诺酮对照品，炔雌醇对照品，对硝基甲苯对照品，复方炔诺酮片（市售），甲醇（色谱纯），重蒸水等。

【实验步骤】

1. 色谱条件　色谱柱：ODS（150mm × 4.6mm，5μm）；流动相：甲醇-水（60∶40）；流速：1.0ml/min；检测波长：280nm；柱温：室温；内标物：对硝基甲苯。

2. 校正因子的测定

（1）内标溶液的配制：精密称取对硝基甲苯对照品适量，加甲醇制成每 1ml 中含 0.044mg 的溶液，混匀。

（2）对照品溶液的配制：分别精密称取炔诺酮对照品和炔雌醇对照品适量，用甲醇制成每 1ml 含炔诺酮 0.58、0.72、0.86mg 和炔雌醇 0.036、0.042、0.050mg 的溶液，精密量取各溶液 10ml，分别加入内标溶液 2.00ml，混匀。

（3）校正因子测定：分别吸取（2）中各对照品溶液 10μl，进样测定，记录色谱图。每种溶液重复进样 3 次。

3. 试样的测定

（1）试样溶液的配制：取本品 20 片，研细，精密称取适量（约相当于炔诺酮 7.2mg），置具塞试管中，精密加入甲醇 10ml，密塞，置温水浴中 2h，并时时振摇，取出，放冷至室温，精密加入内标溶液 2ml，摇匀，滤过，续滤液作为试样溶液。

（2）进样分析：吸取试样溶液 10μl，进样测定，记录色谱图，重复 3 次。

4. 按下表记录色谱峰面积或峰高：

		炔诺酮			炔雌醇			内标物		
		1	2	3	1	2	3	1	2	3
对照品溶液	1									
	2									
	3									
试样										

5. 结果计算

（1）分别用对照品溶液的每个色谱图的数据，按公式分别求出炔诺酮和炔雌醇的校正因子 $f_{酮}$和 $f_{醇}$。并计算各校正因子的相对标准差。

（2）用试样色谱图的数据，用校正因子法计算各组分的量。

每份试样中炔诺酮的量为：

$$m_{酮} = m_{is} \times \frac{A_{酮} f_{酮}}{A_{is}}$$

式中，m_{is}为12ml试样溶液（即2ml内标溶液）中内标物的量。每片中含炔诺酮的量为 $m_{酮}$ ×平均片重/试样重。由此得炔诺酮的标示量的相对含量为：

$$炔诺酮标示量的相对含量(\%) = \frac{测得量(m_{酮}) \times 平均片重}{试样重 \times 标示量} \times 100\%$$

同法计算炔雌醇标示量的相对含量。

【注意事项】

药典要求，按炔诺酮计算，理论板数应不低于3000，炔诺酮与内标物的分离度应不小于1.5。各校正因子的相对标准差应≤2%。

【思考题】

1. 炔诺酮和炔雌醇的校正因子数值不同，为什么？

2. 如果改用另一种内标物质，校正因子是否会改变？改用另一检测波长，校正因子是否会改变？用峰面积求得的校正因子与用峰高求得的校正因子是否相同？

3. 在校正因子法的实验步骤中，试样溶液中内标物的浓度是否必须等于测定校正因子用的对照溶液中的内标物的浓度？

4. 计算校正因子相对标准差的目的是什么？

实验七十　外标法测定阿莫西林

【实验目的】

1. 掌握外标法的实验步骤和计算方法。

2. 了解离子抑制色谱法。

【实验原理】

阿莫西林为β-内酰胺类抗生素，《中国药典》（2010年版）规定其含量不得少于95.0%。阿莫西林的分子结构中的酰胺侧链为羟苯基取代，具有紫外吸收特性，因此可用紫外检测器检测。此外，分子中有一羧基，具有较强的酸性，因此使用pH小于7的缓冲溶液为流动相，采用离子抑制色谱法进行测定。其结构式为：

HO—C₆H₄—CH(NH₂)—CONH—（β-内酰胺噻唑烷环，CH₃，CH₃，COOH）· $3H_2O$

外标法常用于测定药物主成分或某个杂质的含量。外标法是以待测组分的纯品作对照品，以对照品和试样中待测组分的峰面积或峰高相比较进行定量分析。外标法包括工作曲线法和外标一点法，在工作曲线的截距近似为零时，可用外标一点法，后者常简称外标法。

进行外标法定量时，分别精密称（量）取一定量的对照品和试样，配制成溶液，分别进样相同体积的对照品溶液和试样溶液，在完全相同的色谱条件下，进行色谱分析，测得峰面积。用下式计算试样中待测组分的量或浓度：

$$m_i = (m_i)_s \times \frac{A_i}{(A_i)_s} \text{或} c_i = (c_i)_s \times \frac{A_i}{(A_i)_s}$$

式中，m_i、$(m_i)_s$、A_i、$(A_i)_s$、c_i、$(c_i)_s$分别为试样溶液中待测组分和对照品溶液中对照品的量、峰面积、浓度。

【仪器和试剂】

仪器　高效液相色谱仪，ODS色谱柱，pH计，量瓶(50ml)等。

试剂　阿莫西林对照品，阿莫西林试样（原料药），磷酸二氢钾（AR），氢氧化钾（AR），乙腈（色谱纯），重蒸馏水等。

【实验步骤】

1. 色谱条件　色谱柱：ODS色谱柱（150mm×4.6mm，5μm）；流动相：0.05mol/L磷酸盐缓冲溶液（pH5.0）-乙腈（97.5∶2.5）；磷酸盐缓冲溶液为：磷酸二氢钾13.6g，用水溶解后稀释到2000ml，用2mol/L氢氧化钾调节至pH5.0±0.1；流速：1.0ml/min；检测波长：UV254nm；柱温：室温。

2. 对照品溶液的配制　取阿莫西林对照品约25mg，精密称量，置50ml量瓶中，加流动相溶解并稀释至刻度，摇匀。

3. 试样溶液的配制　取阿莫西林试样25mg，精密称量，按上法配制试样溶液。

4. 进样分析　用微量注射器分别取对照品溶液和试样溶液，各进样20μl，记录色谱图。各种溶液重复测定3次。

5. 结果计算　用外标法以色谱峰面积或峰高计算试样中阿莫西林的量，再根据试样量m计算含量：

$$w(\%) = \frac{m_i}{m} \times 100\%$$

【注意事项】

为保证进样准确，进样时必须多吸取一些溶液，使溶液完全充满20μl的定量环。

【思考题】

1. 工作曲线的截距较大时，能否用外标一点法定量？应该用什么方法定量？
2. 外标法与内标法相比有何优缺点？
3. 此实验为什么采用含有pH5.0的缓冲溶液的流动相？
4. 本实验称取试样量和对照品量接近（均为30mg左右），为什么？

实验七十一　归一化法检查维生素K_1中顺式异构体的限量

【实验目的】

1. 掌握归一化法的实验步骤和结果计算方法。
2. 了解吸附色谱法的原理和实验方法。

【实验原理】

维生素K_1是其反式和顺式异构体的混合物，《中国药典》（2010年版）规定其中顺式异构体的含量不得超过21.0%。维生素K_1溶液在紫外光区有多个吸收峰，因此可用紫外检测器进行检测。其结构如下：

O
CH₃
CH₂CH═C—(CH₂CH₂CH₂CH)₃—CH₃
O　　CH₃　　CH₃

维生素 K_1 顺、反异构体可用液-固吸附色谱法进行分离。液-固吸附色谱法常用硅胶为固定相，流动相一般以烷烃为底剂，加入适量醇类等极性调节剂。常用于分离能溶于有机溶剂的分子型化合物，由于硅胶的吸附活性中心有一定的几何排列顺序，因此可用于分离某些几何异构体。

归一化法是通过测定色谱图上除溶剂峰以外的色谱峰总面积和某一组分的色谱峰面积，计算该峰面积占总面积的百分率来确定该组分质量分数的方法。计算式如下：

$$w_i(\%) = \frac{A_i}{A_1 + A_2 + \cdots + A_n} \times 100\% = \frac{A_i}{\sum A_i} \times 100\%$$

若考虑校正因子，则按下式计算：

$$w_i(\%) = \frac{A_i f_i}{\sum A_i f_i} \times 100\%$$

归一化法常用于气相色谱分析，在高效液相色谱中应用较少，在药物分析中通常只能用于粗略考察药物中的杂质限量，且不适于微量杂质的测定。

【仪器和试剂】

仪器　高效液相色谱仪，硅胶柱，量瓶等。

试剂　维生素 K_1（原料药），石油醚（60～90℃），正戊醇（色谱纯）等。

【实验步骤】

1. 色谱条件　色谱柱：硅胶柱；流动相：石油醚（60～90℃）-正戊醇（2000∶2.5）；检测波长：UV254nm；柱温：室温。

2. 试样溶液的配制　称取维生素 K_1 试样适量，以流动相溶解并稀释至浓度约为 0.2mg/ml。

3. 进样分析　用微量注射器进样 10μl，记录色谱图。重复测定 3～5 次。

4. 结果计算　记录顺式和反式异构体的色谱峰面积，用不加校正因子的面积归一化法计算顺式异构体的量。

【注意事项】

1. 硅胶吸水后失去吸附活性，因此必须使用不含水的流动相。
2. 顺、反异构体色谱峰之间的分离度应符合要求（≥1.5）。
3. 为了确定两异构体的峰位，需要在相同色谱条件下进样某一异构体的对照品溶液。

【思考题】

1. 与外标法和内标法相比较，归一化法有什么特点？
2. 本实验为什么可用不加校正因子的归一化法？
3. 归一化法为什么不适于药物中微量杂质的测定？
4. 增加流动相中正戊醇的含量，会使色谱图产生什么变化？

（熊志立　李发美）

第二十章　毛细管电泳法实验

实验七十二　毛细管区带电泳法分离手性药物的对映异构体

【实验目的】

1. 熟悉毛细管区带电泳法的基本原理与方法。

2. 了解毛细管区带电泳法在拆分手性药物中的应用。

【实验原理】

毛细管电泳法(capillary electrophoresis,CE)是以内径30～100μm的弹性石英毛细管柱作为分离通道,在高压直流电场作用下,依据物质在电解质中的淌度差异而实现分离的分析方法。在毛细管区带电泳(capillary zone electrophoresis,CZE)中,由于带电粒子的电泳迁移和电渗流(electroosmotic flow,EOF)作用,使正离子处于电泳区带较前部分,中性分子居于中间部分,负离子处于电泳区带较后部分,从而使混合组分实现分离。电荷符号相同的离子,根据质荷比的不同,有不同的迁移速率(淌度),因而实现分离。

在手性分离方面,毛细管电泳由于其具有高分离效率,短分析时间和仅需要微量试样的优点显示了巨大潜力。对映体的分离需要加入手性选择剂,常用的手性选择剂有环糊精(cyclodextrin,CD)、冠醚、胆汁酸盐、手性选择性金属配合物等,其中发展最快、应用最多的首推环糊精类。

西孟坦是一种心脏兴奋药,用于治疗充血性心力衰竭,是一种新的钙敏感剂,*L*-西孟坦是西孟坦的活性对映异构体,其结构式如下:

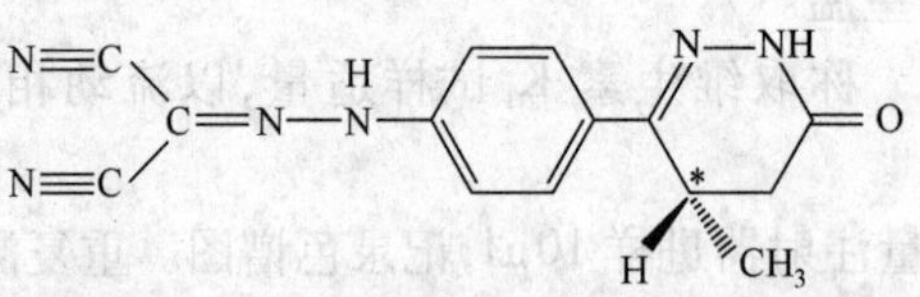

【仪器和试剂】

仪器　毛细管电泳仪(如HP^{3D} G1600A型或其他型号),pH计。

试剂　西孟坦(原料药),*β*-环糊精(AR),磷酸(AR),硼砂(AR),氢氧化钠(AR),甲醇(色谱纯),乙腈(色谱纯)等。

【实验步骤】

1. 电泳条件　20mmol/L硼砂缓冲溶液(pH11.0,含12mmol/L*β*-环糊精)-甲醇(1∶1),分离电压:20kV,检测波长为380nm。

2. 背景电解质溶液的制备　称取硼砂适量配制成20mmol/L溶液,调节pH11.0,并使含12mmol/L *β*-环糊精。

3. 供试液制备　称取西孟坦试样,用适量甲醇溶解,即得。

4. 进样分离　毛细管柱依次用0.1mmol/L氢氧化钠冲洗10min,二次去离子水冲洗

5min，背景电解质缓冲溶液冲洗5min，平衡5min后，进样。采用虹吸进样，进出口两端高度差10cm，进样时间10s。进样后，迅速移开试样管，再换上缓冲溶液池，施加分离电压，进行分离。

【注意事项】

1. 在毛细管电泳中，缓冲溶液的浓度、pH和有机改性剂甲醇、乙腈的比例是影响分离的重要因素，因此应优化这些条件改善分离度。

2. *β*-环糊精的浓度显著影响对映体的分离，需要仔细调节。

3. 在实验结束后，用去离子水清洗毛细管，以免残留的缓冲溶液堵塞毛细管。

【思考题】

1. 简述毛细管电泳法的分离机制和特点。

2. CZE比HPLC柱效高的原因是什么？

3. CZE适合用于哪类药物的分析？

（聂　磊）

第二十一章 色谱-质谱联用分析实验

实验七十三 气相色谱-质谱联用分析甲苯、氯苯和溴苯

【实验目的】

1. 了解气相色谱-质谱联用法在分子结构鉴定中的应用。

2. 了解气相色谱-质谱联用仪的基本结构、性能和工作原理。

【实验原理】

气相色谱-质谱（GC-MS）联用仪是将气相色谱仪和质谱仪通过接口连接成整体：气相色谱仪对有机混合物进行分离，质谱仪的 EI 源能提供化合物的丰富特征碎片，并利用标准谱库对照来对物质进行定性鉴别。GC 的强分离能力与质谱法的结构鉴定能力结合在一起，使气相色谱-质谱联用技术成为挥发性复杂混合物定性和定量分析的重要手段。

GC-MS 联用仪由气相色谱仪、质谱仪、接口和数据处理系统几大部分组成。它的最重要的部分是质谱仪（MS），由进样系统、离子源、质量分析器、离子检测器、数据处理系统、真空系统六部分组成。

【仪器和试剂】

仪器 岛津（GC-MS-QP5050A 型或其他型号）气相色谱-质谱联用仪，CLASS5000 数据处理系统。

试剂 正己烷（色谱纯），甲醇（色谱纯），重蒸水，甲苯（AR），氯苯（AR），溴苯（AR）。

【实验步骤】

1. 仪器操作条件（参考值）

（1）气相色谱条件：色谱柱：DB-5（0.25μm × 2.5mm × 30m）；柱温：50℃（2min）→5℃/min→180℃（5min）；进样口温度：260℃；分流比：10∶1；载气：He；流速：1ml/min。

（2）质谱条件：EI：70eV；离子源温度：200℃；接口温度：230℃；质量扫描范围：33 ~ 500amu；扫描速度：1000amu/s。

2. 试样制备 甲苯、氯苯、溴苯混合物以正己烷溶解。

3. 进样分析 取 1μl 试样溶液注入气相色谱仪，使试样中各组分尽量完全分离，并获取总离子流色谱图（TIC）。然后读取各峰质谱图，分别在质谱图谱库中自动检索，鉴定出各峰所代表的化合物结构。

甲苯、氯苯、溴苯混合样品的总离子流色谱图如图 21-1 所示。色谱峰 3（t_R = 7.3min）的 EI-MS 图与标准图谱库中溴苯的 EI-MS 图谱基本一致（如图 21-2 和图 21-3 所示），因此推断色谱峰 3 为溴苯的色谱峰，依照此法可推断色谱峰 1 和 2 分别为甲苯和氯苯的色谱峰。

【思考题】

1. 气相色谱-质谱仪各部分作用是什么？

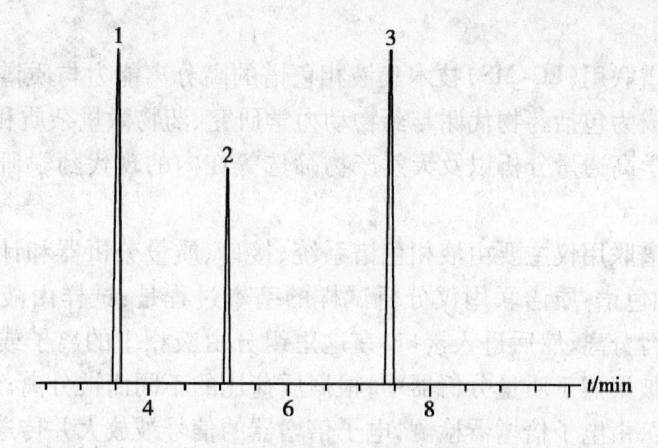

图 21-1　甲苯、氯苯、溴苯混合试样的总离子流色谱图

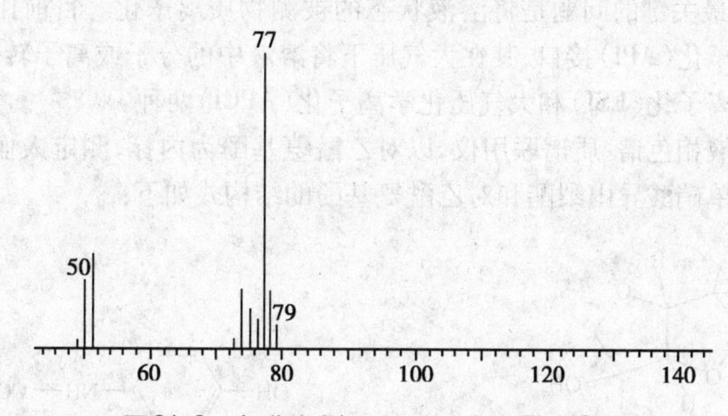

图 21-2　色谱峰 3(t_R = 7.3min)的 EI-MS 图

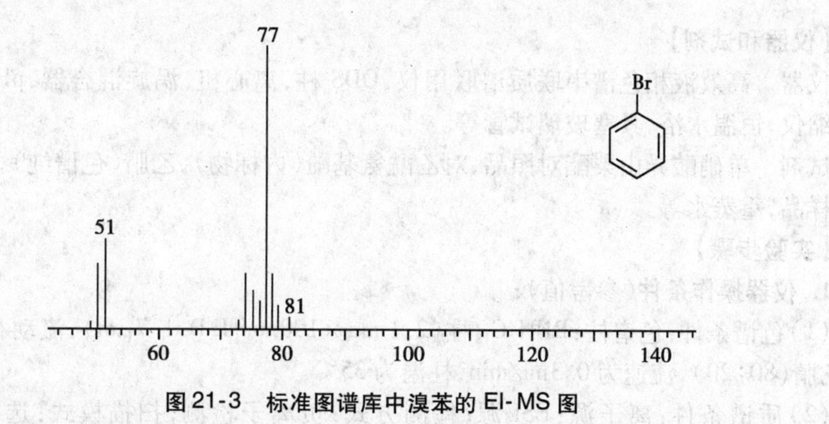

图 21-3　标准图谱库中溴苯的 EI-MS 图

2. GC-MS 有什么优点和局限性?

实验七十四　高效液相色谱-质谱联用选择离子监测法测定人血浆中的单硝酸异山梨酯

【实验目的】

1. 了解高效液相色谱-质谱联用的选择离子监测分析方法。
2. 了解液相色谱-质谱联用仪的基本工作原理。

【实验原理】

液相色谱-质谱联用(LC-MS)技术集液相色谱的高分离能力与质谱的高灵敏度和高专属性于一体,已成为包括药物代谢与药物动力学研究、药物微量杂质和药物降解产物的分析鉴定,组合化学高通量分析以及天然产物筛选等在内的现代药学研究领域最重要的分析工具之一。

液相色谱-质谱联用仪主要由液相色谱系统、接口、质量分析器和计算机数据处理系统组成。使用液相色谱-质谱联用仪分析试样的基本过程是:试样由液相色谱系统进样后,通过色谱柱进行分离;然后进入接口,在这里组分由液相中的离子或分子转变成气相的离子;然后离子被聚焦于质量分析器中,根据质荷比的不同而被分离;最后,离子浓度被转变为电信号强度,由电子倍增器检测,电子倍增器的信号被放大并传送至计算机数据处理系统处理和显示。

LC-MS技术最关键的问题是将溶液状态的被测物质离子化。目前比较成熟的接口技术为大气压离子化(API)接口,其在大气压下将溶液中的分子或离子转变成气相离子,主要包括电喷雾离子化(ESI)和大气压化学离子化(APCI)两种。

本实验利用液相色谱-质谱联用仪,以对乙酰氨基酚为内标,测定人血浆中单硝酸异山梨酯的浓度。单硝酸异山梨酯和对乙酰氨基酚的结构式如下:

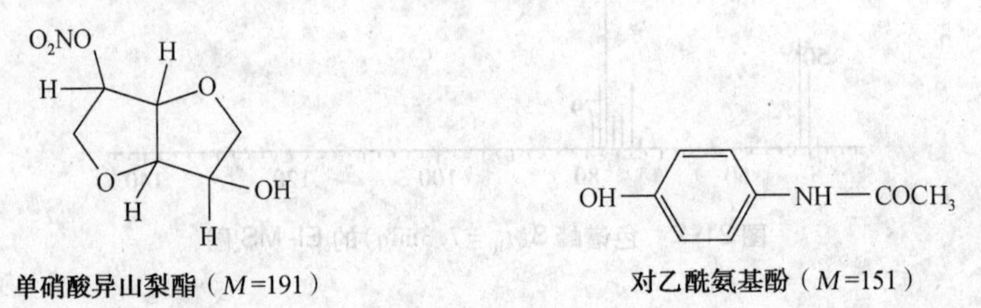

单硝酸异山梨酯(M=191)　　对乙酰氨基酚(M=151)

【仪器和试剂】

仪器　高效液相色谱串联质谱联用仪,ODS柱,离心机,涡旋混合器,pH计,试管氮吹浓缩仪,恒温水浴,具塞玻璃试管等。

试剂　单硝酸异山梨酯对照品,对乙酰氨基酚(内标物),乙腈(色谱纯),乙醚(AR),血浆样品,重蒸水等。

【实验步骤】

1. 仪器操作条件(参考值):

(1)色谱条件:色谱柱:BEH C_{18}柱(2.1mm×100mm I.D,1.7μm),流动相:流动相为水-乙腈(80∶20),流速为0.3ml/min,柱温为35℃。

(2)质谱条件:离子源:ESI源;检测方式:负离子检测;扫描模式:选择离子监测(SIR)方式,定量分析时的检测离子分别为m/z190.0(单硝酸异山梨酯)和m/z150.1(对乙酰氨基酚),扫描时间为0.2s;毛细管电压:2.8kV;锥孔电压:18V;去溶剂气:N_2;去溶剂气温度:300℃;源温度:110℃。

(3)扫描方式的选择:在(-)-ESI源的离子化方式下,单硝酸异山梨酯和对乙酰氨基酚有较强的而且稳定的离子响应信号,一级全扫描质谱图中主要获得两者的$[M-H]^-$,其m/z分别为190.0和150.1。对$[M-H]^-$峰分别进行二级全扫描质谱分析时,没有得到响应强而且比较稳定的碎片离子,因此扫描模式采用选择离子监测(SIR)方式,即将单硝酸异山梨酯的$[M-H]^-$(m/z190.0)和对乙酰氨基酚的$[M-H]^-$

(m/z 150.1)作为定量分析时的检测离子。

2. 血浆样品处理　取待测血浆500μl,加入1.0μg/ml的对乙酰氨基酚水溶液(内标物)100μl,再加入乙醚3ml提取,离心,吸取有机层,40℃氮气流下吹干,残渣用流动相溶解。

3. 进样分析　取处理好的样品上清液进样5μl,进行LC-MS分析。测得血浆样品的色谱图(图21-4)。单硝酸异山梨酯的保留时间为1.1min,内标的保留时间为1.6min。用单硝酸异山梨酯与内标的峰面积比,按标准曲线法进行定量。

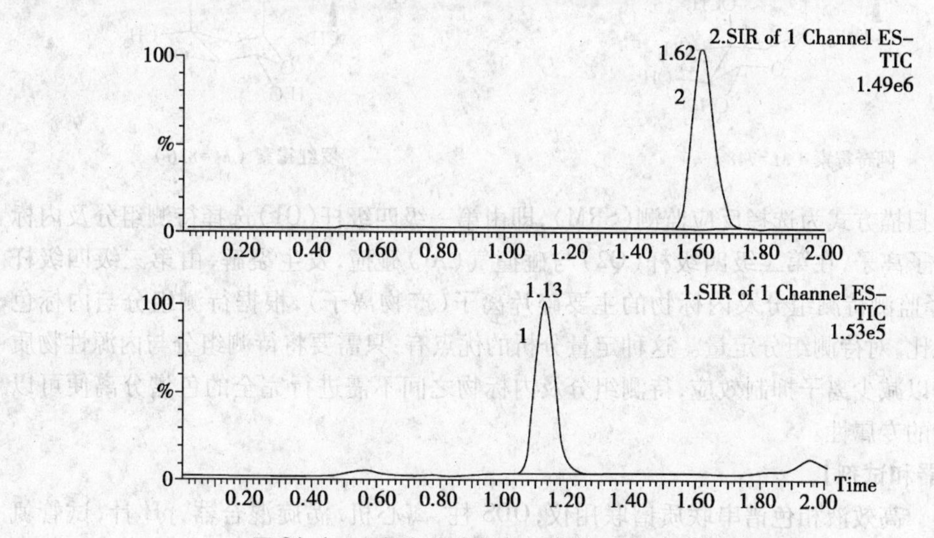

图21-4　血浆中单硝酸异山梨酯及内标的SIR色谱图

峰1为单硝酸异山梨酯;峰2为对乙酰氨基酚(内标)

【注意事项】

1. LC-MS分析对流动相的要求高于普通液相色谱,流动相的基本要求是不能含有非挥发性盐类(如磷酸盐缓冲液和离子对试剂等)。

2. 由于生物样品中内源性物质较多,待测物浓度相对较低且波动范围较大,若直接进行测定,内源性物质可能会产生干扰,且会对色谱柱和仪器产生很大的污染,因此必须对生物样品进行适当的预处理。

【思考题】

1. 试比较电喷雾离子化和大气压化学离子化两种离子化方式的异同点。

2. 常用的生物样品预处理方法有哪些?

实验七十五　高效液相色谱-质谱联用选择反应监测法测定人血浆中阿奇霉素

【实验目的】

1. 熟悉高效液相色谱-质谱联用的选择反应监测分析方法。

2. 了解LC/MS/MS的基本工作原理及一般操作方法。

【实验原理】

本实验利用LC/MS/MS,以罗红霉素为内标,采用选择反应监测(SRM)方式,对人血浆中的阿奇霉素进行测定。阿奇霉素和罗红霉素的结构式如下:

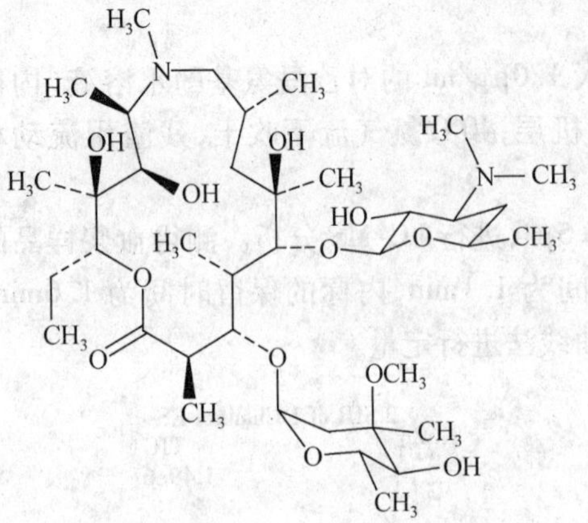

阿奇霉素（M=748） 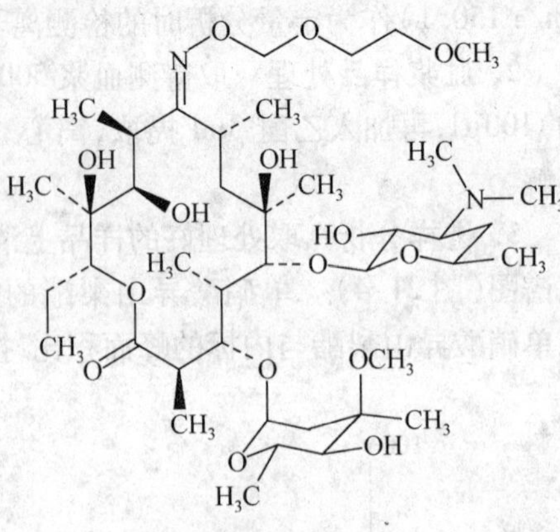　　　　罗红霉素（M=836）

质谱扫描方式为选择反应监测（SRM），即由第一级四级杆（Q1）选择待测组分及内标物的准分子离子，在第二级四级杆（Q2）与碰撞气（Ar）碰撞，发生裂解，由第三级四级杆（Q3）选择监测待测组分及内标物的主要碎片离子（产物离子），根据待测组分与内标色谱峰面积比，对待测组分定量。这种定量分析的优点有：只需要将待测组分与内源性物质简单分离以减少离子抑制效应，待测组分及内标物之间不需进行完全的色谱分离便可以获得高度的专属性。

【仪器和试剂】

仪器　高效液相色谱串联质谱联用仪，ODS 柱，离心机，涡旋混合器，pH 计，试管氮吹浓缩仪，恒温水浴，具塞玻璃试管等。

试剂　阿奇霉素对照品，罗红霉素（原料药，内标物），乙腈（色谱纯），乙酸胺（色谱纯），乙醚（AR），血浆样品，重蒸水等。

【实验步骤】

1. 仪器操作条件（参考值）：

（1）色谱条件：色谱柱：BEH C_{18} 柱（2.1mm × 100mm I. D，1.7μm），流动相：0.015mol/L 乙酸胺水溶液-乙腈（30∶70），流速为 0.3ml/min，柱温为 40℃。

（2）质谱条件：离子源：ESI 源；检测方式：正离子检测；扫描模式：选择反应监测（SRM）模式，定量分析的离子分别为 m/z 749→m/z 591（阿奇霉素）和 m/z 837→m/z 679（内标罗红霉素），扫描时间为 0.10s；毛细管电压：1.20kV；锥孔电压：35V；去溶剂气：N_2；去溶剂气温度：300℃；源温度：110℃；去溶剂气流速：400 L/H；碰撞诱导解离（CID）电压均为 25eV。

（3）扫描方式的选择：阿奇霉素和内标罗红霉素在（+）-ESI 源的离子化方式下，一级全扫描质谱图中主要获得两者的准分子离子峰$[M+H]^+$，其 m/z 分别为 749 和 837。对$[M+H]^+$峰分别进行二级全扫描质谱时，得到响应最强而且比较稳定的主要碎片离子峰分别为 m/z 591 和 m/z 679，子离子扫描质谱图如图 21-5 所示。将两者用作定量分析离子反应。

2. 血浆样品处理　取待测血浆 500μl，依次加入 1.0μg/ml 的罗红霉素甲醇溶液（内标物）100μl，Na_2CO_3（0.05mol/L）400μl，涡流 30s，再加入乙醚 3ml，振荡 10min，离心 10min，吸取有机层，40℃氮气流下吹干，残渣用水-乙腈（20∶80）混合溶液。

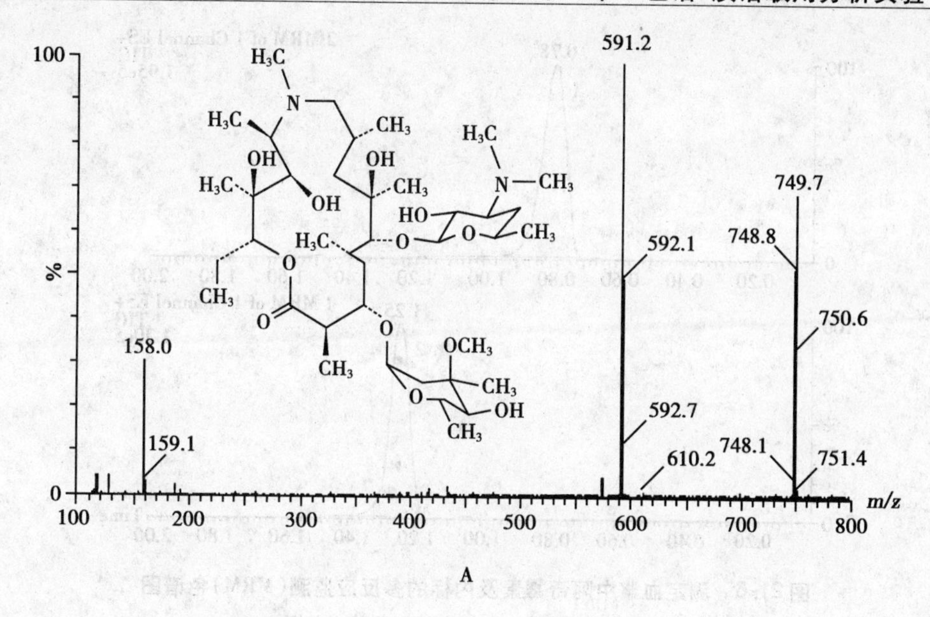

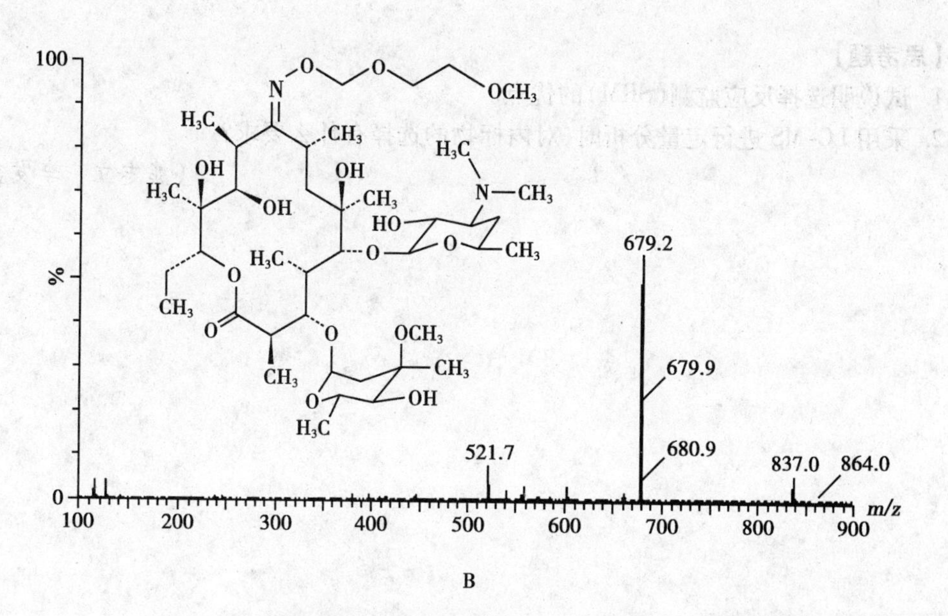

图21-5　阿奇霉素和内标罗红霉素[M+H]$^+$产物离子扫描质谱图

(A)阿奇霉素(m/z 749→591)

(B)罗红霉素(m/z 837→679)

3. 进样分析　取处理好的样品上清液进样5μl,进行LC/MS/MS分析。测得血浆样品的色谱图(图21-6)。阿奇霉素的保留时间分别为0.8min,罗红霉素的保留时间为1.2min。用阿奇霉素与内标的峰面积比,按标准曲线法进行定量。

【注意事项】

LC-MS分析时,流动相中加入一定量的挥发性电解质(如甲酸、乙酸、氨水等)有利于提高待测物的质谱响应。一般认为低浓度电解质和高比例有机相容易获得较好的离子化效率,有效防止离子抑制,提高检测的灵敏度。

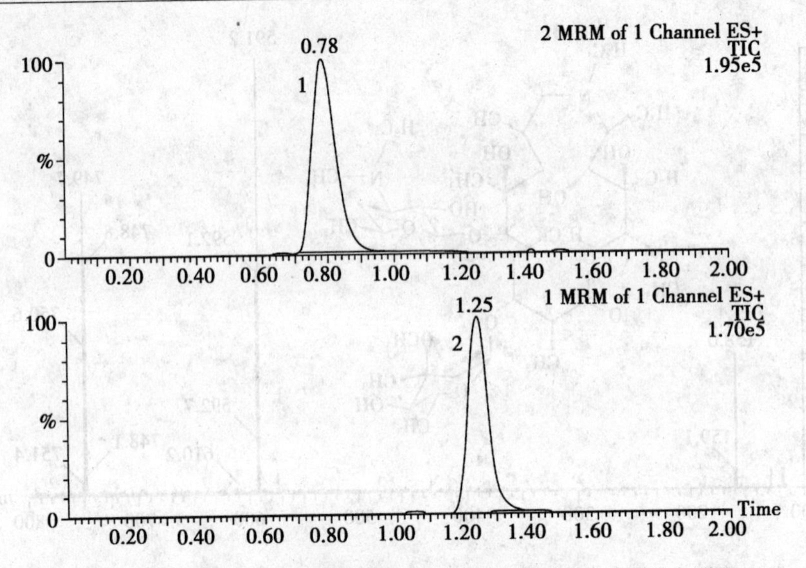

图 21-6 测定血浆中阿奇霉素及内标的多反应监测(MRM)色谱图

峰 1 为阿奇霉素;峰 2 为罗红霉素(内标)

【思考题】

1. 试说明选择反应监测(SRM)的优点。
2. 采用 LC-MS 进行定量分析时,对内标物的选择有什么要求?

(熊志立　李发美)

第二十二章 综合实验和设计实验

在学好分析化学基础理论，初步掌握分析化学实验技术和基本方法的基础上，为了进一步发挥学生学习的主动性，提高学生分析问题和解决问题的能力，检验和总结实验教学的效果，编写了本章——综合实验和设计实验，给出了实验的目的与要求，并对一些试样给出了实验提示。要求学生查阅有关资料，自行设计实验方案，写出实验提纲，独立进行实验操作，获得数据并进行处理，求出分析结果和写出实验报告，由教师评定成绩。

实验七十六　化学定量分析综合及设计实验

【目的与要求】

要求学生对给定的试样，通过自己预先查阅文献，参考文献资料对该样品的各种定量分析方法，结合本实验室的设备条件及本人的兴趣，选择其中一种或两种分析方法，对实验方案进行综合设计，写出实验预习报告。其内容主要包括以下几方面：

(1)针对测定试样的各种分析方法及原理，比较它们的优缺点，并对选定的具体分析方法提供依据。

(2)实验所需仪器与试剂（包括试剂的配制方法、浓度及取样量的依据等）。在满足实验准确度的前提下，应尽量节约试剂和试样的用量。

(3)实验条件及选择此条件的依据（包括反应的温度、酸度及干扰物消除等）。

(4)实验步骤。

(5)误差来源及消除。

(6)实验数据记录及处理。

(7)注意事项。

(8)问题讨论。

(9)参考文献。

然后在老师指导后，各学生确定具体的实验方案。实验时，根据各自设计的实验，从试剂配制到最后写出实验报告，均由每一位学生独立完成。

【实验选例】

例如苯甲酸的含量分析：

1. 分析方法及原理　根据试样的理化性质，选择何种分析方法？若采用滴定分析，准确滴定的依据是什么？反应方程式及选用何种指示剂及依据等。

2. 仪器和试剂　实验需要的仪器、试剂、配制方法及相关取样量依据等。

3. 实验条件及选择此条件的依据　根据分析方法及试样的性质确定实验条件，并阐述选择此条件的依据。

4. 实验步骤　具体实验操作方法和相关步骤。

5. 误差来源及消除 分析可能的误差来源及如何降低或消除误差。如采用滴定分析,误差可能来自称量(天平的使用)、滴定(读数、排气泡等操作)和溶液配制(量瓶、移液管和量筒等的使用)等过程。

6. 实验数据记录及处理 实验数据记录形式(如表格或图谱),数据处理方法及相关计算公式、具体步骤等。

7. 注意事项 实验过程中分析方法、操作步骤及仪器使用等需要注意的事项。

8. 问题讨论 针对实验结果进行分析、评价,并对出现的问题进行讨论以及对实验方案的建议和心得体会等。

9. 参考文献 需要提供相关参考文献或资料。

【可选试样】

$BaCl_2 \cdot 2H_2O$, $Na_2SO_4 \cdot 10H_2O$, H_3BO_3 + HCl, $Na_2B_4O_7$ + H_3BO_3, $MgSO_4$ + HCl, NaOH + Na_2CO_3, Na_2CO_3 + $NaHCO_3$,碘酊中的 I_2 和 KI,KI + NaCl,NH_4Cl + HCl,Na_2CO_3 + NaCl,葡萄糖酸锌,$MgCl_2$ + $CaCl_2$,水杨酸 + 乙酰水杨酸,$CuCl_2$ + $ZnCl_2$,$Na_2C_2O_4$ + $H_2C_2O_4$,盐酸麻黄碱,苯甲酸。

实验七十七 化学和仪器定量分析综合及设计实验

【目的与要求】

1. 根据试样的性质和分析目的,选择简单、经济和实用的化学及仪器分析测定方法。

2. 设计实验方案,内容包括:

(1)分析方法原理,包括试样预处理的方法原理。

(2)仪器设备、试剂规格和浓度。

(3)实验步骤,包括需要进行的实验条件及方法。

(4)实验结果,包括实验记录、数据处理及相关计算公式等。

(5)注意事项。

(6)设计实验的心得体会,包括对实验方案和实验结果的总结、评价及建议等。

(7)参考文献。

设计好的实验方案应经指导教师评阅后,方可进行实验。

【实验选例】

1. 苯酚红的定量分析 提示:

结构式:

分子式:$C_{19}H_{14}O_5S$

分子量:354.38

理化性质:红色结晶型粉末,易溶于乙醇及碱溶液中,不溶于三氯甲烷及醚中。

可选方法:酸碱滴定、氧化还原滴定和紫外分光光度法等。

2. 邻苯二甲酸的定量分析 提示:

结构式:

COOH
COOH

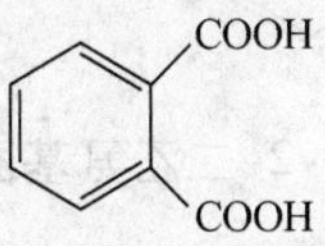

分子式:$C_8H_6O_4$

分子量:166.13

理化性质:白色针状或片状结晶,溶于醇,微溶于水,遇热升华。

可选方法:酸碱滴定和紫外分光光度法等。

3. 邻甲酚磺酞的定量分析 提示:

结构式:

CH_3 OH CH_3 OH C O SO_2

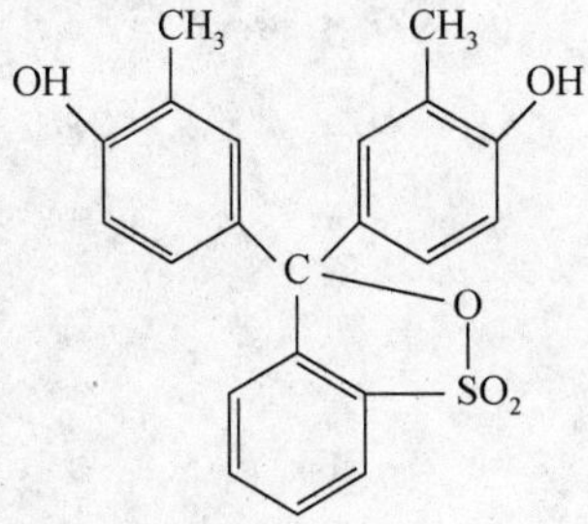

分子式:$C_{21}H_{18}O_5S$

分子量:382.43

理化性质:红棕色粉末,能溶于碱溶液,微溶于甲醇和乙醇,几乎不溶于丙酮和苯,不溶于醚。

可选方法:高效液相色谱法和紫外分光光度法等。

4. 依达拉奉的定量分析 提示:

结构式:

O N N CH_3

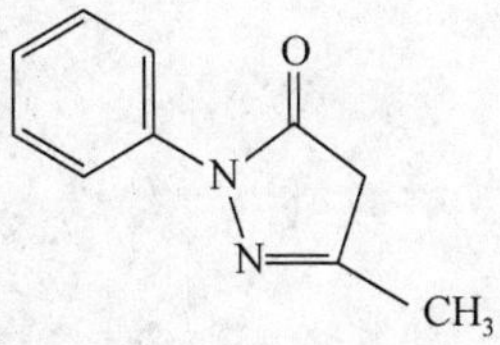

化学名:3-甲基-1-苯基-2-吡唑啉-5-酮

分子式:$C_{10}H_{10}N_2O$

分子量:174.2

理化性质:白色或类白色结晶性粉末,无臭无味,在甲醇中易溶,在三氯甲烷、乙醇或丙酮中溶解,在水中几乎不溶,熔点为127~131℃。

可选方法:非水酸碱滴定和高效液相色谱法等。

5. 盐酸奥布卡因的定量分析 提示:

结构式:

化学名:4-氨基-3-丁氧基苯甲酸-2-二乙氨基乙酯盐酸盐

分子式:$C_{17}H_{28}N_2O_3$ · HCl

分子量:344.88

理化性质:白色结晶性粉末,无臭,味咸,有麻痹感,在水中极易溶解,在乙醇中易溶,在乙醚中几乎不溶。

可选方法:电位滴定法、紫外分光光度法和高效液相色谱法等。

(袁 波 聂 磊)

附录一 元素的相对原子质量表（2005）

（按照原子序数排列，以 $^{12}C=12$ 为基准）

元素			原子序数	相对原子质量	元素			原子序数	相对原子质量
符号	名称	英文名			符号	名称	英文名		
H	氢	Hydrogen	1	1. 00794(7)	Tc	锝	Technetium	43	[98]
He	氦	Helium	2	4. 002602(2)	Ru	钌	Ruthenium	44	101. 07(2)
Li	锂	Lithium	3	6. 941(2)	Rh	铑	Rhodium	45	102. 90550(2)
Be	铍	Beryllium	4	9. 012182(3)	Pd	钯	Palladium	46	106. 42(1)
B	硼	Boron	5	10. 811(7)	Ag	银	Silver	47	107. 8682(2)
C	碳	Carbon	6	12. 0107(8)	Cd	镉	Cadmium	48	112. 411(8)
N	氮	Nitrogen	7	14. 0067(2)	In	铟	Indium	49	114. 818(3)
O	氧	Oxygen	8	15. 9994(3)	Sn	锡	Tin	50	118. 710(7)
F	氟	Fluorine	9	18. 9984032(5)	Sb	锑	Antimony	51	121. 760(1)
Ne	氖	Neon	10	20. 1797(6)	Te	碲	Tellurium	52	127. 60(3)
Na	钠	Sodium	11	22. 98976928(2)	I	碘	Iodine	53	126. 90447(3)
Mg	镁	Magnesium	12	24. 3050(6)	Xe	氙	Xenon	54	131. 293(6)
Al	铝	Aluminum	13	26. 9815386(8)	Cs	铯	Caesium	55	132. 9054519(2)
Si	硅	Silicon	14	28. 0855(3)	Ba	钡	Barium	56	137. 327(7)
P	磷	Phosphorus	15	30. 973762(2)	La	镧	Lanthanum	57	138. 90547(7)
S	硫	Sulphur	16	32. 065(5)	Ce	铈	Cerium	58	140. 116(1)
Cl	氯	Chlorine	17	35. 453(2)	Pr	镨	Praseodymium	59	140. 90765(2)
Ar	氩	Argon	18	39. 948(1)	Nd	钕	Neodymium	60	144. 242(3)
K	钾	Potassium	19	39. 0983(1)	Pm	钷	Promethium	61	[145]
Ca	钙	Calcium	20	40. 078(4)	Sm	钐	Samarium	62	150. 36(2)
Sc	钪	Scandium	21	44. 955912(6)	Eu	铕	Europium	63	151. 964(1)
Ti	钛	Titanium	22	47. 867(1)	Gd	钆	Gadolinium	64	157. 25(3)
V	钒	Vanadium	23	50. 9415(1)	Tb	铽	Terbium	65	158. 92535(2)

续表

元素			原子序数	相对原子质量	元素			原子序数	相对原子质量
符号	名称	英文名			符号	名称	英文名		
Cr	铬	Chromium	24	51.9961(6)	Dy	镝	Dysprosium	66	162.500(1)
Mn	锰	Manganese	25	54.938045(5)	Ho	钬	Holmium	67	164.93032(2)
Fe	铁	Iron	26	55.845(2)	Er	铒	Erbium	68	167.259(3)
Co	钴	Cobalt	27	58.933195(5)	Tm	铥	Thulium	69	168.93421(2)
Ni	镍	Nickel	28	58.6934(2)	Yb	镱	Ytterbium	70	173.04(3)
Cu	铜	Copper	29	63.546(3)	Lu	镥	Lutetium	71	174.967(1)
Zn	锌	Zinc	30	65.409(4)	Hf	铪	Hafnium	72	178.49(2)
Ga	镓	Gallium	31	69.723(1)	Ta	钽	Tantalum	73	180.94788(2)
Ge	锗	Germanium	32	72.64(1)	W	钨	Tungsten	74	183.84(1)
As	砷	Arsenic	33	74.92160(2)	Re	铼	Rhenium	75	186.207(1)
Se	硒	Selenium	34	78.96(3)	Os	锇	Osmium	76	190.23(3)
Br	溴	Bromine	35	79.904(1)	Ir	铱	Iridium	77	192.217(3)
Kr	氪	Krypton	36	83.798(2)	Pt	铂	Platinum	78	195.084(9)
Rb	铷	Rubidium	37	85.4678(3)	Au	金	Gold	79	196.966569(4)
Sr	锶	Strontium	38	87.62(1)	Hg	汞	Mercury	80	200.59(2)
Y	钇	Yttrium	39	88.90585(2)	Tl	铊	Thallium	81	204.3833(2)
Zr	锆	Zirconium	40	91.224(2)	Pb	铅	Lead	82	207.2(1)
Nb	铌	Niobium	41	92.90638(2)	Bi	铋	Bismuth	83	208.98040(1)
Mo	钼	Molybdenum	42	95.94(2)	Po	钋	Polonium	84	[209]
At	砹	Astatine	85	[210]	No	锘	Nobelium	102	[259]
Rn	氡	Radon	86	[222]	Lr	铹	Lawrencium	103	[262]
Fr	钫	Fracium	87	[223]	Rf	𬬻	Rutherfordium	104	[267]
Ra	镭	Radium	88	[226]	Db	𬭊	Dubnium	105	[268]
Ac	锕	Actinium	89	[227]	Sg		Seaborgium	106	[271]
Th	钍	Thorium	90	232.03806(2)	Bh		Bohrium	107	[272]
Pa	镤	Protactinium	91	231.03588(2)	Hs		Hassium	108	[270]
U	铀	Uranium	92	238.02891(3)	Mt		Meitnerium	109	[276]
Np	镎	Neptunium	93	[237]	Ds		Darmstadtium	110	[281]
Pu	钚	Plutonium	94	[244]	Rg		Roentgenium	111	[280]

续表

元素			原子序数	相对原子质量	元素			原子序数	相对原子质量
符号	名称	英文名			符号	名称	英文名		
Am	镅	Americium	95	[243]	Uub		Ununbium	112	[285]
Cm	锔	Curium	96	[247]	Uut		Ununtrium	113	[284]
Bk	锫	Berkelium	97	[247]	Uuq		Ununquadium	114	[289]
Cf	锎	Californium	98	[251]	Uup		Ununpentium	115	[288]
ES	锿	Einsteinium	99	[252]	Uuh		Ununhexium	116	[293]
Fm	镄	Fermium	100	[257]	Uuo		Ununoctium	118	[294]
Md	钔	Mendelevium	101	[258]					

注:录自2005年国际原子量表(IUPAC Commission of Atomic Weights and Isotopic Abundances. Atomic Weights of the Elements 2005. *Pure Appl. Chem.*, 2006, 78:2051-2066)。( )表示相对原子质量最后一位的不确定度,[ ]中的数值为没有稳定同位素元素的半衰期最长同位素的质量数。

附录二 常用化合物的相对分子质量表

（根据 2005 年公布的相对原子质量计算）

分子式	相对分子质量	分子式	相对分子质量
$AgBr$	187.77	KOH	56.106
$AgCl$	143.32	K_2PtCl_6	486.00
AgI	234.77	$KSCN$	97.182
$AgNO_3$	169.87	$MgCO_3$	84.314
Al_2O_3	101.96	$MgCl_2$	95.211
As_2O_3	197.84	$MgSO_4 \cdot 7H_2O$	246.48
$BaCl_2 \cdot 2H_2O$	244.26	$MgNH_4PO_4 \cdot 6H_2O$	245.41
BaO	153.33	MgO	40.304
$Ba(OH)_2 \cdot 8H_2O$	315.47	$Mg(OH)_2$	58.320
$BaSO_4$	233.39	$Mg_2P_2O_7$	222.55
$CaCO_3$	100.09	$Na_2B_4O_7 \cdot 10H_2O$	381.37
CaO	56.077	$NaBr$	102.89
$Ca(OH)_2$	74.093	$NaCl$	58.489
CO_2	44.010	Na_2CO_3	105.99
CuO	79.545	$NaHCO_3$	84.007
Cu_2O	143.09	$Na_2HPO_4 \cdot 12H_2O$	358.14
$CuSO_4 \cdot 5H_2O$	249.69	$NaNO_2$	69.000
FeO	71.844	Na_2O	61.979
Fe_2O_3	159.69	$NaOH$	39.997
$FeSO_4 \cdot 7H_2O$	278.02	$Na_2S_2O_3$	158.11
$FeSO_4 \cdot (NH_4)_2SO_4 \cdot 6H_2O$	392.14	$Na_2S_2O_3 \cdot 5H_2O$	248.19
H_3BO_3	61.833	NH_3	17.031
HCl	36.461	NH_4Cl	53.491
$HClO_4$	100.46	NH_4OH	35.046
HNO_3	63.013	$(NH_4)_3PO_4 \cdot 12MoO_3$	1876.4
H_2O	18.015	$(NH_4)_2SO_4$	132.14

续表

分子式	相对分子质量	分子式	相对分子质量
H_2O_2	34.015	$PbCrO_4$	323.19
H_3PO_4	97.995	PbO_2	239.20
H_2SO_4	98.080	$PbSO_4$	303.26
I_2	253.81	P_2O_5	141.94
$KAl(SO_4)_2 \cdot 12H_2O$	474.39	SiO_2	60.085
KBr	119.00	SO_2	64.065
$KBrO_3$	167.00	SO_3	80.064
KCl	74.551	ZnO	81.408
$KClO_4$	138.55	$HC_2H_3O_2$(醋酸)	60.052
K_2CO_3	138.21	$H_2C_2O_4 \cdot 2H_2O$	126.07
K_2CrO_4	194.19	$KHC_4H_4O_6$(酒石酸氢钾)	188.18
$K_2Cr_2O_7$	294.19	$KHC_8H_4O_4$(邻苯二甲酸氢钾)	204.22
KH_2PO_4	136.09	$K(SbO)C_4H_4O_6 \cdot 1/2H_2O$	333.93
$KHSO_4$	136.17	(酒石酸锑钾)	
KI	166.00	$Na_2C_2O_4$(草酸钠)	134.00
KIO_3	214.00	$NaC_7H_5O_2$(苯甲酸钠)	144.11
$KIO_3 \cdot HIO_3$	389.91	$Na_3C_6H_5O_7 \cdot 2H_2O$(枸橼酸钠)	294.12
$KMnO_4$	158.03	$Na_2H_2C_{10}H_{12}O_8N_2 \cdot 2H_2O$	372.24
KNO_2	85.100	EDTA 二钠二水合物	

附录三 常用酸碱的密度和浓度

试剂名称	密度	含量(%)	浓度(mol/L)
盐酸	1.18~1.19	36~38	11.6~12.4
硝酸	1.39~1.40	65.0~68.0	14.4~15.2
硫酸	1.83~1.84	95~98	17.8~18.4
磷酸	1.69	85	14.6
高氯酸	1.68	70.0~72.0	11.7~12.0
冰醋酸	1.05	99.8(GR)	17.4
		99.0(AR、CR)	
氢氟酸	1.13	40	22.5
氢溴酸	1.49	47.0	8.6
氨水	0.88~0.90	25.0~28.0	13.3~14.8

附录四 常用缓冲溶液的配制

缓冲溶液组成	pK_a	pH	配制方法
氨基乙酸-HCl	2.3(pK_{a_1})	2.3	氨基乙酸150g溶于500ml水中,加浓HCl 80ml,水稀释至1L
H_3PO_4-枸橼酸盐		2.5	$Na_2HPO_4 \cdot 12H_2O$ 113g溶于200ml水,加枸橼酸387g,溶解,过滤后,稀释至1L
一氯乙酸-NaOH	2.86	2.8	200g一氯乙酸溶于200ml水中,加NaOH 40g溶解后,稀释至1L
邻苯二甲酸氢钾-HCl	2.95(pK_{a_1})	2.9	500mg邻苯二甲酸氢钾溶于500ml水中,加浓盐酸80ml,稀释至1L
甲酸-NaOH	3.76	3.7	95g甲酸和NaOH 40g溶于500ml水中,稀释至1L
醋酸铵-醋酸		4.5	醋酸铵77g溶于200ml水中,加冰醋酸59ml,稀释至1L
醋酸钠-醋酸	4.76	4.7	无水醋酸钠83g溶于水中,加冰醋酸60ml,稀释至1L
醋酸钠-醋酸	4.76	5.0	无水醋酸钠160g溶于水中,加冰醋酸60ml,稀释至1L
醋酸铵-醋酸		5.0	无水醋酸铵250g溶于水中,加冰醋酸25ml,稀释至1L
六亚甲基四胺-HCl	5.15	5.4	六亚甲基四胺40g于200ml水中,加浓盐酸10ml,稀释至1L
醋酸氨-醋酸		6.0	无水醋酸铵600g溶于水中,加冰醋酸20ml,稀释至1L
Tris-HCl(三羟甲基氨基甲烷)	8.21	8.2	25g Tris溶于水中,加浓盐酸8ml,稀释至1L
氨水-氯化铵	9.26	9.2	NH_4Cl 54g溶于水中,加浓氨水63ml,稀释至1L
氨水-氯化铵	9.26	10.0	NH_4Cl 54g溶于水中,加浓氨水350ml,稀释至1L

注:(1)缓冲溶液配制后可用pH试纸或pH计检查。如pH不对,可用共轭酸或碱调节。

(2)若需增加或减少缓冲溶液的缓冲容量,可相应增加或减少共轭酸碱对物质的量。

(3)其他常用缓冲溶液的配制方法可参照《中华人民共和国药典》附录。

附录五 常用指示剂

（一）常用酸碱指示剂

指示剂	变色范围 pH	颜色		pK_{In}	浓度	溶液配制
		酸色	碱色			
百里酚蓝	1.2～2.8	红	黄	1.65	0.1%的20%乙醇溶液	0.1g指示剂溶于100ml 20%乙醇
甲基橙	3.1～4.4	红	黄	3.45	0.05%的水溶液	0.05%水溶液
溴酚蓝	3.0～4.6	黄	紫	4.1	0.1%的20%乙醇溶液或其钠盐的水溶液	0.1g指示剂溶于100ml 20%乙醇
溴甲酚绿	3.8～5.4	黄	蓝	4.9	0.1%的乙醇溶液	0.1g指示剂溶于100ml 20%乙醇
甲基红	4.4～6.2	红	黄	5.1	0.1%的60%乙醇溶液或其钠盐的水溶液	0.1g指示剂溶于100ml 60%乙醇
溴百里酚蓝	6.2～7.6	黄	蓝	7.3	0.1%的20%乙醇溶液或其钠盐的水溶液	0.1g指示剂溶于100ml 20%乙醇
中性红	6.8～8.0	红	黄橙	7.4	0.1%的60%乙醇溶液	0.1g指示剂溶于100ml 60%乙醇
酚红	6.7～8.4	黄	红	8.0	0.1%的60%乙醇溶液或其钠盐的水溶液	0.1g指示剂溶于100ml 60%乙醇
酚酞	8.0～10.0	无	红	9.1	0.5%的90%乙醇溶液	0.5g指示剂溶于100ml 90%乙醇
百里酚酞	9.4～10.6	无	蓝	10.0	0.1%的90%乙醇溶液	0.1g指示剂溶于100ml 90%乙醇

（二）常用混合酸碱指示剂

混合指示剂的组成	变色点 pH	颜色		备注
		酸色	碱色	
一份0.1%甲基黄乙醇溶液 一份0.1%次甲基蓝乙醇溶液	3.25	蓝紫	绿	pH3.4 绿色 pH 3.2 蓝紫色
一份0.1%甲基橙水溶液 一份0.25%靛蓝二磺酸钠水溶液	4.1	紫	黄绿	pH4.1 灰色

续表

混合指示剂的组成	变色点 pH	颜色		备注
		酸色	碱色	
三份0.1%溴甲酚绿乙醇溶液 一份0.2%甲基红乙醇溶液	5.1	酒红	绿	颜色变化显著
一份0.1%溴甲酚绿钠盐水溶液 一份0.1%氯酚红钠盐水溶液	6.1	黄绿	蓝紫	pH 5.4 蓝绿色； 5.8 蓝色； 6.0 蓝带紫； 6.2 蓝紫
一份0.1%中性红乙醇溶液 一份0.1%次甲基蓝乙醇溶液	7.0	蓝紫	绿	pH 7.0 紫蓝
一份0.1%甲酚红钠盐水溶液 三份0.1%百里酚蓝钠盐水溶液	8.3	黄	紫	pH 8.2 玫瑰色 8.4 紫色
一份0.1%百里酚蓝50%乙醇溶液 三份0.1%酚酞50%乙醇溶液	9.0	黄	紫	pH 9.0 绿色
二份0.1%百里酚酞乙醇溶液 一份0.1%茜素黄乙醇溶液	10.2	黄	紫	

（三）非水酸碱滴定常用指示剂

指示剂名称	颜色		溶液配制方法
	碱色	酸色	
结晶紫	紫	蓝、绿、黄	0.5%冰HAc溶液
A-萘酚苯甲醇	黄	绿	0.5%冰HAc溶液
喹哪啶红	红	无	0.1%无水甲醇溶液
橙黄Ⅳ	橙黄	红	0.5%冰HAc溶液
中性红	粉红	蓝	0.1%冰HAc溶液
二甲基黄	黄	肉红	0.1%氯仿溶液
甲基橙	黄	红	0.1%无水乙醇溶液
偶氮紫	红	蓝	0.1%二甲基甲酰胺溶液
百里酚蓝	黄	蓝	0.3%无水甲醇溶液
二甲基黄-溶剂蓝19	绿	紫	二甲基黄与溶剂蓝19各15mg，加氯仿100ml
甲基橙-二甲苯蓝FF	绿	蓝灰	甲基橙与二甲苯蓝FF各0.1g，加乙醇100ml

（四）常用金属指示剂

指示剂	pH 范围	颜色 In	颜色 MIn	直接滴定离子	溶液配制方法
铬黑 T(EBT)	7~10	蓝	红	Mg^{2+}、Zn^{2+}、Cd^{2+}、Pb^{2+}、Mn^{2+}、稀土	0.5% 水溶液
二甲酚橙（XO）	<6	亮黄	红紫	pH<1 ZrO^{2+} pH1~3 Bi^{3+}、Th^{4+} pH5~6 Zn^{2+}、Pb^{2+} （回滴） Cd^{2+}、Hg^{2+} 稀土	0.2% 水溶液
吡啶偶氮萘酚(PAN)	2~12	黄	红	pH2~3 Bi^{3+}、Th^{4+} pH4~5 Cu^{3+}、Ni^{2+}	0.1% 的乙醇溶液
钙指示剂(NN)	10~13	纯蓝	酒红	Ca^{2+}	0.5% 的乙醇溶液

（五）常用氧化还原指示剂

指示剂	颜色 Ox 色	颜色 Red 色	$\varphi^{\ominus\prime}$(V) $[H^+]=1mol/L$	溶液配制方法
亚甲蓝	绿蓝	无色	0.36	0.05% 水溶液
二苯胺	紫色	无色	0.76	1% 的浓硫酸溶液
二苯胺磺酸钠	红紫	无色	0.84	0.5% 水溶液
邻二氮菲亚铁	淡蓝	红色	1.06	1.485g 邻二氮菲加 0.965g $FeSO_4$，溶解，稀释至 100ml

（六）常用的吸附指示剂

指示剂名称	被测离子	滴定剂	适用的 pH 范围	溶液配制方法
荧光黄	Cl^-	Ag^+	pH 7~10	0.2% 乙醇溶液
二氯荧光黄	Cl^-	Ag^+	pH 4~10	0.1% 水溶液
曙红	Br^-、I^-、SCN^-	Ag^+	pH 2~10	0.5% 水溶液
甲基紫	SO_4^{2-}、Ag^+	Ba^{2+}、Cl^-	pH 1.5~3.5	0.1% 水溶液
溴酚蓝	Hg^{2+}	Cl^-、Br^-	酸性溶液	0.1% 水溶液
二甲基二碘荧光黄	I^-	Ag^+	中性	

附录六 常用基准物质的干燥条件和应用范围

基准物质		干燥后的组成	干燥条件	标定对象
名称	化学式			
无水碳酸钠	Na_2CO_3	Na_2CO_3	270～300℃	酸
十水合碳酸钠	$Na_2CO_3 \cdot 10H_2O$	Na_2CO_3	270～300℃	酸
硼砂	$Na_2B_4O_7 \cdot 10H_2O$	$Na_2B_4O_7 \cdot 10H_2O$	放入装有 NaCl 和蔗糖饱和溶液的干燥器中	酸
二水合草酸	$H_2C_2O_4 \cdot 2H_2O$	$H_2C_2O_4 \cdot 2H_2O$	室温空气干燥	碱或 $KMnO_4$
邻苯二甲酸氢钾	$KHC_8H_4O_4$	$KHC_8H_4O_4$	105～110℃	碱或 $HClO_4$
重铬酸钾	$K_2Cr_2O_7$	$K_2Cr_2O_7$	140～150℃	还原剂
溴酸钾	$KBrO_3$	$KBrO_3$	150℃	还原剂
碘酸钾	KIO_3	KIO_3	130℃	还原剂
草酸钠	$Na_2C_2O_4$	$Na_2C_2O_4$	130℃	氧化剂
三氧化二砷	As_2O_3	As_2O_3	室温干燥器中	氧化剂
锌	Zn	Zn	室温干燥器中	EDTA
氧化锌	ZnO	ZnO	800℃	EDTA
氯化钠	NaCl	NaCl	500～600℃	$AgNO_3$
苯甲酸	$C_7H_6O_2$	$C_7H_6O_2$	硫酸真空干燥器中干燥至恒重	CH_3ONa
对氨基苯磺酸	$C_6H_7O_3NS$	$C_6H_7O_3NS$	120℃	$NaNO_2$

附录七 常用溶剂的截止波长和黏度

溶剂	截止波长(nm)	黏度	溶剂	截止波长(nm)	黏度
水	200	1.00	二氯甲烷	235	0.44
环己烷	200	1.00	醋酸	230	1.26
甲醇	205	0.60	氯仿	245	0.57
乙醚	210	0.23	乙酸乙酯	260	0.45
异丙醇	210	2.3	苯	260	0.65
乙腈	210	0.36	甲苯	285	0.59
乙醇	215	1.20	丙酮	330	0.32
对-二氧六环	220	1.54	二硫化碳	385	0.37